CAD/CAM 개론

개념부터 실습까지

정연찬

박영사

머리말

　이 책은 CAD/CAM 시스템을 배우고 활용하기 위한 이론을 소개하며, 이론을 익힐 수 있는 실습과 과제를 제공한다. CAD/CAM은 제품의 설계와 개발에 필수적이고 일반적인 도구이며, 소설가가 소설을 쓸 때 문서 편집기를 사용하듯이 엔지니어는 제품을 설계하고 제조할 때 CAD/CAM을 사용한다. 엔지니어는 CAD/CAM을 사용해 아이디어를 컴퓨터 모델로 만들고, 그 모델을 평가하고, 실물을 제작한다. 로봇과 드론을 개발할 때도 CAD/CAM을 사용하고, 3D 프린터로 무언가를 만들 때도 CAD/CAM을 이용해 컴퓨터에서 형상 모델을 먼저 만들어야 한다. CAD/CAM은 엔지니어의 일상적 업무에 사용되는 기본적인 기술이다. 이 책은 대학의 기계 관련 학과에서 사용할 CAD/CAM 강의 교재를 목표로 썼으며, 현장의 실무자가 체계적인 이론 정립을 위해 스스로 학습할 때 사용할 수도 있다.

　그동안 관련 교재가 많이 출간되었지만, 대부분 기능을 따라 하면서 다양한 예제를 통해 사용법을 익히고, 특정 시스템에 한정된 단축키 혹은 요령을 배우는 실습 교재이다. 많은 예제를 다루면서 학습자는 스스로 체계적인 이론을 정립할 수도 있고, 뛰어난 사용자는 기존의 활용과 다른 창의적인 응용 방법을 찾기도 한다. 그러나 운동도 뛰어난 선수 혹은 훌륭한 지도자가 되려면 체계적인 이론이 필요하듯이 CAD/CAM도 체계적인 이론을 배우면 더 쉽게 기능을 익히고, 더 효과적으로 활용할 수 있다. 특히 그냥 '열심히' 하다가 '감'을 잡지 못해 좌절하는 경우가 많은데, 체계적인 이론 학습을 통해 누구나 기본적인 사용법을 익힐 수 있으며, 나아가 CAD/CAM을 창의적으로 활용하는 수준에 도달할 수 있다. 이론적인 기초를 확보하면 특정 소프트웨어 시스템에 종속되지 않고 다양한 기술을 사용할 수 있으며, 새로운 시스템도 수월하게 배울 수 있다.

　이 책은 기계나 제품을 설계하고 개발하는 일반적인 업무를 위해 CAD/CAM을 더 쉽게 배우고, 더 효과적으로 활용하는 데 초점을 맞추려고 노력했다. 기술 혹은 시스템 개발에 필요한 이론이 아니라 개발된 시스템을 잘 사용하는 데 필요한 이론에 중점을 둔다. 그리고 특정한 시스템이 아니라 어떤 소프트웨어 시스템을 사용하더라도 필요한 이론을 다루며, 몸으로 체득하는 지식에 더해 체계적인 이론으로 다양한 상황과 새로운 문제를 해결하는 지식을 담으려 했다. 메뉴를 누르는 순서보다 일반적인 절차를 제시해 어떤 시스템을 사용하더라도 실습할 수 있도록 했으며, 구체적인 절차는 과제를 해결하면서 스스로 학습하도록 했다. 특정 시스템의 구체적인 사용 절차는 인터넷 혹은 다른 자료를 참조하면 더 효과적이다.

복잡한 수식과 나열식 지식을 가능한 한 없애려고 했지만, 그동안의 교재에서 중요하게 다루던 개념과 자격시험 등에서 요구하는 내용을 모두 제거하지는 못했다. CAD/CAM에서 다룰 기술의 범주와 깊이는 여러 전문가의 합의가 필요하다고 생각된다. 학습 목적과 여건에 따라 복잡한 수식과 용어 설명 등은 생략해도 좋겠다. 대학에서 한 학기에 모든 내용을 다룰 수도 있지만, 두 학기에 걸쳐 이 교재를 사용할 때는 CHAPTER 08까지 형상 모델링을 한 학기에 다루고, CHAPTER 09부터의 내용은 다음 학기에 다룰 것을 추천한다. 그리고 마지막 CHAPTER 15의 예제는 형상 모델링 연습에도 사용하고, 평가, 도면, 제작 등의 실습에도 사용할 수 있다.

인공지능과 스마트 제조 등의 첨단 기술이 성큼 다가오면서 이 책의 출간이 때늦은 감이 있고, 항상 적절한 이론 교재의 필요성을 절감하면서도 이제야 이 책을 출간하게 되어 아쉽다. 부족한 부분이 많아 여러 선후배님에게 부끄럽지만 첨단 기술의 격동기에 오히려 기초를 다지는 계기가 되기를 기대한다. 이 책을 내기까지 수많은 사람으로부터 영향과 도움을 받았다. 오늘의 나를 만든 모든 분께 감사드린다.

2024년 여름 북한산 자락에서
정연찬

목차

CHAPTER 03 돌출과 회전 형상

CHAPTER 04 복잡한 형상 만들기

CHAPTER 05   기초 수학

CHAPTER 06   자연스러운 곡선

CHAPTER 01 CAD 개요

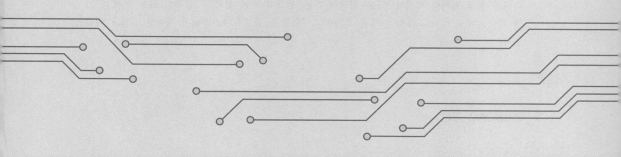

1. CAD란 무엇인가?

   로봇과 드론(무인기)을 설계하려면 설계 도구가 필요하고, 3D 프린터로 어떤 부품을 제작하려면 컴퓨터로 부품의 형상 모델을 만들어야 한다. 형상 모델링과 부품의 설계 및 제작에 필요한 컴퓨터 기술이 CAD/CAM이다. CAD/CAM 혹은 CAD/CAM/CAE 등으로 부르는 여러 기술이 각각의 독립적인 영역을 확보했지만, 그 기술을 제품화한 소프트웨어 프로그램들은 하나의 CAD 시스템에 통합하여 일관된 방법으로 사용할 수 있다. 우리는 여러 기술을 포함하는 넓은 의미의 CAD라는 용어부터 시작해 보자. 우리말로 '캐드'라고 읽는 CAD는 Computer-Aided Design(Design)의 약자이며, '컴퓨터 지원 설계' 혹은 '컴퓨터 응용 설계'[1]로 번역된다. CAD를 간단히 정의하면 '설계에 컴퓨터를 이용하는 기술'이며, CAD 시스템을 이용하면 〈그림 1-1〉에서 보듯이 실물처럼 보이는 3차원 모델을 생성할 수 있다.

---

[1] 다양한 한글 표현이 있지만, 구글 검색 결과는 '컴퓨터 지원 설계'와 '컴퓨터 응용 설계'가 가장 많다. '지원'은 'aided'를 직역한 결과이고, '응용'은 좀 더 자연스럽게 의역한 것으로 생각된다.

그림 1-1   실물 자전거와 CAD 시스템으로 생성한 3차원 자전거 모델

CAD가 무엇을 할 수 있는지 이해하기 위해 세 단어(computer, aided, design)의 뜻을 좀 더 자세히 알아보자. '컴퓨터 지원 설계'의 컴퓨터는 모니터 등과 같은 관련 하드웨어는 물론이고 소프트웨어와 네트워크 기술 등의 광범한 '컴퓨터 기술'을 의미한다. 거의 모든 산업 활동과 사회 활동에 컴퓨터가 이용되는 최근에 CAD의 개념이 등장했다면 굳이 컴퓨터를 이용한다고 강조하지 않았을 것이다. CAD란 개념이 처음 등장한 1950년대에는 컴퓨터가 특별한 기계였으며 설계에 '컴퓨터를 이용'하는 것이 매우 특별한 일이었다.[2] 당시에는 하드웨어와 소프트웨어의 구분도 명확하지 않았다. 개인용 컴퓨터(PC)가 보급되기 시작한 1990년대 초반까지도 설계에 사용되는 'CAD 시스템'은 주변 기기를 포함한 전용 하드웨어와 전용 소프트웨어로 구성되었다. 특정한 컴퓨터 본체에서만 CAD 소프트웨어를 실행할 수 있었으며, 특별히 고안된 모니터와 마우스 등의 전용 주변 기기와 함께 사용했다. 그러나 최근에는 대부분의 '컴퓨터 응용 설계' 기능을 일반적인 개인용 컴퓨터에서는 물론이고 모바일 기기 혹은 클라우드에서 사용할 수 있다. 그리고 최근의 CAD는 컴퓨터 기기만을 이용하는 것이 아니라 네트워크, 가상 현실(Virtual Reality, VR), 혹은 증강 현실(Augmented Reality, AR), 인공지능 등의 더 다양하고 넓은 범위의 컴퓨터 기술을 설계에 이용하고 있다.

---

2) 인터넷에서 컴퓨터의 역사와 대한민국의 역사를 비교해 보자.

CAD의 'A'는 자동화(automated)가 아니다. 지원(aided 혹은 assisted), 즉 사람이 컴퓨터의 도움을 받아서 설계한다. 컴퓨터가 사람 없이 스스로 무엇을 설계할 수는 없다. '컴퓨터를 이용해서 문서를 작성'할 때 컴퓨터의 도움으로 문서 형태를 더 멋지게 작성할 수 있다. 그리고 자료의 검색과 문서의 수정이 자유로워 문서의 내용도 한층 충실해진다. 〈그림 1-2〉에서 보듯이 과거에는 문서의 수정과 편집이 쉽지 않았다. 줄을 긋고 옆에 새로 쓰거나, 그것도 여의치 않을 때는 종이를 구겨서 버리고 새로운 종이에 새로 써야 했다. 그러나 컴퓨터에서 문서를 작성하면 지우고, 새로 쓰는 것이 어렵지 않으며, 글자의 크기와 모양 등도 다채롭게 바꿀 수 있다. 그리고 인공지능(AI)을 이용하면 문장의 구성과 문법 오류를 찾아 자동 수정할 수 있으며, 문서의 초고를 작성하거나 간단한 메모를 자동으로 작성할 수도 있다. 하지만 사람이 주제를 선정하고 적절한 핵심 단어를 입력하지 않으면 인공지능(AI)은 문서 초안조차 작성할 수 없다. 컴퓨터의 도움으로 과거보다 더 완벽한 설계 결과 혹은 더 이해하기 쉬운 형상의 설계 결과물을 만들 수 있지만, 사람의 개입 없이 컴퓨터 스스로 설계의 모든 과정을 수행할 수는 없다. 결국 설계의 핵심적인 역할은 사람이 하며, 컴퓨터는 사람의 생각과 의도를 더 쉽게 전달하고 표현하도록 도와준다.

그림 1-2 윤동주 시인의 친필 원고(1936년, 수정·편집이 어려움)

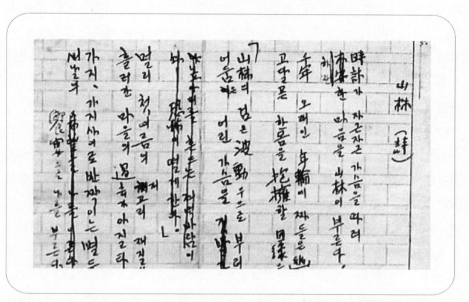

출처: https://www.chosun.com/site/data/html_dir/2018/02/28/2018022800090.html

'설계(design)'는 매우 다양한 분야에서 사용되는 용어로 그 의미가 명확하지 않은 경우가 많다. 설계가 행위를 나타낼 때는 '설계의 과정'을 의미하고, 명사로 쓰일 때는 '설계의 결과물'을 의미한다. 그리고 설계 행위의 대상물(기계, 건물, 의복 등)에 따라 설계의 과정과 결과가 다르다. 영어 사전에서 'design'은 의도(intention), 계획(plan), 모양(pattern) 등으로 설명하고 있으며, 다음과 같은 정의[3]가 대표적이다.

"design – a plan or drawing produces to show the look and function or workings of a building, garment, or other object before it is made"

---

3) 옥스포드 영어 사전상의 정의이다. 다른 사전에는 어떻게 설명하고 있는지 찾아보자.

그리고 동사로는 '계획을 만들다(to make a plan)', '고안하다(to devise)' 등으로 설명된다. 설계(設計)의 한문을 풀어보면 계획(計)을 세우는(設) 것이다. 즉, 설계는 무언가를 만들 계획을 세우는 과정(행위)이며, 때로는 그 설계 과정의 결과물(명사)을 일컫는다. 설계는 생각(idea)을 개념(concept)과 구체적인 실현 계획으로 발전시키는 과정이며, 새로운 생각과 개념을 생성하고, 그 결과를 분석 평가하여, 더 나은 결과를 만드는 반복적이고 복잡한 과정이다.

CAD는 물건을 만들 계획을 세우는 일련의 과정에 사용되는 컴퓨터 활용 기술이며, CAD 기술을 사용하면 반복적이고 복잡한 설계를 더 편리하고 빠르게 처리할 수 있고, 더 명확한 설계 결과물을 생성할 수 있다. 컴퓨터 사용이 쉽지 않던 때는 설계의 결과가 종이에 도면으로 표현되었고, 〈그림 1–3〉과 같은 도면 제작이 중요한 설계 과정이었다. CAD 기술이 도면 제작에 치중하던 시절에는 CAD의 'D'를 Drafting(도면)의 약어로 사용한 경우도 있었고, 설계와 도면 제작 모두 가능하다는 것을 강조하려고 CADD(Computer-Aided Design and Drafting)라는 용어를 사용하던 때도 있었다. 컴퓨터와 관련 기술이 개발되던 초기에는 컴퓨터 사용이 매우 특별한 활동이었고, CAD는 설계 과정에서 요구되는 다양한 컴퓨터 활용 기술을 모두 포함했다. 그러나 기술이 발전하면서 관련 기술이 분화하여 여러 다른 이름을 갖게 되었고, 성숙된 기술이 컴퓨터 소프트웨어로 집적되었다. 최근에는 컴퓨터를 활용한 설계 기술이 일상화되면서, CAD가 '설계 도구'의 의미로 많이 쓰인다. 명확히 기술을 의미할 때는 'CAD 기술'이라 하고, 도구를 의미할 때는 'CAD 시스템' 등의 용어[4]를 사용한다.

---

4) CAD 시스템은 CAD 프로그램, CAD 소프트웨어, CAD 도구(tool) 등으로 불린다.

그림 1-3　연필과 자로 종이에 도면을 작성하는 모습

CAD 기술은 다양한 산업 분야에 활용되는데, 기계와 건축물같이 형태를 가진 것은 물론이고 전기회로와 배관 등과 같은 논리적 설계에도 활용된다. 기계와 같은 제품을 설계하기에 적합하도록 개발된 CAD를 특별히 지칭할 때는 MCAD(Mechanical CAD)라고 하는데, MCAD는 물리적 제약을 고려하면서 제품의 형상을 잘 계획하고 표현할 수 있도록 발전되었다. 본책의 'CAD'는 특별한 언급이 없는 경우 모두 MCAD를 의미한다.

2. 어떻게 설계하는가?

앞에서 설명했듯이 설계는 계획을 세우는 과정으로, 머릿속에서 새로운 생각을 하고, 그 생각을 밖으로 끄집어내어 누군가가 이해할 수 있도록 그림 등으로 표현하는 과정이다. 생각을 밖으로 끄집어내는 과정 중에 생각이 발전하고, 더 구체화된다. 또 머리 밖으로 나와 표현된 생각의 결과를 관찰하고 평가하여 더 나은 생각을 하거나 더 상세하고 구체적인 생각을 할 수 있다. 표현된 결과물이 머릿속 생각과 일치하도록 표현을 수정하거나, 남들이 더 잘 이해할 수 있도록 수정하기도 한다. 결국 설계는 필연적으로 반복적

과정을 거친다. 머릿속에 구체적이고 완성된 생각이 있어서 한 번에 완벽하게 표현할 수 있다면 그것은 반복적 설계 과정이 아니라 일회성 표현일 것이다. 설계는 생각을 끄집어내어 표현하고(representation), 표현된 생각을 평가하는(evaluation) 과정을 반복한다.

그림 1-4 설계(생각의 표현과 평가의 반복 과정)

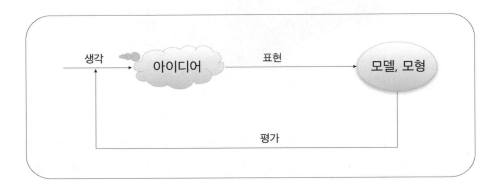

생각을 표현한 결과가 모델(model 혹은 모형)인데, 공학 설계를 위해 우리는 다양한 종류의 모델을 사용한다. 그림으로 생각을 표현하는 도표(diagram) 혹은 도해 모델(schematic model), 어휘로 생각을 표현하는 개념 모델, 숫자와 수학 기호로 생각을 표현하는 수식 모델, 나무 혹은 찰흙으로 생각하는 형태를 표현하는 목형(木型)과 클레이(찰흙) 모델 등 다양하다. 〈그림 1-5〉는 우리 몸을 스트레칭할 때 사용하는 목봉의 다양한 모델을 보여준다. '스트레칭 목봉'이라는 개념 모델에서 우리는 그 물건이 스트레칭할 때 사용하는 도구이며, 나무로 된 둥근 막대 형상임을 알 수 있다. 도해 모델에서는 물건의 이미지를 더 쉽게 상상할 수 있고, 수식 모델에서 길이가 600mm이고, 반지름이 10mm인 것도 알 수 있다. 실물 모델에서는 그 물건의 색깔과 질감을 느낄 수 있다. 각각의 모델은 모두 같은 물건을 다양한 방식으로 표현한다. CAD 기술을 사용하면 우리의 생각을 컴퓨터 계산 모델로 표현할 수 있는데, 흔히 'CAD 모델'이라 부른다. CAD 시스템은 CAD 모델을 컴퓨터 파일로 저장

하고, 컴퓨터 모니터에 그래픽으로 표시한다. 생각을 구체적으로 표현한 결과가 '모델'이므로 생각을 표현하는 과정, 즉 모델을 만드는 과정을 '모델링(modeling)'이라 부른다.

그림 1-5   다양한 모델

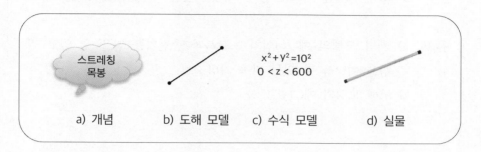

a) 개념   b) 도해 모델   c) 수식 모델   d) 실물

설계 과정에서 생성된 모델을 다양한 방법으로 측정하고 '해석(解析, analysis)'[5] 혹은 '시뮬레이션(simulation, 모의 실험)'[6] 등의 방법으로 평가한다. 설계 과정에서 분석적인 방법과 종합적인 방법이 함께 사용하는데, 주로 분석적인 방법으로 모델을 실험한 후 그 물리량을 측정,[7] 평가[8]하고, 그 결과를 토대로 종합적인 방법으로 다시 개념을 발전시킨다. 산업 분야 혹은 제품 개발의 단계에 따라 초점과 비중의 차이는 있지만, 설계는 생각을 표현하는 '모델링 과정'과 표현된 모델의 '평가 과정'이 반복적 혹은 동시적으로 일어난다.

---

5) 유한요소법(finite-element method) 등의 분석적인 모의 실험을 일컫는다.
6) 실물 실험이 아닌 컴퓨터 모델로 하는 가짜(모의) 실험(experiment)이다.
7) 측정(measurement)은 일정한 기준으로 물건의 양(길이, 질량, 힘 등)을 수치화하는 작업을 의미한다.
8) 평가(evaluation)는 정해진 사양 혹은 요구 조건에 부합하는지 따지는 작업을 의미한다.

[예제] 노트북 혹은 태블릿을 넣을 수 있는 가방을 아래 단계에 따라 설계하시오.

1) 상세한 개념 모델을 전개하시오.
2) 간단한 그림과 설명으로 도해 모델을 만드시오.
3) 도해 모델을 기초로 종이 모형을 만들고, 시험 및 평가하시오.

[풀이] 1) 개념 모델의 예: 14인치 노트북과 충전기를 넣을 수 있고, 뚜껑을 여닫을 수 있는 가죽 가방
2) 도해 모델의 예(그림 1-6)

그림 1-6 손으로 스케치한 도해 모델

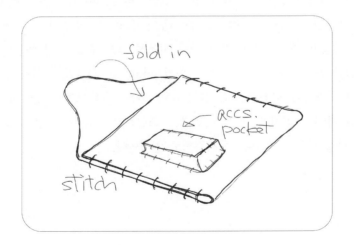

3. 무엇을 설계하는가?

그런데 도대체 무엇을 설계하는 것일까? 인생을 설계하거나 재무를 설계하기도 하지만, 본책에서 다루는 CAD는 제품 혹은 기계[9]를 설계한다. 〈그림 1-7〉에서 보듯이 일반적으로 제품 설계는 만들 제품의 기능과 형상, 재료, 제조 방법의 4가지를 계획한다.[10] 그러나 산업 분야 혹은 제품의 특성에 따라 기능을 주로 설계하거나, 제조 방법, 혹은 형상을 주로 설계할 수 있다. 예를 들면 패션디자이너는 제품의 형상을 주로 계획하는데, 새로운 옷의 모양과 무늬, 질감을 주로 설계한다. 머리에서 멋진 옷을 떠올리고 그것을 스케치로 표현하는 과정을 반복할 것이다. 산업디자인(industrial design)에서는 설계를 흔히 '디자인'이라 일컫는데, 새로운 물건의 기능과 외양(모양, 색깔, 무늬 등)을 주로 계획한다. 그래서 옷이나 제품의 기능 혹은 외양이 멋지면 '디자인'이 좋다고 한다. 공학설계(engineering design)에서는 제품 혹은 기계의 실현(realize) 가능성을 고려하여 해당 물건의 구조와 재료, 제조 방법 등을 계획한다. 공학설계가 잘못되면 제품을 제작(실현)하기 어렵거나, 생산된 제품이 의도대로 작동하지 않는다. 산업디자인은 사람이 좋아하도록(감각, 경험, 유행 등을 고려) 물건을 설계하고, 공학설계는 자연이 좋아하도록(물리적 한계 등을 고려) 물건을 설계한다. 사람만 고려하면 실현 불가능한 제품이 설계되기도 하고, 물리적 한계만 고려하면 사람이 외면하는 제품이 설계되므로 설계자는 다양한 조건을 종합적으로 고려할 수 있어야 한다. 〈그림 1-7〉은 물건의 기능을 중심에 두고 형상, 재료, 제조 방법으로 제품 설계를 나누었다. 그러나 설계는 항상 종합적이고, 사람과 자연을 함께 고려해야 한다. 즉 제조 방법을 설계할 때 단순히 재료의 물리적 혹은 화학적 변형 가능성이 아니라 제조 작업자의 안전과 성취를 고려해야 하며, 제품이 추구하는 기능과 형태 등을 훼손하지 않아야 한다.

---

9) 기계도 넓은 의미의 제품이다.
10) The Mechanical Design Process, David G. Ullman (McGraw Hill, 2003)

그림 1-7　제품 설계의 요소: 기능, 형상, 재료, 제조 방법

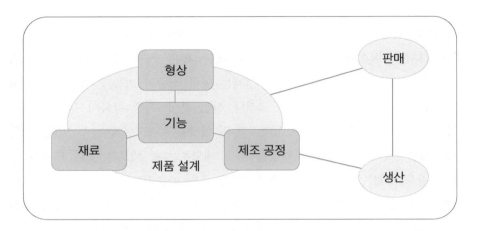

기계공학에서 설계하는 기계 혹은 제품은 주로 형상이 고정된 고체(solid)
이므로 제품의 형상(모양, 크기 등)을 계획하는 것이 매우 중요하다. 기계공
학에서 고려하는 물리적 성능과 조건(부품의 간섭, 강성, 무게, 마찰, 진동 등)은
제품의 형상과 재료를 제한하고, 제품 수명주기[11]의 모든 하위 업무(생산 및
판매)가 대부분 제품의 형상(모양, 구조, 두께, 크기 등)으로 결정되기 때문이
다.[12] 또 제품의 재료와 형상이 결정되면 해당 제품의 물리적 특성(강성, 기
구적 거동 등)을 분석하고 평가할 수 있다. 따라서 기계공학의 설계 결과물은
흔히 2차원 도면[13] 혹은 3차원으로 표현된 형상 모델이다. 형상 모델은 제
품 설계의 가장 중요한 요소이며, 제품의 기능은 형상을 통해 발현된다. 제
품 형상은 제품 제조 방법의 많은 부분을 결정한다. 공학설계의 중요한 단
계는 해당 제품의 구현을 위한 다양한 공학적 고려를 형상으로 표현하는
과정이다.

---

11) 제품이 처음 아이디어에서 시작하여 설계, 제조되고, 판매, 소비, 폐기되는 전체 과정을 제품
　　수명주기(product life-cycle)라 한다.
12) Principles of CAD/CAM/CAE systems, Kunwoo Lee (Pearson, 1999)
13) 도면은 2차원 평면에 표현된 형상 모델이다.

4. 다양한 CAD 기술

제품 설계를 위한 CAD의 기술은 크게 '형상 모델링', '분석', '제조 계획' 등으로 나뉜다. 첫 번째 기술인 형상 모델링은 CAD 시스템에서 제품의 형상을 만드는 일이며, 그 결과물은 컴퓨터에 저장된 형상 모델이다. 형상 모델링은 가장 먼저 발전된 CAD 기술이며, CAD 시스템의 가장 기본적인 기능이다. 따라서 CAD를 좁은 의미로 정의할 때는 형상 모델링 기능만을 일컫는 경우가 많다. 초기의 CAD 시스템은 형상을 2차원으로 표현하고 저장했지만, 최근의 형상 모델링은 대개 3차원을 의미한다.

CAD의 두 번째 주요 기술인 분석 기능을 통해 컴퓨터에서 형상 모델을 평가할 수 있다. 실제 제품이 있다면 부피, 무게 등의 물리적 성질을 측정할 수 있으며, 충격에 얼마나 견디는지, 얼마나 쓰기 편리한지 등의 성능을 실험할 수 있다. 즉 우리는 측정과 실험으로 실제 제품을 분석하고 평가한다. CAD 시스템은 컴퓨터에서 형상 모델의 물리적 성질을 측정하고 실험하는 기능을 제공한다. CAD 시스템의 기능을 활용하면 설계된 제품을 실제로 만들기 전에 그 제품의 물리적 특성은 물론이고, 얼마나 튼튼한지, 얼마나 쓰기 편리한지 등을 확인할 수 있다. 컴퓨터의 성능과 관련 기술이 발전하면서 설계된 형상과 재료를 토대로 제품의 다양한 물리적인 성질(강성, 변형, 열전달, 유동, 간섭 등)을 계산하거나 실험할 수 있다. 컴퓨터에서 형상 모델을 분석하고 실험(시뮬레이션)하는 기술을 CAE(Computer-Aided Engineering)라 하는데, 이 CAE를 통해 설계된 제품을 분석, 평가하고 새로운 설계 대안을 만들어 가는 최적화 과정이 CAD의 진정한 가치라고 할 수 있다.

그림 1-8	CAE 기술 예: 자동차 충돌 실험결과(혼다 자동차)

a) 모의 실험결과   b) 실물 실험결과

출처: https://www.ptonline.com/articles/honda-improves-its-cae-capability

세 번째 기능인 제조 계획은 CAM(Computer-Aided Manufacturing) 기술인데, CAM이란 개념이 처음 도입될 때는 제조 및 생산을 위한 준비와 관리, 직접적인 제조, 측정, 검사 등의 '모든 제조 절차와 공정에 컴퓨터를 활용하는 기술'을 의미했다. 하지만 최근에는 절삭과 조립 같은 직접적인 제조 공정에서 CAM 기술이 가시적인 성과와 효과적인 도구(CAM 소프트웨어 시스템 등)를 제공하면서 '제조에 필요한 정보를 생성하는 기술'로 인식되고 있다.

이상의 세 가지 주요 기술을 한꺼번에 붙여서 'CAD/CAM/CAE'라 부르기도 하고, 제품 설계에 사용되는 다양한 컴퓨터 활용 기술을 모두 일컬어 'CAx(Computer-Aided technologies)'라고도 한다. CAx에는 이외에도 제품의 외양을 설계하는 CAS(Computer-Aided Styling) 혹은 CAID(Computer-Aided Industrial Design), 제조공정을 계획하는 CAPP(Compter-Aided Process Planning), 제품의 측정과 검사를 계획하는 CAT(Computer-Aided Testing)와 CAI(Computer-Aided Inspection) 등이 있다.

앞에서 언급한 주요 기능 외에 형상 모델의 시각화 기능은 CAD 시스템의 필수 기능이며, 당연한 기능이다. 컴퓨터에 저장된 형상 모델은 컴퓨터의 시각화 장치(모니터, 프린터 등)를 통해 형상이 그려지고 사람이 그것을 볼 수 있어야 CAD 시스템의 다양한 다른 기능을 사용할 수 있다. 최근의 CAD 시스템은 형상 모델을 마치 사진과 같이 사실적으로 시각화(rendering)하거나, 가상

현실(Virtual Reality, VR) 기술을 이용해 3차원으로 시각화하는 기능을 포함한다. 또, 기계의 설계와 제조 분야에서는 2차원 도면이 사용되는 경우가 많은데, 기계 설계용 CAD 시스템은 대개 2차원 도면 생성 기능을 제공한다.

최근의 통합형 CAD 시스템은 형상 모델을 생성하는 CAD 기능은 물론이고, 형상 모델을 분석, 시뮬레이션하는 CAE와 제조 정보를 생성하는 CAM 등의 다양한 기능을 단일 사용자 환경에서 제공한다. 또, 사실적인 시각화와 2차원 도면화 등의 기능도 제공한다. 그런데 CAE, CAM, 시각화 등의 기능을 별개의 다른 시스템으로 사용되기도 하는데, 형상 모델링 기능은 축소되고 해당 분야에 특별히 전문화된 기능을 제공한다.

5. 형상 모델링

설계의 결과물은 스케치, 도면, 실물 모형 등의 방식으로 표현되어야 이후 단계에서 사용할 수 있다. 결국 제품 설계 과정은 만들려는 물건을 정해진 방식으로 잘 표현하는 일인데, 그 표현된 결과를 흔히 모델 혹은 모형이라 일컫는다. 자동차의 경우 클레이 모델은 디자이너가 자동차의 외양을 설계하고 표현한 결과물이며, 건축 모델은 건축가의 설계 결과물을 표현한 것이다. 스케치 혹은 도면도 설계 결과물을 표현한 일종의 모델이다. 모델을 만드는 과정을 모델링이라고도 일컫는데, 설계에서 생각과 개념을 끄집어내고 드러내 보이는 과정이 모델링이다. 즉, 모델링은 전체 설계 과정의 한 부분이며, 설계는 모델링을 반복적으로 수행한다. 그리고 형상 모델링은 형상을 표현하는 형상 모델을 만드는 과정이며, 형상 설계는 형상 모델링을 반복적으로 수행한다.

그림 1-9   자동차 외양 설계 – 클레이 모델

그림 1-10   건축 설계 – 건물 모형

그림 1-11 형상의 다양한 표현 방법

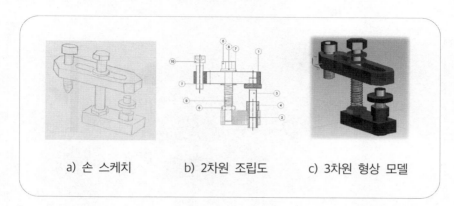

a) 손 스케치   b) 2차원 조립도   c) 3차원 형상 모델

앞에서 설명했듯이 형상을 결정하는 것이 기계공학 설계의 주요 내용이므로 기계공학에서 사용하는 CAD의 가장 기본적인 역할은 제품의 형상을 설계하는 것이며, 형상 모델링이 CAD의 가장 기본적인 기능이다. 그리고 형상 모델링의 결과가 형상 모델(geometric model)이다. 형상 모델은 컴퓨터에서 숫자 혹은 수식으로 표현되고, 저장되므로 컴퓨터 모델(computational model) 혹은 계산 모형이라고 한다. 또, CAD 시스템에서 지정하는 방식으로 저장, 표현 (represent)되므로 CAD 모델14)이라고도 한다. 그리고 컴퓨터 모니터에 표시 (display)되는 것은 CAD 모델의 실체가 아니라 CAD 모델을 시각화한 모델의 이미지이거나 분석한 결과물들이다. 본책에서는 '형상 모델링'을 CAD 시스템에서 형상 모델 생성하기, 혹은 형상 모델 만들기 등의 의미로 사용한다.

---

14) CAD 모델은 형상 모델과 제품 모델의 다른 속성(재료, 제조공정, 설계 이력 등)들도 포함한다.

그림 1-12 CAD 시스템을 이용한 설계 과정

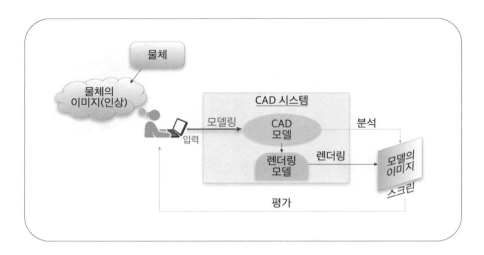

CAD는 컴퓨터를 활용한 '설계'를 의미하지만, 복잡하고 반복적이며 고도의 창의성을 요구하는 설계 과정을 제대로 지원하기에는 부족함이 많다. 그럼에도 CAD를 이용하면 다양한 형태(개념, 스케치, 도면 등)로 존재하는 형상을 컴퓨터의 형상 모델로 쉽게 표현할 수 있다. 그리고 컴퓨터에서 표현된 형상 모델은 CAE 도구를 이용한 분석과 시뮬레이션, CAM 도구를 이용한 제조 등에 활용될 수 있다. 그래서 CAD 시스템들은 형상 모델링을 위해 많은 기능을 제공하고 있다. 본책에서도 CAD 도구를 활용해 제품 혹은 기계의 형상 모델 생성에 필요한 기술 소개에 많은 부분을 할애한다.

6. CAD 시스템의 역사

1950년대에 컴퓨터로 CRT 모니터[15]에 간단한 그림을 그릴 수 있었으며, CAD라는 용어가 탄생했다. 1960년대에는 도면을 그릴 수 있는 다양한 2차

---

15) 음극선관(CRT: Cathode-Ray Tube) 혹은 브라운관 모니터를 말한다.

원 CAD 기술이 등장한다. Ivan Sutherland가 미국 MIT 대학에서 2차원 도면 작성의 가능성을 보여주는 Sketchpad를 개발했으며, 자동차 회사와 항공기 회사가 도면을 작성할 수 있는 2차원 CAD 시스템을 개발한다. 1970년대는 컴퓨터와 컴퓨터 그래픽 기술이 비약적으로 발전하면서 전용 컴퓨터 하드웨어에 CAD 소프트웨어를 탑재한 일체형(turn-key) 시스템이 상용화되었다.[16] 〈그림 1-14〉는 1980년대 CATIA라는 CAD 시스템의 하드웨어인데, 컴퓨터 본체와 모니터는 물론이고 그래픽 인쇄가 가능한 프린터, 3차원 형상을 회전하거나 확대, 축소할 때 사용하는 다이얼, 특정 메뉴를 구동하는 기능키(function key) 등이 세트로 구성되어 있다.

그림 1-13 1963년 Ivan Sutherland의 Sketchpad 데모 영상

출처: https://history-computer.com/sketchpad-guide

---

16) 휴대전화도 초기에는 하드웨어에 전용 소프트웨어가 탑재된 상태로 판매되었고, 사용자가 소프트웨어를 설치할 수 없었다. 그러나 지금은 다양한 앱 소프트웨어(application software)를 별도로 설치할 수 있다.

그림 1-14   1980년대 CAD 시스템(CATIA)의 하드웨어(IBM 5080)

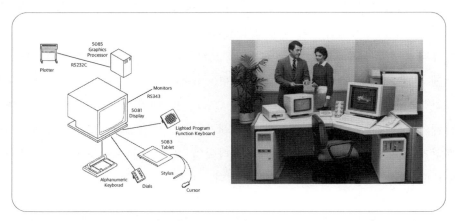

출처: 좌 - https://bitsavers.org/pdf/ibm/5080/GA23-0134-0_IBM_5080_Graphics_Systems_Principles_
        of_Operation_Mar1984.pdf
    우 - http://bitsavers.trailing-edge.com/pdf/ibm/5080/pictures/rt_5080.jpg

  1980년대는 현재(2024년)의 주요 CAD 시스템(CATIA, NX, Creo 등)이 모두
시작된 시기로, 3차원 형상 모델링 기술의 전성기였다. 이 시기에 오토데스
크사는 전용 컴퓨터가 아니라 소형 컴퓨터(micro-computer)에서 작동하는 2
차원 도면 작성 시스템인 AutoCAD를 출시했다. 프랑스의 항공기 제작업체
(Dassault)는 3차원 곡면 모델링이 가능한 CATIA를 개발했으며, 미국의 항공
기 회사(McDonnell Douglas)는 솔리드 모델링 기능이 있는 UniSolid(후에 지멘
스 NX가 됨)를 출시했다. 1980년대 후반에 숫자가 아니라 변수(parameter)로
형상을 모델링 할 수 있는, 당시로는 획기적인 기술을 탑재한 Pro-Engineer
(현재는 Creo)가 발표되었다. 1990년대부터 개인용 컴퓨터(PC)에서 실행되는
저가형 CAD 시스템이 출시되고, 대한민국의 회사들도 CAD 시스템을 활발
히 도입하기 시작했다.
  요약하면 1950년대부터 연구와 기술개발이 시작되어 1960년대와 1970년대
에 2차원 CAD 시스템들이 주로 출시되었으며, 1980년대에 3차원 CAD 시스
템들이 개발되어 지금까지 발전을 거듭하고 있다. 개발 초기에는 주로 2차원
혹은 3차원 형상 모델링 기능만 제공했지만, 최근에는 CAE와 CAM 등의 다

양한 기능을 포함하고 있고, 설계 과정 전반에 활용되는 도구로 자리 잡았다. 2020년대에는 인공지능(AI) 등을 활용하여 다양한 설계 대안을 생성하거나, 자동으로 최적 설계안을 탐색하는 기능들이 탑재되고 있다.

앞에서 설명했듯이 과거에는 CAD 시스템이 전용 하드웨어와 소프트웨어를 모두 포함하는 경우가 있었다. 그러나 컴퓨터 하드웨어 발전으로 대부분의 CAD 시스템이 데스크탑 컴퓨터 혹은 노트북과 모바일 기기에서 실행된다. 본책에서는 CAD 시스템을 소프트웨어 시스템으로 한정한다.

7. CAD 시스템의 사용법과 화면 구성

CAD 시스템으로 형상 모델을 생성하려면, 다양한 작업을 반복적으로 수행해야 한다. 대부분 작업은 아래와 같이 3단계로 구성된다.
1) 메뉴로 특정한 작업을 시작함
2) 도형을 선택하거나 도형의 속성을 지정함
3) 모든 입력이 끝나면 완료(혹은 OK) 단추를 눌러 작업을 종료함

따라서 새로운 CAD 시스템의 사용법을 익히려면 무슨 메뉴들이 어떻게 분류되어 어디에 있는지 잘 알고 있어야 한다. 그리고 도형(점, 선, 면, 입체 등)을 선택하는 방법과 그 도형의 속성(위치, 방향, 크기 등)을 지정하는 방법을 알아야 한다. 특히 최근의 CAD 시스템은 작업자의 의도를 파악하고 자동으로 값을 지정하거나 작업을 수행하는 경우가 많다. CAD 시스템의 사용자 인터페이스(User Interface, UI)[17] 방법을 알면 쉽고 빠르게 작업이 가능하다. 〈그림 1-15〉는 CAD 시스템의 돌출(extrude) 메뉴를 시작했을 때 보여주는 UI의 예이다. 〈그림 1-15〉에서 CAD 시스템에 따라 용어와 표시 방식은 다르지만

---

17) 사용자(사람)와 시스템(컴퓨터 프로그램) 사이의 의사소통 체계를 말한다.

도형[18]을 선택하고 속성[19]을 지정하는 내용은 흡사함을 알 수 있다. 실습에 사용하는 CAD 시스템의 사용자 인터페이스를 직접 살펴보고, 다른 시스템과 비교해 보기 바란다.

그림 1-15 돌출 메뉴의 UI 예

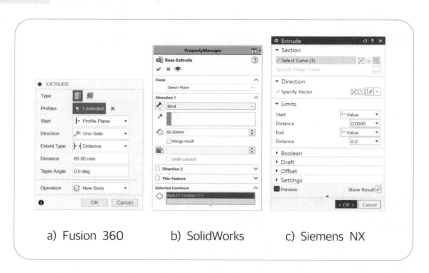

a) Fusion 360   b) SolidWorks   c) Siemens NX

CAD 시스템의 화면 구성은 시스템마다 다르지만 〈그림 1-16~18〉에서 보듯이 크게 그래픽 영역과 메뉴 영역, 정보 영역으로 나뉜다. 가장 큰 면적을 차지하는 부분은 형상 모델을 그림으로 보여주는 그래픽 영역이다. 그래픽 영역에 표시된 형상 모델을 컴퓨터 마우스로 회전, 이동, 확대 혹은 축소할 수 있고, 형상 모델 혹은 모델의 요소를 선택할 수 있다. 마우스 사용 방법은 CAD 시스템마다 다르지만 최근에는 희망하는 대로 설정할 수도 있다.[20] 실습에 사용하는 CAD 시스템 혹은 다른 CAD 시스템들의 마우스 조작 방식을 살펴 보기 바란다.

---

18) 〈그림 1-15〉에서 2차원 도형을 가리키는 용어로 각각 profiles, contours, curve가 쓰였다.
19) 〈그림 1-15〉에서 direction, distance, taper 혹은 draft 등의 속성을 확인할 수 있다.
20) 마우스보다 더 편리하게 컴퓨터 화면에 표시된 형상 모델을 회전, 이동, 확대/축소, 선택할 수 있는 도구 혹은 방법을 생각해 보자.

그림 1-16 AutoCAD(Mechanical 2022)의 화면

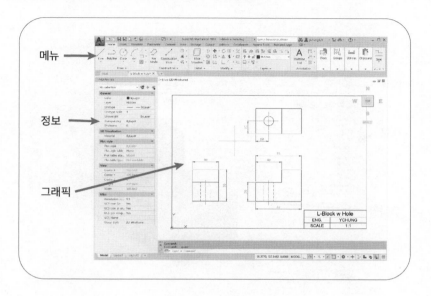

메뉴

정보

그래픽

그림 1-17 Siemens NX의 화면 구성

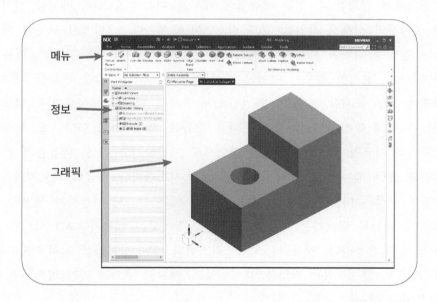

메뉴

정보

그래픽

그림 1-18 솔리드웍스의 화면 구성

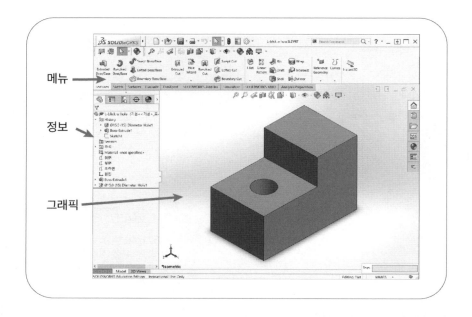

　선택하여 실행할 수 있는 메뉴들이 대부분 위쪽에 있으며, 메뉴를 선택해서 실행하면 정해진 작업을 CAD 시스템이 수행한다. 그림에서 보듯이 대개 막대 형태에 다양한 메뉴를 표시하므로 메뉴 바(bar, 막대)라 부르고, 메뉴를 아이콘으로 표시한 경우는 아이콘 바라 부른다. 그러나 많은 메뉴를 하나의 막대에 모두 표시할 수 없어 탭(색인표)에 유사한 메뉴를 모아두거나, 별도의 메뉴를 통해 특정 기능을 모아둔 다른 모듈로 진입하기도 한다. 또, 특정한 상황에서 사용할 수 있는 메뉴만 팝업으로 제공하기도 한다. 메뉴들의 분류 방법과 해당 메뉴에 접근하는 방법은 CAD 시스템마다 조금씩 다르지만, 전체적인 구성은 비슷한 경우가 많다. 사용할 메뉴 모음도 사용자가 설정할 수 있으며, 메뉴를 탐색하는 메뉴와 도움말을 찾아보는 메뉴가 CAD 시스템 사용에 매우 유용하다. 사용하는 CAD 시스템의 메뉴 항목들을 살펴보면 CAD 시스템으로 할 수 있는 작업을 알 수 있고, 메뉴의 구조를 미리 익혀두면 쉽게 원하는 메뉴를 찾을 수 있다.

정보 영역에서는 작업의 상태 혹은 결과를 보여준다. 작업 중에 간단한 정보 혹은 메시지를 보여주기도 하고, 복잡한 작업 혹은 작업의 결과를 계층 (hierarchy) 혹은 나무(tree) 형태로 표시한다. 정보 영역이 화면 일부를 차지하거나, 별도의 창에서 보여주기도 하지만 일부 CAD 시스템은 해당 정보를 그래픽 영역에 겹쳐서 표시하기도 한다.

8. 연습 문제

1) 공학 설계에서 형상 모델의 중요성을 설명하시오.

2) CAD의 주요 기능 세 가지를 설명하고, 관련 기능을 CAD 시스템의 메뉴에서 찾아보시오.
   (풀이) 형상 모델링, 분석 및 평가, 제조 계획

3) CAD 시스템의 화면을 크게 세 영역으로 구분할 수 있다. 세 영역은 각각 무엇인가?
   (풀이) 그래픽 영역, 정보 영역, 메뉴 영역

4) 형상을 표현하는 다양한 종류의 모델이 있다. 다양한 모델을 네 가지 이상 나열해 보시오.
   (풀이) • 도면, 목형, 클레이 모델, 수식 모델, 3차원 형상 모델, 개념 모델
          • 구체적인 모델의 예: 모델 하우스, 휴대폰 모형 등

9. 실습

9.1. CAD 시스템 둘러보기

1) CAD 시스템 시작
필요하다면 형상 모델링에 적합한 모듈을 선택한다.

2) 화면 구성과 메뉴 살펴보기
① CAD 시스템에서 그래픽과 메뉴, 정보 등이 표시되는 영역을 찾아 보시오.
② '도움말(help)' 메뉴를 찾고, 도움말에서 시작하기 혹은 개요 부분을 읽어 보시오.[21]

3) 파일 열기
파일 메뉴를 이용해 데모 파일 혹은 기존의 간단한 모델 파일을 연다.

4) 마우스 및 화면 조작
현실에서 3차원 물체는 만져보거나 움직여 볼 수 있지만, 컴퓨터 화면에 그려진 3차원 형상은 마우스로 움직여 볼 수 있다.
① 마우스로 그래픽 영역의 3차원 모델을 회전, 확대/축소, 이동해 보시오.
② 아래 표의 빈칸을 작성하시오.

기능	마우스 조작 방법 혹은 메뉴 위치, 핫키 등
회전(rotate)	
확대(zoom up)	예) 마우스 휠 밀기, Ctrl + MMB[22] + 화면 위로, [View/Zoom]

---

21) 대부분의 CAD 시스템은 '도움말(help)' 메뉴 혹은 "?(물음표)' 메뉴에서 시스템 전체 혹은 그 메뉴의 사용법을 설명하고 있다. 그리고 해당 CAD 시스템의 인터넷 홈페이지에서 '따라하기(tutorial)' 혹은 학습 자료를 제공하며, 인터넷에 학습 자료가 많아 혼자서도 쉽게 CAD 시스템의 사용법을 배우고 익힐 수 있다.
22) MMB(middle mouse button), LMB(left mouse button), RMB(right mouse button)

축소(zoom down)	
이동(pan)	
꽉 차게(fit)	
등각도(isometric)	예) [View/Isometric]
선택(select)	

5) 화면 인쇄

등각법으로 화면에 모델이 꽉 차게 표시하고, 화면에 표시된 형상을 종이에 인쇄하시오.[23] 별도의 인쇄 방법을 배우기 전까지 과제 결과물을 제출할 때 같은 방법으로 결과물을 종이에 인쇄해서 제출하시오.

6) 저장 및 끝내기

현재의 모델을 새로운 이름(학번_이름)으로 저장하고 CAD 시스템을 끝내시오.

7) 파일 열기

앞에서 저장한 파일을 컴퓨터 폴더에서 찾아보고, 파일의 확장자를 확인하시오. 저장된 파일을 CAD 시스템에서 다시 열어 확인하시오.[24]

---

23) 화면의 이미지를 캡처(Windows 11은 Alt+Shift+W)한 후, 문서 편집기(흔글, MS워드, PPT 등)에 붙여 넣은 후 인쇄할 수 있다.
24) CAD 시스템 혹은 설치 환경에 따라 파일을 더블 클릭해서 열 수도 있다.

9.2. 기본적인 사용법 익히기

형상 모델 생성의 기본적인 3단계(메뉴, 도형 선택과 속성 지정, OK) 사용법을 익히자.

1) CAD 시스템에서 새로운 작업 시작

CAD 시스템을 시작하고, 새로운 작업을 시작한다. 단위(mm, kg 등)와 표준 규격(ISO, KS 등)을 별도로 지정한다.

2) 육면체 생성 – 100×80×50

메뉴를 선택하고, 크기 속성(가로, 세로, 높이)을 지정하자. 미리 보기 (preview)로 확인한 후 OK 버튼을 눌러 작업을 마친다. 기본 형상인 육면체를 생성하는 메뉴가 별도로 있는 CAD 시스템도 있고, 그렇지 않은 CAD 시스템도 있다. 별도 메뉴가 없으면 스케치와 돌출 메뉴를 사용한다.

3) 정보 확인

① 육면체가 만들어진 후 마우스로 형상 모델을 돌려보고, 등각도로 그려 보자.
② 정보 영역(모델 트리 혹은 구조 등)에서 생성된 육면체를 찾아보자.

4) 원기둥 생성

지름은 100, 높이는 50이고, 육면체 윗면의 대각 모서리에 바닥의 중심을 지정한다.

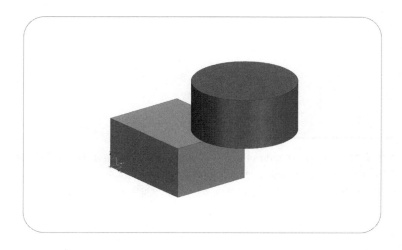

5) 정보 확인

육면체와 같은 방법으로 정보 확인한다.

6) 속성 변경

① 원기둥의 지름을 150으로 바꾸어 보자.

② 육면체의 길이를 200으로 바꾸어 보자.

※ CAD 시스템은 반복적인 설계 과정을 편리하고 쉽게 수행할 수 있다.

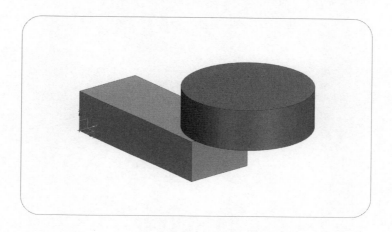

7) 숨기기(hide)/보이기(show), 억제(suppress)/해제(unsuppress)

작업 내용을 숨길 수도 있고, 억제를 통해 모델에서 제외할 수도 있다.

8) 제거(delete), 작업 취소(undo)와 재실행(redo)

① 앞에서 생성한 육면체 형상 모델을 제거(delete)한다.

② 제거를 취소(undo)한다.

③ 제거를 재실행(redo)한다.

9) 저장, 화면 인쇄

파일로 저장하자. 그래픽 영역의 이미지를 캡처하고 인쇄한다.

10. 실습 과제

1) 다양한 크기의 육면체 5개와 원기둥 5개로 임의의 형상 모델을 생성하시오.

2) 생성한 모델을 등각도로 그리고 화면을 캡처한 후 인쇄하시오.

CHAPTER 02   형상 모델링 용어

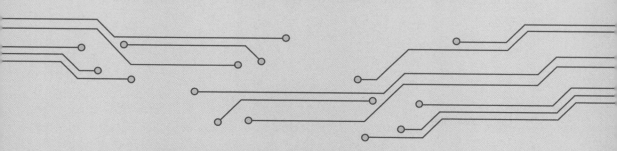

들어
가기

낯선 곳 혹은 새로운 모임에 가면 그곳에서 사용하는 말을 익혀야 빨리 적응할 수 있다. 마찬가지로 새로운 분야의 전문가가 되려면 그 분야의 용어를 정확히 알아야 한다. CAD 시스템에서 사용하는 용어를 이해하고, 도형의 종류와 속성, 모델의 구성 요소 등을 알아 보자.

1. 개요

각자가 사는 방을 둘러보자. 문을 열고 들어서면 방이라는 제한된 '공간'에 책상, 침대 등 다양한 물건들이 있다. 우리가 관심 가지는 물건은 질량과 부피를 가지며, 액체 혹은 기체와 달리 고정된 '모양'을 갖는다. 우리는 물건의 용도와 가치보다 모양과 크기에 주목할 때 그것을 '물체'라 한다. 방 안에 있는 많은 물체 중에 책상의 '형상'을 표현해 보자. 컴퓨터에 설치된 CAD 시스템이 아니라 컴퓨터의 인공지능(AI)보다 훨씬 뛰어난 지능을 가진 친구에게 자신의 책상을 설명해 보자.

친구는 뛰어난 지능의 소유자이고 같은 시대와 같은 문화권에서 살고 있기에 '책상'이라고 하는 순간 이미 나의 책상을 대충은 상상할 수 있다. 그러나 나의 책상을 정확히 알려 주려면 다음과 같은 설명이 필요하다.

"상판은 일반적인 사각형인데 크기는 1,200mm × 600mm이고, 두께는 40mm이다. 그리고 전선들을 정리할 수 있도록 상판 끝에 길이 200mm, 깊이 20mm로 들어간 홈이 있다. 다리의 단면은 직사각형이고, 높이는 700mm, 가로, 세로는 각각 50mm, 30mm이다. 다리는 상판 앞쪽에서 30mm, 옆쪽에서 20mm 안쪽에 위치한다. 왼쪽에는 서랍이 있는데, 3단 이고, …"

[과제] 다양한 물건의 형상을 표현해 보자.
   1) 위에서 설명한 책상을 각자 그려보자. 친구가 그린 책상과 비교해 보자.
   2) 자신의 방에 있는 다른 물건의 형상을 친구에게 설명하고, 그것을 친구가 그려보자.
   3) 친구에게 내가 생각하는 형상을 제대로 전달할 수 있는 다른 방법을 토의해 보자.

우리는 친구에게 책상의 형상을 말로 설명할 때는 상판, 다리 등의 용어를 사용한다. 책상, 상판, 다리 등은 물체 혹은 그 물체를 구성하는 '특징'[1]이며, 그 특징으로 우리는 대강의 '모양'을 짐작할 수 있다. 그리고 가로, 세로, 높이 등의 용어로 '크기'를, 앞쪽, 옆쪽, 안쪽 등의 용어로 '방향'과 '위치'를 설명한다.

지금까지 우리는 책상을 친구에게 설명하려고 공간, 모양, 물체, 형상, 특징, 크기, 방향, 위치 등의 용어와 그와 관련된 단어를 사용했다. CAD 시스템에도 이러한 용어들이 사용되며, 형상을 설계하고 모델을 생성하는 과정에도 이러한 용어들이 사용된다. 형상 모델링 혹은 기하학의 용어와 개념을 이해하면 CAD 시스템의 형상 모델링 방법을 더 쉽게 익히고 더 잘 사용할 수 있다. 형상 모델링에 다양한 용어와 개념이 사용된다. 특히 많은 CAD 관련 기술이 서구에서 시작되고 발전되었기에 영어 용어가 많다. 그러나 CAD 시스템에 사용된 메뉴 등이 한국어로 잘못 번역되거나 정확한 개념 정의가 없어 용어가 혼동될 수 있다. 한국어와 그대로 대응하는 개념이 없거나 영어 용어도 불명확한 부분이 많아 한국어로 번역하고 설명하기에 어려움이 있다. 부족한 부분이 있겠지만 형상 모델링에 사용되는 영어 용어를 한국어로 번역하고, 기하학에 기초해서 그 개념을 설명한다.[2]

---

1) 다른 것에 비해 특별히 눈에 띄는 속성으로 말(언어)만으로 그것을 짐작할 수 있다. CAD에서 다루는 특징은 주로 형상적인 특징이며, '특징 형상(geometric feature)'을 의미한다.
2) 본책에서 사용된 용어는 쉽고 일관된 언어로 설명하기 위한 저자 개인의 견해이다. 오류 혹은 개선 방안이 있다면 연락을 바란다.

2. 형상 모델링과 기하학의 용어

'기하학(geometry)'은 공간의 성질을 탐구하는 수학의 한 분야이다. 기하학의 연구 대상은 공간이며, 공간의 모양, 크기, 위치, 자세 등을 다룬다. 그런데 기하학이 다루는 공간은 우리가 사는 물리적 공간이 아니라 수학적 공간이다. 끝없이 넓은 공간에 어떤 물체가 있다고 생각해 보자. 기하학에서는 그 물체가 차지하는 공간을 '도형(geometry)'[3])이라 한다. 도형의 정의 자체는 복잡한 3차원 입체 형상도 도형에 포함하지만, 평면 도형 혹은 단순한 기하학적 모양[4])으로 '도형'의 정의를 좁게 사용하는 경우가 많다.

우리는 우리가 사는 세상의 물체를 CAD 시스템에서 표현하려 한다. 앞에서 예제로 다룬 책상과 같이 우리가 사는 세상의 물체는 모두 3차원이며, 3차원 입체 도형으로 표현된다. 앞에서 설명한 도형과 달리 자연스럽고 부드러운 모양이거나, 복잡한 모양의 입체 도형은 '형상'이란 용어를 많이 사용한다. 또 때에 따라서는 '의미가 있는 도형'이란 뜻으로 '형상'을 사용한다. 즉, 책상은 그 형태와 크기가 특별한 의미를 지닌 도형(공간을 차지하는 객체)이므로 '책상 형상'이라 한다.

'모양(shape, form)'은 도형이 차지하는 제한된 공간의 생김새이며, 꼴, 형태 등으로 부르기도 한다. 우리는 사물의 본질이 아니라 사물의 속성을 인지하고 사물을 인식한다. 즉, 도형이 차지하는 공간의 모양, 크기, 위치, 자세 등으로 그 도형을 인식한다. 특히 모양이 도형의 중요 속성이므로 우리는 가끔 속성인 모양과 그 속성을 가진 도형을 혼동한다. '도형(圖形)'이란 단어도 그림(도, 圖)과 모양(형, 形)으로 구성되어 모양과 달리 생각하기 어렵다. 다시 강조하면 기하학에서 도형은 공간을 차지하는 어떤 존재 혹은 대상(object)이

---

3) 영어 geometry가 기하학이란 뜻도 있고, 도형이란 뜻도 있다.
4) 기하학적 모양(geometric shape)은 규칙성이 있거나 직선, 원 등과 같이 단순 도형(혹은 수학)에 기초한 정형화된 모양(regular shape)이다. 기하학적 모양의 반대말은 자연스러운 모양(혹은 유기적 모양, organic shape)이다. 최근에는 자연스러운 모양의 곡선 혹은 곡면도 수식(기하학)으로 정의할 수 있지만, 기하학적 모양이라 하지는 않는다.

며, 모양은 도형이 가진 성질이다. 모양은 도형이 차지하는 공간 그 자체가 아니라 속성이므로 도형의 위치 혹은 크기가 달라도 같은 모양의 속성을 가질 수 있다.

예를 들어 〈그림 2-1〉의 도형은 크기와 자세, 모양이 조금씩 다르다. 모두 삼각형 모양이지만 〈그림 2-1〉의 a), b), c)는 모양이 같고, d)는 모양이 다르다. 또, a), b), c)는 모두 같은 모양 삼각형이지만 b)와 c)는 같은 크기이고, a)는 크기가 다르다. b)와 c)는 모양과 크기가 같지만, 도형의 자세는 다르다.

그림 2-1 삼각형: 다른 크기(a, b), 다른 자세(b, c), 다른 모양(c, d)

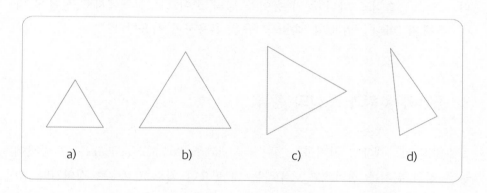

a) b) c) d)

많은 문헌과 CAD 시스템은 모델링된 도형의 실체를 강조하기 위해 '대상' 혹은 '객체'라는 용어를 사용한다. '삼각형'이라고 지칭했을 때 그것이 삼각형 모양의 '존재'를 일컫는 것인지, 삼각형 '모양'을 일컫는 것인지 불분명하기 때문이다. '존재'임을 명확히 할 때는 '삼각형 객체'라는 표현을 사용하고, '모양'임을 명확히 할 때는 '삼각형 모양'이라고 표현한다. 객체는 '실세계에 존재하는 사물 혹은 개념으로 존재하는 어떤 것'을 의미한다. 객체는 영어 object를 번역한 용어인데, '대상' 혹은 '물체' 등의 더 쉬운 언어로 번역할 수 있다. 그러나 물체가 실세계의 존재로 한정되는 경우가 많고, 전문 분야에서는 '객체'라는 용어가 널리 쓰이고 있으므로 본책에서도 '객체'라는 용어를 사용한다. CAD 시스템에서 형상 모델을 생성할 때는 도형의 실체를 만든다. '도형' 그 자체가 공간을 차지하는 객체이지만 개념적 도형이 아니라 CAD 시스템에 존재하는 실체임을 강조할 때 객체라는 용어를 덧붙여 사용한다. 즉 생성하고 있는 형상 모델의 특정한 점 혹은 곡선이 분명한 개별 객체임을 강조하는 경우는 점 객체 혹은 곡선 객체라고 강조하여 지칭한다.

CAD 시스템에서 형상 모델링의 최종 결과물은 우리가 사는 실세계의 물체를 표현한 물체 모델(body model)이다. 그리고 그 물체의 형상을 주로 3차원 입체 모델(solid body model)로 표현한다. 그런데 CAD 시스템의 모든 객체는 모델이므로 굳이 모델이라는 강조하지 않고, 그냥 물체(body), 입체 물체(solid body)[5]라고 하는 경우가 많다. 산업계에서 한국어 용어가 아니라 바디, 솔리드, 솔리드 바디 등의 용어가 널리 쓰이므로 본책에서도 상황에 따라 '물체'와 '바디', '입체'와 '솔리드' 등을 혼용하여 사용한다.

3. 공간의 차원과 도형의 종류

수학적으로 객체가 차지하는 '공간의 차원(dimension of space)'은 그 공간에 놓은 점의 위치를 정의(혹은 인식)하는 데 필요한 최소 좌표수로 정의된다. 방 안에 놓인 책상의 위치를 표시하려면 적어도 3개의 숫자가 필요하다(당연히 책상은 바닥에 놓여 있겠지만). 즉 방은 3차원 공간이다. 그리고 책상 상판의 아래쪽 면에 붙은 다리의 위치는 2개의 숫자가 필요하다. 책상 상판의 아래쪽 면은 2차원 공간이다.

당신의 방이 너무 작아 책상 하나만 놓을 수 있고, 그 책상이 방에서 상하 좌우 어디로도 움직일 수 없다면 그 방에서 책상의 위치를 설명하기 위한 숫자는 필요 없다. 마찬가지로 하나의 점이 점유하는 공간은 오직 한 위치이

---

5) '입체(立體)'는 이미 물체라는 의미를 포함하고 있지만, 입체 도형(solid geometry)과 입체 물체(solid body)를 구분하려고 '입체 물체'라고 썼다.

고, 그 점이 세상 전부이므로 위치를 표시하는 데 아무런 좌표(숫자)가 필요 없다. 즉 점은 0차원 공간이며, 0차원 도형이다. 0차원 공간인 점은 부피도 면적도 0이다.

곡선이 점유하는 공간은 시작점을 기준으로 거리(하나의 숫자)를 알면 그 위치를 알 수 있다. 즉 선은 1차원 공간이다. 〈그림 2-2〉와 같이 고속도로를 달리는 자동차를 예로 생각해 보자. 고속도로의 자동차 위치는 출발점에서 얼마의 거리(하나의 숫자)를 갔는지 알면 언제든지 그 위치(위도와 경도)를 알 수 있다. 혹은 자동차의 속도가 일정한 경우 시간(하나의 숫자)을 알면 위치를 알 수 있다. 즉 최소 하나의 숫자로 위치를 표현할 수 있는 선과 같은 고속도로는 1차원 공간이다. 1차원 공간 도형인 선은 면적 혹은 부피가 0이지만 길이는 0보다 큰 값을 갖는다.

그림 2-2 **고속도로(곡선): 거리 혹은 시간을 알면 위치를 알 수 있다.**

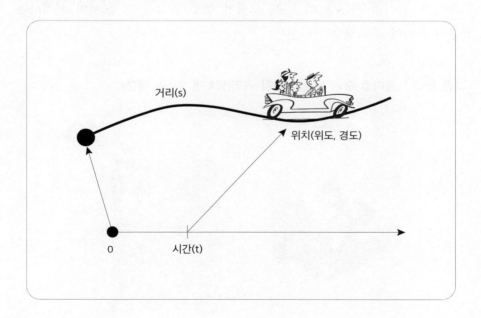

마찬가지로 평면 혹은 곡면은 2차원 공간이며, 입체는 3차원 공간이다. 예를 들면 지구 표면은 위도와 경도 2개의 숫자로 표시되는 2차원 공간이다. 그러나 비행기는 위도와 경도에 더해 고도까지 3개의 숫자로 위치를 표시한다. 즉 비행기가 운항하는 지구의 대기권은 3차원 공간이다. 2차원 공간인 면은 부피 혹은 두께가 없지만, 3차원 공간인 입체는 부피 값을 가진다. 입체는 그 도형이 차지하는 공간이 3차원이라는 의미이며, 도형이 놓인 공간이 3차원이라는 의미는 아니다.

3차원의 넓은 입체 공간에 1차원 도형(곡선) 혹은 2차원 도형(곡면)이 존재할 수 있다. 곡선을 구성하는 모든 점이 어떤 한 평면 위에 존재하는 곡선을 '평면 곡선(planar curve)'이라 하고, 한 평면에 놓을 수 없고, 3차원 공간에 존재하는 곡선을 '공간 곡선(space curve)' 혹은 '3차원 곡선'이라 한다. 공간 곡선을 구성하는 점들은 한 줄로 연결된 1차원적 공간이므로 공간 곡선도 1차원 도형이다. 〈그림 2-3〉과 같은 복잡한 곡면도 평평하게 펼칠 수 있는 2차원 도형이다. 공간의 차원을 따질 때 도형이 놓인 공간과 그 도형이 차지하는 공간의 차이에 주의해야 한다.

그림 2-3 종이를 구겨 만든 복잡한 곡면(펼치면 2차원 평면)

CAD의 기하학은 4가지 종류(점, 선, 면, 입체)의 도형을 다루는데, 도형이 차지하는 공간의 차원으로 도형을 분류한 것이다. 이때 선은 1차원 공간으로 표현되는 도형이며, 직선은 물론이고 곡선을 포함한다. 또 면은 평면만이 아니라 2차원 공간으로 표현되는 도형을 일컬으며, 곡면을 포함한다. 입체는 앞에서 설명했듯이 부피를 가지는 3차원 공간으로 표현되는 도형이다.

표 2-1 ▶ 공간의 차원과 도형

차원	도형
0차원	점(point)
1차원	선(line), 곡선(curve)
2차원	면(plane), 곡면(surface)
3차원	입체(solid)

4. 도형의 속성(attribute)

기하학이 다루는 도형은 그 도형이 놓인 공간에서 4가지 기본 속성(모양, 크기, 위치, 자세)을 가진다. 〈그림 2-1〉에서 보았듯이 모양이 같아도 크기가 다르면 서로 다른 도형이다. 특히 도형이 위치와 자세의 속성을 가지므로 모양과 크기가 같아도 위치 혹은 자세가 다르면 서로 다른 도형임에 주의하자. 그런데 점의 경우 특별한 모양, 크기, 자세를 갖지 않으며 오직 위치 속성만 갖는다. 곡선, 곡면, 입체 등은 모두 모양, 크기, 위치, 자세 등의 4가지 속성을 갖는다.

도형과 형상, 속성과 분류

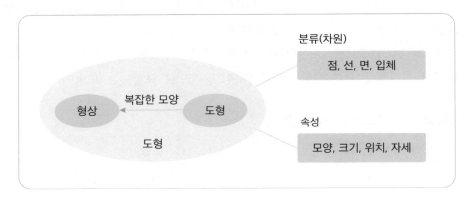

우리는 객체의 본질을 직접 인지할 수 없으며, 속성을 통해 본질을 인식한다. 우리가 인식하는 객체의 본질은 속성이 결정한다. 4가지 속성의 값이 정해지면 도형 객체가 완전히 정의된다. 4가지 속성값이 같다면 우리는 그 도형을 다르게 인식할 수 없으며 그 도형은 서로 같다. 결과적으로 도형의 모양과 크기, 위치, 자세 등을 입력하는 방법을 알아야 CAD 시스템에서 제품의 형상을 표현할 수 있다.

도형의 위치는 형상의 가장 기본적인 속성이다. 실세계의 물체는 상대적인 거리 혹은 위치가 중요하지만, CAD 시스템에서는 좌표계의 절대 위치로 도형의 위치를 지정한다. CAD 시스템에서 위치(position, location)를 지정하면 점(point)을 생성할 수 있는데 점은 특정 위치에 놓인 도형 객체이다. 물체의 자세는 실세계에서 별 관심이 없는 경우가 많다. 물리적으로 안정된 자세를 저절로 취하는 경우가 대부분이어서 삐뚤어진 자세의 물체가 매우 이상할 뿐이다. CAD 시스템의 형상들은 물리 법칙의 지배를 받지 않으므로 희망하는 자세(orientation)를 명확히 지정해야 한다. 그리고 CAD 시스템의 형상 객체는 자세를 속성으로 가지므로 자세가 다르다면 서로 다른 형상이다.

CAD 시스템에서 형상의 크기는 주로 숫자로 지정한다. 같은 모양이라도 크기가 다르면 부피가 달라 물리적 특성이 달라지므로 공학에서 형상의 크기는 매우 중요하다. 특히 일부 CAD 시스템은 도형의 크기를 모두 지정하지 않더라도 자동으로 크기가 부여되어 최종 형상을 생성한다. 원하는 크기의 형상을 제대로 생성했는지 확인하는 습관을 지녀야 한다.

　형상의 모양을 입력하는 방법은 매우 다양하다. 〈그림 2-5〉의 기본 형상들은 우리의 의도를 쉽게 CAD 시스템에 전달할 수 있다. 예를 들면 원기둥 형상은 '원기둥'이라는 단어 그 자체로 모양이 정의되며, CAD 시스템에 '원기둥'이라는 정보를 전달하면 된다. 그러나 그림 오른쪽과 같은 복잡한 형상을 생성하려면 어떻게 우리의 의도를 CAD 시스템에 전달할 수 있을까? 이 책은 우리가 상상하는 복잡한 형상을 CAD 시스템에 전달하는 방법들을 설명한다.

그림 2-5　기본 형상(육면체, 원기둥, 구)과 복잡한 형상

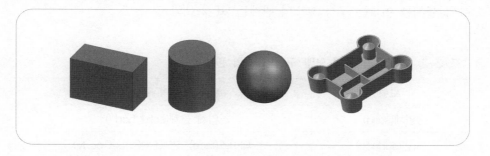

5. 물체 모델의 구성 요소(element)

　어떤 물체의 형상을 CAD 시스템에서 생성하면, 그것은 '물체 모델(body model)'이다. 그런데 CAD 시스템에서 생성한 것은 모두 '모델'이므로 우리는 그것을 흔히 '물체' 혹은 '바디'라고 줄여서 부른다.[6] 즉, '바디'는 3차원 실세계의 물체를 CAD 시스템에서 도형으로 표현한 것이다. 실세계의 물체는 대부분 3차원 도형으로 표현하지만, 종이 혹은 철판과 같은 얇은 물체는 부피를 무시하고 2차원 도형으로 표현하기도 한다. 3차원 도형으로 표현된 물체

---

6) 본책에서도 실제 물리적인 물체를 모델의 물체와 구분할 때는 '실물' 혹은 '실제' 등의 형용사를 추가해 사용한다.

와 2차원 도형으로 표현된 물체를 각각 입체 물체(solid body)와 면 물체(sheet body)로 구분해서 부른다.

물체 모델(body model)은 정점 혹은 꼭짓점(vertex), 모서리(edge), 루프(loop), 페이스(face)[7] 등의 요소로 구성된다. 바디를 감싸는 개별 곡면을 페이스라 하고, 페이스의 경계를 모서리라 한다. 그리고 모서리의 경계가 정점이다. 입체의 경우 정점은 형상의 귀퉁이인데 모서리 혹은 페이스가 세 개 이상 만나는 점이다. 입체의 모서리는 두 개의 페이스가 만나는 선이다. 루프는 하나 이상의 연결된 모서리가 이루는 폐곡선이며, 페이스의 영역을 제한한다. 하나의 페이스는 하나 이상의 루프로 경계를 이룬다. 〈그림 2-6〉에서 앞면의 페이스는 2개의 루프를 가지며, 바깥쪽 루프는 4개의 모서리로 구성된다. 도형의 종류와 물체를 이루는 구성 요소의 관계는 [표 2-2]와 같다.

표 2-2 ▶ 도형과 물체 모델 구성 요소의 관계

도형	물체 모델의 구성 요소
입체(solid)	입체 물체(solid body)
곡면(surface)	페이스(face), 면 물체(sheet body)
폐곡선(closed curve)	루프(loop)
곡선(curve)	모서리(edge)
점(point)	꼭짓점, 정점(vertex)

---

7) 페이스(face)는 '면'으로 번역할 수 있지만, 곡면 도형과 구분하기 위해 바디 모델을 이루는 요소로 '페이스' 용어를 사용한다.

그림 2-6 물체 모델의 구성 요소: 정점(vertex), 모서리(edge), 루프, 페이스, 바디

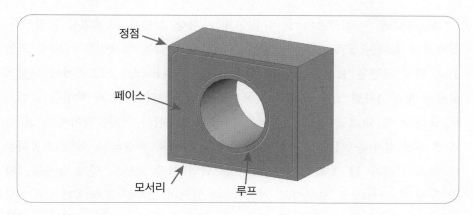

점, 선, 면, 입체는 도형을 공간의 차원으로 분류한 것이며, 모양과 크기 등의 속성으로 도형을 설명한다. 그러나 정점, 모서리, 페이스 등은 물체 모델을 표현하는 형상의 구성 요소를 관계 중심으로 설명하는 용어이다. 모서리는 페이스의 구성 요소이며, 다른 페이스와 구분하는 경계로 그 의미가 있다. 페이스는 물체(바디)를 다른 3차원 공간과 구분하는 2차원 경계로 그 의미가 있다. 즉, 같은 대상물이지만 물체의 의미로 지칭할 때는 바디(물체)라 하고, 그 물체가 차지하는 공간에 주목할 때는 솔리드(입체 도형)라 한다. 그리고 물체를 이루는 한 면을 지칭할 때는 페이스라 하고, 그 페이스의 차지하는 공간과 그 공간의 모양에 주목할 때는 곡면(surface)이라 한다. 종이 혹은 철판 같은 얇은 물체를 표현하는 면체(sheet body)도 여러 개의 페이스와 모서리로 구성된다.

6. 물체의 형상을 표현하는 다양한 모델

CAD 시스템은 실세계의 물리적 물체를 형상 모델로 표현해서 저장한다. 실세계의 물체는 모두 3차원의 공간을 점유하고 있는 입체이므로 입체 도형으로 형상 모델을 표현하는 것이 마땅하다. 그러나 CAD 시스템에서 현실의 물체를 항상 3차원 입체 도형으로 표현하지는 않는다. 우리가 책상을 그림으로 표현할 때 대개 선으로 책상의 모서리를 표현한다. 선이 끊어져 닫힌 영역(면 혹은 입체)을 제대로 표시하지 않아도 책상을 표현하고 서로 소통하는 데 전혀 문제가 될 것이 없다. CAD 시스템의 형상 모델도 입체 물체를 1차원 도형(선, 곡선)으로 표현하고 저장할 수 있으며, 2차원 도형(곡면 모델)으로 표현하고 저장할 수도 있다. 즉 CAD 시스템은 물체의 형상을 표현하는 다양한 종류의 형상 모델을 사용한다.

CAD 시스템에서 물체 형상을 표현하는 대표적인 형상 모델은 와이어프레임 모델(wire-frame model), 곡면 모델(surface model), 솔리드 모델(solid model)[8]이다. '와이어프레임 모델'은 1차원 도형인 와이어(wire)로 3차원 형상의 골격(frame)을 주로 표현하고, '곡면 모델'은 2차원 도형인 곡면으로 3차원 형상의 외관을 주로 표현한다. '솔리드 모델'은 부피 등의 입체 속성을 가진 형상 모델이며, 3차원 공간을 물체의 외부와 내부로 구분할 수 있고, 물체 서로 간의 간섭을 계산할 수도 있다. 입체의 속성을 가진 솔리드 모델은 물리적 성질을 분석하고 평가하기에 적합하다. 물체 표면의 표현에 집중해서 입체의 속성은 없지만 겉보기에 입체처럼 보이는 '곡면 모델'과 전체적인 골격을 선으로 표현하는 '와이어프레임 모델'도 CAD 시스템에서 자주 사용한다. 복잡하고 큰 규모의 공장과 항공기, 선박 등을 솔리드 모델로 표현하면 너무 복잡하고 데이터 용량이 커지지만, 골격을 1차원 와이어로 표현하면 개념적으로 더 명확하고, 모델 생성 작업이 간단하며, 데이터도 가볍다. 곡면 모델을 사용하면 내부 구조는 신경을 쓰지 않고, 외부 형상에 집중할 수 있어서 심미적인 설계에 자주

---

8) 한국어로 번역하면 '입체(solid) 모델'이다.

사용한다. 형상 모델별로 장단점이 있어서 설계 대상물의 복잡도 혹은 설계 목적에 따라 주로 쓰이는 모델이 다르다. 곡면 모델과 솔리드 모델은 겉보기 차이가 없는 경우가 많아 사용하는 CAD 시스템이 어떤 모델로 3차원 물체를 표현하는지 알기 어렵다. 3차원 물체 표현에 솔리드 모델을 사용하는지 확인하려면 해당 모델로 부피 계산 혹은 간섭 계산 등이 가능한지 확인하면 된다.

컴퓨터와 CAD 기술이 발전하면서 복잡한 건물과 항공기, 선박 등도 완전한 솔리드 모델로 생성할 수 있다. 그러나 설계 초기에 개념을 발전시킬 때는 단순한 부품일지라도 와이어프레임 모델이 더 적절할 수 있다. 〈그림 2–7〉은 물건을 담는 상자를 다양한 형상 모델로 표현했다. 우리는 흔히 간단한 손 스케치로 a)와 같이 상자를 표현한다. 손 스케치의 개념을 컴퓨터 모델로 표현하면 b)와 같은 와이어프레임 모델이다. 와이어프레임 모델은 우리가 생각을 종이에 표현하는 방법과 닮았는데, 와이어프레임 모델은 면의 개념이 없어 숨은선을 제거하고 표시할 수 없다. 곡면 모델 c)는 여러 개의 곡면으로 상자를 표현했다. 〈그림 2–7〉에서 손 스케치와 와이어프레임 모델, 곡면 모델은 모두 상자의 두께를 고려하지 않았다. 상자 두께가 중요한 정보가 아닐 수도 있고, 필요한 경우 별도의 숫자로 정보가 제공될 수도 있다. 시각적으로 실제 상자와 가장 비슷한 모델인 d)는 두께를 표현하고 있어 상자 제작에 필요한 재료의 부피를 계산할 수 있고, 재료가 정해지면 무게도 계산할 수 있다.

그림 2–7   상자를 표현하는 다양한 형상 모델

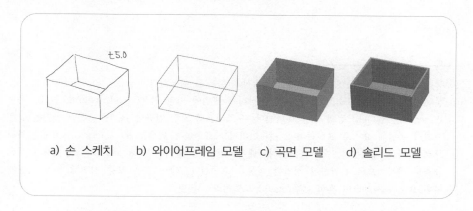

a) 손 스케치   b) 와이어프레임 모델   c) 곡면 모델   d) 솔리드 모델

앞에서 설명한 〈그림 2-7〉의 각 모델에서 상자의 두께를 확인하려면 어떻게 할 수 있을까? 손 스케치와 와이어프레임 모델, 곡면 모델은 두께 정보를 별도의 숫자 값으로 제공할 수밖에 없다. 〈그림 2-7〉에서 a)의 손 스케치는 두께가 5mm임을 옆에 별도의 주석으로 밝혔다. 와이어프레임 모델과 곡면 모델은 형상 정보를 완벽히 제공하지 못하여 불편하고, 불완전한 모델로 여겨진다. 하지만 솔리드 모델은 두께를 측정할 수 있고, 시각적으로 실제와 흡사해서 실세계의 물체를 표현하는 완벽한 모델로 여겨진다. 그런데 〈그림 2-7〉의 d)에 제시된 상자의 네 벽과 바닥 면의 두께가 같을까? 바닥은 두께가 일정할까? 앞의 손 스케치와 와이어프레임 모델, 곡면 모델에서는 별도의 정보로 쉽게 확인할 수 있었던 간단한 값이 솔리드 모델에서는 오히려 복잡해졌다. 솔리드 모델이 시각적으로 가장 비슷한 모델을 제공하지만, 용도에 따라 간단한 손 스케치 혹은 와이어프레임 모델과 곡면 모델이 더 적합할 수도 있다.

대표적인 형상 모델인 솔리드 모델은 CAD 시스템에서 다양한 방식으로 구현된다. 기본 도형의 불리언 연산[9]으로 입체를 표현하는 CSG(constructive solid geometry) 방식과 물체를 구성하는 경계 요소의 기하 정보와 위상 정보를 저장하는 B-rep(boundary representation) 방식이 대표적인 솔리드 모델 구현 방식인데 최근의 CAD 시스템은 주로 두 방식을 같이 사용한다. 유한요소 해석 등의 시뮬레이션에는 하나의 입체를 아주 작은 단위 요소로 나눈 분해 모델(decomposition model)[10]을 사용한다.

---

9) 불리언 연산은 CHAPTER 04 '복잡한 형상 만들기'를 참조한다.
10) 분해 모델은 단위 요소의 모양 혹은 저장하는 방법에 따라 복셀(voxel; volume cell), 옥트리(octree), 셀(cell) 등의 모델로 나뉜다. 구조적으로 가장 간단한 복셀은 3차원 공간을 같은 크기의 육면체 요소로 표현하며 2차원 이미지를 표현하는 픽셀(pixel; picture cell)을 3차원으로 확장한 개념이다. 옥트리 모델은 데이터의 양을 줄이기 위해 요소 하나를 8개의 작은 요소로 반복적으로 분할하여 정밀한 형상을 표현한다. 셀 모델은 보통 사면체 혹은 육면체 단위 요소를 사용하며 흔히 메쉬(mesh) 모델이라 부른다.

그림 2-8 형상 모델의 종류와 구현 방법

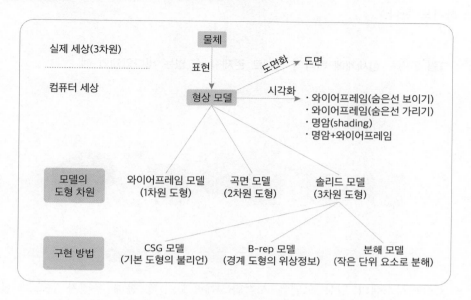

실세계에는 존재하지 않지만 개념적인 필요 때문에 생성하는 일부 형상들은 솔리드 모델의 입체 객체로 표현이 불가하다. 〈그림 2-9〉에서 보듯이 입체에 1차원 혹은 2차원 도형이 달린 형상은 실세계에 존재하지 않는 객체이며, 일반적인 CAD 시스템에서 '하나'의 객체로 존재할 수 없다. 그리고 꼭짓점 혹은 모서리로 연결된 두 입체가 하나의 객체일 수도 없다. 이들 객체는 몇 개의 서로 다른 객체로 분리하면 CAD 시스템에서 모델을 생성할 수 있다. 이러한 객체들을 물리적으로 실재할 수 있는 입체(솔리드) 모델과 구분해서 '비다양체(non-manifold) 모델'[11]이라 부른다. 대부분의 CAD 시스템에서 〈그림 2-9〉의 비다양체 각각을 표현할 수 있지만 각각을 하나의 솔리드 바디 객체(하나의 다양체)로 모델링할 수는 없다. 즉, 여러 개의 솔리드 바디 혹은 서로 다른 종류의 여러 객체 모음으로 비다양체를 표현한다. 일부 CAD

---

11) 비(非)다양체는 다양체가 아니라는 뜻이다. CAD 시스템의 입체(solid body)는 다양체 모델이며, 더 엄밀한 표현은 2-다양체(two-manifold) 모델이다.

시스템에서는 여러 객체를 하나의 그룹으로 묶어 마치 하나의 객체처럼 처리하기도 한다.

그림 2-9 실세계에 하나의 객체로 존재할 수 없는 비다양체의 예

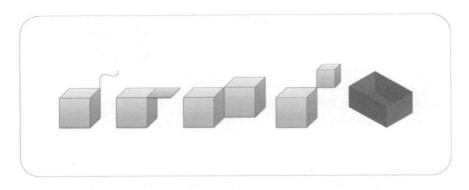

CAD 시스템의 형상 모델은 시각화(그래픽 표시)를 통해 우리가 눈으로 볼수 있다. CAD 시스템이 입체를 솔리드 모델로 표현하고 저장하고 있더라도, 그 그래픽 이미지는 명암(shading)으로 표시하거나 와이어프레임(wire-frame)으로 표시할 수 있다. 즉 CAD 시스템의 형상 모델이 눈에는 와이어프레임으로 보이지만 실제 데이터는 솔리드 모델일 수도 있다. 그리고 필요한 경우 입체모델을 2차원 도면 모델로 변환해서 표시할 수도 있다.

그림 2-10 형상 모델의 다양한 표시(시각화) 방법

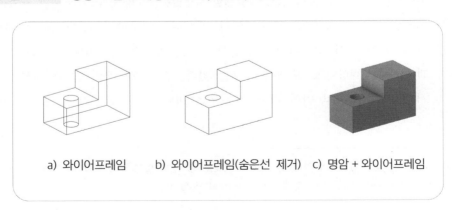

a) 와이어프레임   b) 와이어프레임(숨은선 제거)   c) 명암 + 와이어프레임

그림 2-11　2차원 도면 모델로 표시

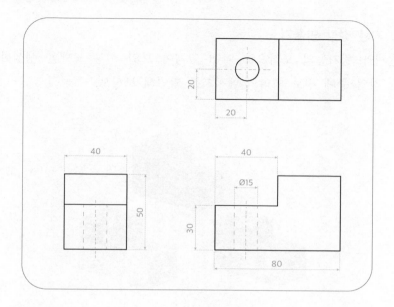

7. 연습 문제

1) 3차원 물체의 형상을 표현하는 와이어프레임 모델과 곡면 모델, 솔리드
   모델의 장단점을 비교하시오.

2) 도형의 주요 속성 4가지는 무엇인가?

3) CAD 시스템에서 3차원 물체를 표현하는 다양한 형상 모델이 있다. 대표
   적인 형상 모델 3가지는 모델을 구성하는 도형의 차원을 기준으로 분류된
   다. 대표적 형상 모델 3가지를 쓰시오.
   (풀이) 와이어프레임 모델, 곡면 모델, 솔리드 모델

4) CAD 시스템에서 솔리드 모델은 다양한 방법으로 구현된다. 대표적 솔리
   드 모델 3가지를 쓰시오.
   (풀이) CSG 모델, B-rep 모델, 분해 모델

8. 실습

8.1. 기본 형상 만들기

육면체와 원기둥의 조합으로 아래 그림이 보인 형상 모델을 생성하시오. 모델링 작업 중에 정보 영역의 메시지를 확인해 보시오.

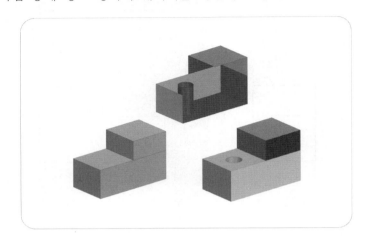

1) 육면체를 2개 생성한다.
   ① 80×40×30의 육면체를 생성하고, 그 위에 40×40×20의 육면체를 생성한다.
   ② 정보 영역에서 생성된 모델의 구조 혹은 속성을 확인한다.

2) 원기둥으로 육면체에 구멍을 뚫는다.
   ① 지름 15인 원기둥을 생성한다. 위치를 정확히 지정하기 어렵다면 대략 지정한다.
   ② 육면체에서 원기둥으로 뺀다(subtract).
   ③ 정보 영역에서 생성된 모델의 구조 혹은 속성을 확인한다.

3) 그래픽 표시 방법(와이어프레임, 명암법 등)을 다양하게 바꾸어 그 결과를 비교하시오.

4) 입체(solid body)의 앞쪽 면(face)을 제거해 면체로 변경한다.[12]

5) 모델링한 물체의 요소(물체, 페이스, 모서리, 정점 등)를 각각 선택하고 색깔을 바꾸어 보시오.
   ① 면체를 선택하고 색깔을 바꾼다.
   ② 면을 2개 선택하고 색깔을 바꾼다.
   ③ 모서리를 선택하고 색깔을 바꾼다.

6) 생성한 형상 모델을 파일로 저장하고 CAD 시스템을 끝내시오.

7) 저장한 파일을 다시 열어서 제대로 저장되었는지 확인하시오.

8.2. 장난감 자동차 만들기

육면체와 원기둥으로 장난감 자동차 모델을 생성해 보자. 모델을 생성하면서 모델의 계층 구조 혹은 이력이 어떻게 바뀌는지 확인하시오.

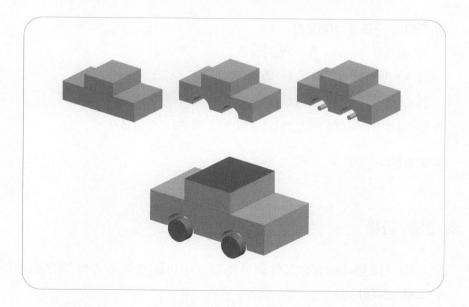

---

12) CAD 시스템에 따라 입체의 면을 곧장 제거할 수 없을 수도 있다. 입체를 면체로 변경(un-sew)하거나, 입체에서 면을 추출(extract, copy)해 면체를 생성한다.

1) 육면체 두 개로 자동차 몸체를 만든다.
   ① 아래쪽 육면체(300×150×70)
   ② 위쪽 육면체(120, 150, 50)

2) 원기둥으로 바퀴 자리를 제거한다.
   ① 원기둥 지름(70), 길이(150)
   ② 자동차 몸체 바닥 모서리에 원의 중심점이 놓이도록 지정한다.

3) 원기둥으로 바퀴 축을 만든다.
   ① 원기둥 지름(15), 길이(150)
   ② 바퀴 자리를 만든 원기둥 축과 일치하도록 원기둥의 축을 지정한다.

4) 바퀴 축 양 끝에 원기둥으로 바퀴를 만든다.
   ① 원기둥 지름(50), 길이(20)
   ② 바퀴 축과 원기둥 축이 일치하도록 지정한다.

5) 모델의 구조를 살펴보자.
   ① 솔리드 바디는 몇 개인가?
   ② 바퀴 하나에 페이스는 몇 개인가?
   ③ 자동차 지붕에 해당하는 페이스는 모서리가 몇 개인가?
   ④ 자동차 지붕에 해당하는 페이스의 색깔을 바꿔보자.

6) 저장한다.

9. 실습 과제

1) CAD 시스템에서 형상(도형)을 지칭하는 용어를 찾아 공간의 차원을 기준으로 분류하시오.

2) CAD 시스템에서 형상의 속성을 지칭하는 용어를 찾아 속성(모양, 위치, 크기, 방향, 기타 등)을 분류하시오.

3) 실습에 사용하는 CAD 시스템으로 앞에 설명한 책상의 간단한 형상 모델을 생성하시오.

4) CAD 시스템으로 책상의 모델을 생성한 후, 화면의 이미지를 인쇄하고, 실제 책상의 사진과 비교하시오.

CHAPTER 03   돌출과 회전 형상

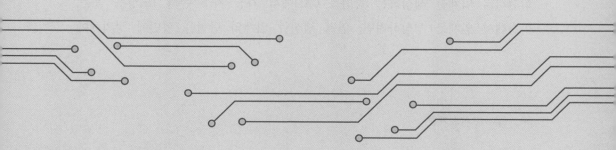

들어 가기

형상 모델을 생성할 때 가장 많이 쓰는 기술이 돌출과 회전이다. 특히 기계 부품들은 거의 대부분 돌출과 회전으로 형상 모델을 만들 수 있다. 돌출과 회전으로 형상을 만드는 방법을 알아 보자.

1. 개요

앞에서 책상의 형상을 말로 설명할 때 한계가 있듯이 우리가 일상에서 사용하는 용어는 물체의 형상을 정확히 설명하기에 부족하다. 그림을 그려서 설명하면 훨씬 쉽게 형상을 표현할 수 있는데, 복잡한 형상의 물체는 그림을 그리기도 쉽지 않고 한 장의 그림으로 전체 형상을 파악할 수도 없다. CAD 시스템에서는 주로 형상의 2차원 단면을 이용해 3차원 형상을 만든다. 그리고 단면이 복잡하거나 한 번에 만들기 어려운 복잡한 형상은 단순한 형상을 여러 번 깎아내거나 덧붙여서 만든다. 마치 간단한 조각칼로 복잡한 형상을 조각하거나, 단순한 레고 블록으로 복잡한 형상을 조립하는 것과 비슷하다. 책상의 경우 대부분의 CAD 시스템에서는 평면에 사각형을 그리고, 치수를 입력한 후 두께를 줘서 상판을 생성한다. 그 후에 상판 아래에 다시 사각형을 그리고, 그 사각형을 아래로 길게 뽑아서 다리를 생성한다. CAD 시스템에서 복잡한 형상 모델을 생성하는 방법도 책상 모델 생성 방법과 크게 다르지 않다.

평면에 형상의 2차원 단면을 정의할 수 있으면 복잡한 3차원 형상도 쉽게 생성할 수 있다. 평면에 2차원 도형을 정의하고, 정의된 도형을 돌출하거나, 회전시켜 입체를 생성하는 방법을 CAD에서 가장 자주 쓴다. 도형을 돌출, 회전해서 입체를 생성하려면, 먼저 생성할 입체의 단면을 평면에 정의해야 한다. 그리고 그 단면을 특정한 방향으로 돌출하거나 회전해서 입체를 생성한다. CHAPTER 03에서는 도형을 돌출, 회전해서 입체를 생성하는 기본적인 개념을 배우고, 평면에 도형을 정의하는 다양한 방법을 배워보자. 위치와 방향 정의 방법을 통해 평면의 위치와 방향은 물론이고 복잡한 도형을 정의할 수 있는 기초적인 능력을 키워보자.

2. 돌출(extrude) 형상

2차원 단면을 '직선 경로로 이동(돌출)'시켜 생기는 궤적이 돌출 형상이다. 돌출로 형상 모델을 생성하려면 돌출시킬 단면과 돌출 방향, 그리고 돌출 거리의 세 가지 요소를 지정해야 한다. 돌출시킬 단면은 대개 평면에 폐곡선(closed curve)으로 정의한다. 평면 위의 폐곡선은 무한한 평면 공간을 유한한 영역으로 제한하는 경계다. 일부 CAD 시스템은 단면이 폐곡선이 아니라 열린 곡선이면 이동 궤적을 곡면으로 생성할 수 있다. 그러나 단면을 구성하는 곡선이 서로 꼬인 곡선이면 오류를 발생한다. 따라서 오류가 발생하거나, 의도하지 않게 곡면이 생성되면 단면의 도형들을 다시 확인해야 한다.

돌출의 방향은 단면이 정의된 평면의 법선 방향이 가장 일반적이다. 그래서 일부 CAD 시스템은 아예 돌출 방향을 사용자가 지정할 수 없고, 단면이 정의된 평면의 법선을 돌출 방향으로 자동 지정한다. 돌출 방향을 지정할 수 있는 CAD 시스템에서도 〈그림 3-1〉에서 보듯이 돌출 방향을 단면이 놓인 평면과 평행한 방향을 지정하면 단면의 이동 궤적이 부피를 만들 수 없어 형상을 생성할 수 없다.

그림 3-1   돌출 형상의 정의 방법

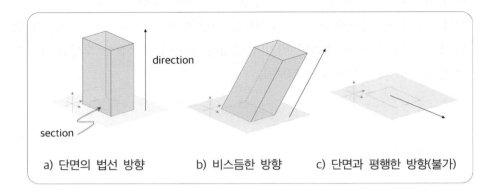

a) 단면의 법선 방향   b) 비스듬한 방향   c) 단면과 평행한 방향(불가)

돌출 거리는 현재의 단면 위치를 기준으로 직선거리를 입력할 수도 있지만, 궤적의 출발과 끝 지점의 거리를 단면이 놓인 평면을 기준으로 별도로 지정할 수도 있다. 또, 어떤 다른 물체에 닿을 때까지[1] 혹은 어떤 물체를 관통할 때까지[2]로 지정할 수도 있다.

3. 회전(revolve) 형상

단면을 '원호 경로로 이동(회전)'시켜 생기는 궤적이 회전 형상이다. 회전으로 형상을 생성하려면 회전할 단면과 회전축, 회전 각도 등이 필요하다. 평면에서는 한 점을 중심으로 회전하지만, 3차원 공간에서는 회전축을 중심으로 회전한다. 방향과 위치의 두 가지 정보로 회전축을 정의하는데, 방향은 회전으로 생성되는 원이 놓일 평면의 법선이고, 위치는 원의 중심이다.

앞에서 설명했듯이 돌출 형상은 방향이 대부분 자동 지정되는데, 회전 형상은 회전의 방향을 사용자가 직접 지정해야 한다. 회전에서 회전축의 방향

---

1) 물체에 닿을 때까지 - to object, until object, up to object 등
2) 물체를 관통할 때까지 - through

을 바꾸면 단면이 움직이는 방향이 달라져 전혀 다른 형상이 생성되기 때문이다. 〈그림 3-2〉에서 a의 회전축은 Z축과 평행하고, c)의 회전축은 X축과 평행한데, 단면과 회전 각도가 같아도 회전 방향에 따라 전혀 다른 형상이 생성됨을 알 수 있다. 일반적으로 회전축은 단면이 놓이는 평면에 있어야 하며, 단면이 놓인 평면과 수직이면 형상을 생성할 수 없다. 회전축의 방향이 같아도 회전축의 위치를 옮기면 회전 반지름이 달라져 다른 형상이 생성된다. a)와 b)는 회전축의 방향과 회전 각도가 같고, 회전축의 위치가 다르다. b)의 회전축이 a)에 비해 단면에서 더 먼 곳에 있어서 회전 반지름이 더 크고, 더 큰 형상이 생성되었다. 회전축이 단면과 너무 가까워 단면을 가로지르는 경우는 형상을 생성할 수 없거나 비정상적인 형상이 생성되므로 주의해야 한다.

그림 3-2 회전 형상

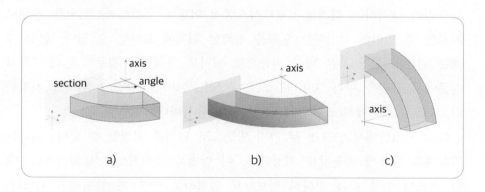

회전 각도는 앞의 돌출과 마찬가지로 단면 위치를 기준으로 한다. 즉 시작 각도와 끝 각도를 입력하면 한 바퀴가 아니라 일부분만 회전한 형상을 얻을 수 있다. 회전의 방향은 대개 오른손 법칙을 따르므로 회전축의 끝에서 시작 쪽을 바라볼 때 반시계 방향으로 회전한다. 회전의 방향을 반대로 하려면 회전축의 방향을 뒤집거나, 회전 각도를 음수로 입력하면 된다.

4. 도형의 위치 지정

앞에서 설명한 돌출과 회전으로 원하는 형상을 생성하려면 도형을 정확한 '위치'에 정의해야 한다. CAD 시스템에서 위치를 지정하는 방법을 알아보자. 위치는 도형의 가장 기본적인 속성이다. 위치를 지정하면 점 객체를 생성할 수 있다. 그런데 점의 유일한 속성이 위치이고, 위치가 지정되면 점이 완전히 정의되므로 점과 위치를 구별 없이 사용하거나 혼동해서 사용한다. CAD 시스템에서 점은 객체이므로 생성, 삭제할 수 있고 대개 이름이 부여되어 관리된다. 점의 위치는 속성이므로 값을 지정하고 바꿀 수 있다. 그런데 기하학의 공간은 무한히 많은 점으로 가득 채워져 있다. CAD 시스템이 무한의 객체를 생성하거나 저장할 수 없으므로 이름이 부여되어 관리되는 점들을 '점 객체'라 하고 공간의 가득 채우는 점들은 그냥 '점'이라고 지칭하는 경우가 많다.

우리가 생각하는 위치를 CAD 시스템에 어떻게 입력할까? 위치를 제대로 지정할 수 있어야 희망하는 도형을 정확한 위치에 표현할 수 있다. 현실 세계는 기존의 물건 혹은 나를 기준으로 위치를 지정하는 경우가 많다. "학교 정문에서 큰길을 따라 50미터", 혹은 "정면 책상 위" 등으로 위치를 지정한다. CAD 시스템에서도 개념적으로는 이와 유사하다.

CAD 시스템에서는 크게 두 가지 방법으로 위치를 지정할 수 있다. 하나는 좌표계를 사용해 좌푯값을 지정한다. 이 방법은 수학적으로 명확하지만, 매번 좌표의 숫자 값을 정확히 키보드로 입력하는 일은 꽤 불편하고 어렵다. 다른 방법은 이미 존재하는 점의 위치를 이용한다. 이 방법은 마우스를 이용해 이미 존재하는 점을 선택해서 위치를 지정하므로 매우 편리하다.

4.1. 좌표계의 좌푯값

좌푯값을 키보드로 입력해서 위치를 지정하려면 좌표계가 필요하다. 좌표계는 기준 위치와 기준 방향을 제공하는데, 일반적인 기계 부품의 모델링에는 직교 좌표계[3]가 널리 쓰인다. 직교 좌표계는 서로 직각이며 원점에서 만나는 세 개의 축(X축, Y축, Z축)으로 3차원 공간의 위치를 표현한다. 원점(그림 3-3의 O)에서 해당 위치까지 축 방향 거리를 각각 표현한 값이 좌푯값이며, (x, y, z) 세 개의 숫자로 표현된다. CAD 시스템에서 사용하는 직교 좌표계는 오른손 좌표계이므로 X축(엄지)과 Y축(검지) 외적이 Z축(중지)이다. 2차원 평면 공간에서는 두 개의 축(X축, Y축)을 사용하므로 좌푯값은 (x, y) 두 개의 숫자로 표현된다. 2차원 좌표계의 X축은 흔히 수평 축이고, Y축은 수직 축이다. 결국 3차원 공간의 위치를 지정하려면 3개의 숫자를 입력해야 하고, 2차원 평면에서는 2개의 숫자를 입력해야 한다.

그림 3-3　직교 좌표계와 오른손 좌표계

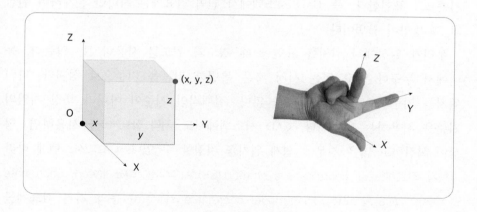

일상에서는 좌표 개념 없이 임의의 위치에 물건을 둔다. 종이에 선을 그을 때도 좌표를 생각하지 않는다. 그러나 여러 개의 물건을 배열하거나 그림을 그릴 때는 이미 놓인 물건을 기준으로 간격을 띄우거나, 이미 그려진 선을

---

3) 직교 좌표계는 좌표계를 처음 제안한 프랑스 철학자이자 수학자인 데카르트(라틴어 이름은 Cartesius)의 이름을 따 데카르트 좌표계(Cartesian coordinate system)라고도 한다. 1차원 공간의 데카르트 좌표계는 '직교' 좌표계라 할 수 없고, 흔히 2차원, 3차원 공간의 데카르트 좌표계를 직교 좌표계라 부른다.

기준으로 다른 선을 긋는다. 그러나 CAD 시스템에서 도형을 그릴 때는 최초의 도형을 좌표계 원점 혹은 좌표계 원점과 가까운 곳에 정의하면 좋다. 도형의 위치, 방향, 크기 등이 모두 좌푯축 혹은 좌표 원점과 연관되므로 이후 작업이 편리하다.

4.2. 전역 좌표계와 지역 좌표계

우리가 사는 지구에서는 경도와 위도로 위치를 표시하면 어느 나라의 누구나 그 위치를 알 수 있다. 경도와 위도의 시작 기준과 간격, 방향 등이 표준으로 정해져 누구나 공유하기 때문이다. CAD 시스템에도 그러한 좌표계가 있는데, 전역 좌표계(global coordinate system) 혹은 세계 좌표계(world coordinate system)라 한다. 전역 좌표계는 전체 도형 공간의 모든 위치를 하나의 일관된 기준으로 표현한다. 즉, CAD 시스템에서 전역 좌표계는 하나만 존재하며 원점과 그 방향이 불변이다.

우리가 일상에서 위치를 표현할 때 경도와 위도를 사용하지는 않는다. 동네에서 누구나 알고 있는 시청 혹은 특별한 건물을 기준으로 삼거나, 나의 위치를 기준으로 설명하는 때가 많다. 절대적인 기준이 아니라 특정 지역의 기준을 사용하는 방법이다. CAD 시스템에서도 지역 좌표계[4]를 사용하면, 형상이 복잡하고 많은 경우에 쉽게 위치를 지정할 수 있다. CAD 시스템에 따라 사용자 좌표계(user coordinate system, UCS),[5] 작업물 좌표계(work coordinate system, WCS),[6] 모델 좌표계(model coordinate system) 등의 지역 좌표계를 사용한다. 사용자 좌표계는 사용자가 필요에 따라 좌표계의 원점과 방향을 설정할 수 있다. 작업물 혹은 모델 좌표계는 작업 대상인 모델 객체별로 좌표계를 설정할 수 있다.

〈그림 3-4〉의 원기둥을 돌출 혹은 회전으로 생성할 때 지역 좌표계를 생성하면 매우 간단하다. 지역 좌표계의 $X'Y'$-평면에 반지름 r인 원을 그린

---

4) 지역 좌표계(local coordinate system)는 '국소' 좌표계라고도 한다.
5) 사용자 좌표계는 'custom coordinate system'이라고 하기도 한다.
6) 작업물 좌표계는 기계 좌표계(machine coordinate system)와 대응하는 개념이다.

후 h만큼 돌출하거나, 지역 좌표계의 $X'Z'$-평면에 사각형을 그린 후 Z'축을 중심으로 회전해서 원기둥을 생성할 수 있다. 지역 좌표계는 전역 좌표계를 기준으로 원점의 위치와 각 축의 방향이 정의되며, 그 정보를 이용해 지역 좌푯값이 전역 좌푯값으로 변환된다. 그림에서 가운데 놓인 사용자 좌표계는 원점이 전역 좌표계의 U(Ux, Uy, Uz)에 있으며, 오른쪽의 작업물 좌표계의 원점은 W이다.

그림 3-4 CDA 시스템의 좌표계

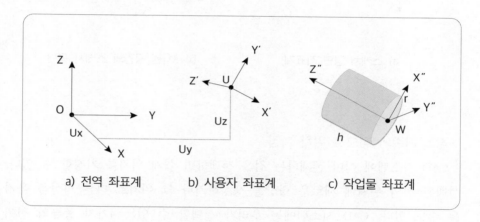

a) 전역 좌표계   b) 사용자 좌표계   c) 작업물 좌표계

전역 좌표계는 절대적인 기준이므로 절대 좌표계(absolute coordinate system)라고도 하고, 전역 좌표계로 표현된 좌푯값을 절대 좌푯값이라 한다. 그와 반대로 지역 좌표계로 표현된 좌푯값은 상대적인 값이므로 상대 좌푯값(relative coordinates)이라 하는데, CAD 시스템에서 상대 좌푯값은 임시적인 지역 좌표계를 기준으로 하는 경우가 많다.

돌출 혹은 회전에 사용할 단면을 그리는 스케치 평면도 지역 좌표계를 사용한다. 3차원 공간에 스케치 평면을 어떻게 놓든 스케치 작업을 할 때는 수평 방향이 좌표계의 X축이고 수직 방향이 좌표계의 Y축이다. 결국 스케치 평면의 도형은 스케치 좌표계를 기준으로 정의되고, 스케치가 끝나면 그 도형이 다시 3차원 공간의 전역 좌표계로 변환되어 표시된다.

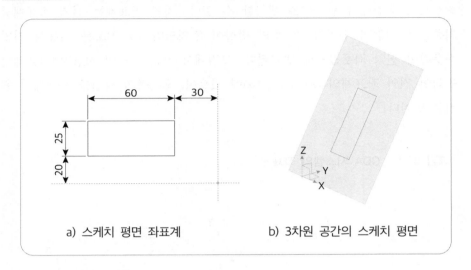

그림 3-5 스케치 평면과 3차원 공간의 관계

a) 스케치 평면 좌표계   b) 3차원 공간의 스케치 평면

4.3. 기존의 점으로 위치 지정

CAD 시스템에 이미 존재하는 점을 선택하면 쉽게 위치를 지정할 수 있다. 선택된 점의 위치에 새로운 형상을 생성하거나 그 위치로 다른 형상을 옮겨 올 수도 있다. CAD 시스템에는 우리가 선택할 수 있는 4가지 종류의 점이 있다.

1) 점 객체
2) 특징점
3) 가상점
4) 도형(곡선, 곡면 등) 위의 점

첫 번째 점 객체는 CAD 시스템에서 생성된 점이며, 고유한 이름이 부여된 객체[7]이므로 쉽게 선택할 수 있다. 두 번째 특징점(feature point)은 이미 생

---

7) 이때 부여되는 이름은 고유명사이다. 사용자가 이름을 부여하지 않고, P1, P2 등으로 CAD 시스템이 자동으로 이름을 부여하는 경우가 많다. 사용자가 이름을 변경할 수 있다.

성된 곡선, 곡면 혹은 입체 등의 다른 도형 객체에 존재하는 점 도형이다. 곡선, 곡면, 입체는 무한히 많은 점으로 이루어진 공간이다. 그 많은 점 중에 특별한 의미가 있거나 특징이 있는 점을 특징점이라 하는데, 특징점들은 그 점을 지칭하는 일반적인 이름[8])이 있다. 즉 이름으로 그 점을 지칭할 수 있고 쉽게 선택할 수 있다. 다음은 형상 모델링에 자주 사용하는 특징점들이다. 특히 교점, 접점 등은 일상에서 잘 사용하지 않지만 형상 모델링에서는 매우 중요하므로 잘 기억하기를 바란다.

1) 곡선 혹은 모서리의 시작점, 끝점, 중점
2) 곡면 혹은 페이스의 귀퉁이(vertex)
3) 교점(intersection): 곡선과 곡선 혹은 곡선과 곡면이 만나는 점
4) 접점(tangent): 곡선과 곡선이 접하는 점
5) 원의 사분점(quadrant): 중심을 기준으로 수평 혹은 수직축과 교차하는 점

그림 3-6 모서리의 끝점

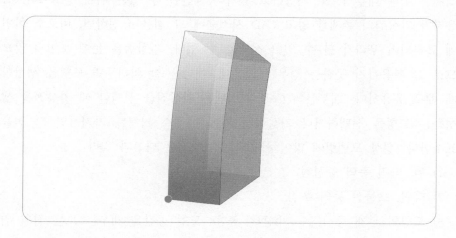

---

8) 끝점, 시작점처럼 특징점의 이름은 일반명사이다.

그림 3-7   원의 사분점

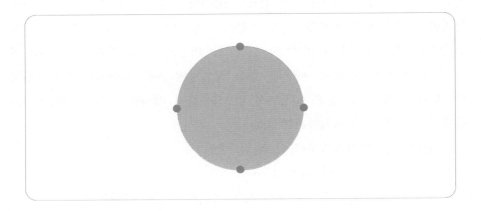

우리가 선택할 수 있는 세 번째 점인 가상점은 눈에 보이지 않는 특징점이다. 앞의 〈그림 3-7〉에서 원의 중심이 보이지 않지만 우리는 그 존재를 알고 있다. 가상점은 원의 중심처럼 개념적인 존재이며, CAD 시스템이 도형 객체를 위해 내부적으로 저장하고 있거나 계산할 수 있는 위치 정보이다. 사용자가 가상점의 존재를 알고 CAD 시스템에 그 점을 요청하면, 비로소 화면에 표시되어 우리가 볼 수 있고 선택할 수 있다. 가상점은 눈에 보이지 않으므로 잘 활용하지 못하는 경우가 많은데, 개념을 잘 익혀두면 도형을 생성할 때 매우 유용하다. 대부분의 CAD 시스템은 가상점을 선택할 때 가상점을 생성하는 도형을 선택하거나 가상점 근처에 마우스 커서를 가져가면 그 점을 표시한다. 형상 모델링에 많이 사용되는 가상점은 다음과 같다.

1) 원, 타원 등의 중심점
2) 타원, 포물선 등의 초점
3) 도형의 무게 중심(혹은 기하학적 중심): 도형 공간을 채우는 모든 점의 위치 평균
4) 가상 교점: 두 곡선 혹은 한 곡선을 연장할 때 만나는 점
5) 수선의 발, 투영 점, 두 점의 중점 등

그림 3-8   가상 교점

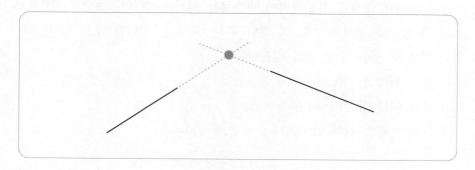

그림 3-9   가상 접점

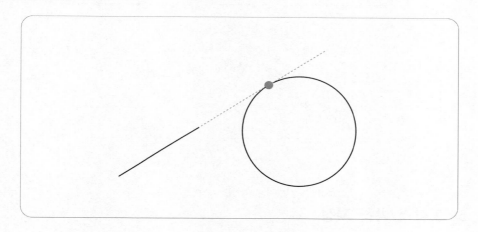

　마지막으로 곡선 혹은 곡면 등의 도형 위(on)의 점들도 선택할 수 있는데, 곡
선 혹은 곡면에는 무수히 많은 점(객체가 아닌 점 도형)이 있어서 추가적인 정
보를 입력해야 희망하는 점을 특정할 수 있다. 마우스로 대충 선택하는 경우
는 마우스 커서 위치와 가장 가까운 점이 선택된다. 곡선의 경우 시작점 혹
은 끝점을 기준으로 거리 혹은 전체 길이의 비율을 입력해서 희망하는 점을
선택할 수 있다. 곡면 위의 점은 더욱 특정하기 어려워 곡선 혹은 다른 점을
곡면에 투영해서 도형 공간의 차원을 낮추는 방법을 많이 사용한다. 즉 곡면
위에는 많은 점이 있지만 다른 점을 그 곡면에 투영하면 한 점을 특정할 수

있고, 곡선을 투영하면 1차원의 곡선이 되므로 점 선택이 쉬워진다. 그리고 그래픽 화면에 형상을 표시하려면 바라보는 시선과 수직인 가상의 평면(view plane)에 형상을 투영하는데, 그 평면 위의 한 점을 선택할 수도 있다. 다음은 선택할 수 있는 도형 위의 점들이다.

  1) 곡선 위의 한 점(point on a curve)
  2) 곡면 위의 한 점(point on a surface)
  3) 그래픽 평면 위의 한 점(point on a view plane)

그림 3-10 곡선 위의 점

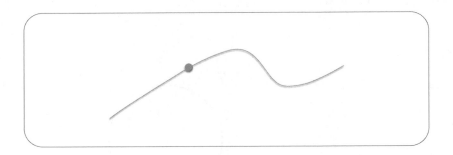

5. 도형의 방향 지정

　도형의 자세(orientation, posture, attitude) 혹은 방향(direction)은 도형의 기본 속성이다. 원 혹은 구(sphere)처럼 한 점에 대칭인 도형은 특별한 자세 지정이 필요 없다. 그러나 형상 모델링에 사용되는 대부분의 도형은 축 대칭이거나 비대칭이므로 자세 지정이 필요하다. 우리는 흔히 왼쪽과 오른쪽(좌우), 앞쪽과 뒤쪽(전후), 위쪽과 아래쪽(상하) 등으로 방향을 표현하는데, 도형의 세계에서도 1차원 공간은 단순히 부호(+/−)로 시작점 쪽(−) 혹은 끝점 쪽(+)의 방향을 쉽게 지정할 수 있다.

　2차원 혹은 3차원 공간에서는 방향 벡터(direction vector)를 이용해 도형의 자세를 지정한다. 방향 벡터는 흔히 크기가 1인 단위 벡터로 표현되며, 단위 벡터가 아닌 경우는 길이를 무시하거나 단위 벡터로 변환된다. 결국 벡터의 요소(숫자 값)로 도형의 방향이 지정되며, 2차원 공간에서는 (x, y)의 2개 값으로 방향이 지정되고 3차원 공간에서는 (x, y, z)의 3개 값으로 지정된다. 그런데, 임의의 방향을 벡터로 표현하기는 쉽지 않으며, 우리가 표현하려는 물체의 자세가 임의의 방향 벡터로 표현되는 경우도 드물다. 많은 경우 우리가 표현하려는 물체는 좌푯축을 중심으로 회전시켜 원하는 자세를 지정할 수 있다. 그리고 다른 물체의 자세와 같게 만들거나 수평, 수직으로 자세를 취하는 경우가 많다. 정리하면 CAD 시스템에서 도형의 자세는 크게 세 가지 방법으로 지정한다. 가장 일반적인 방법은 방향 벡터를 지정하는 것이며, 축을 중심으로 회전하거나 기존의 다른 도형을 이용한다.

5.1. 기존 도형으로 방향 지정

먼저 0차원 도형인 점으로 방향을 지정할 수 있다. 두 점을 선택하면 그 점을 잇는 방향 벡터가 정의되기 때문이다. 이때 사용할 두 점은 앞에서 설명한 다양한 위치 지정 방법으로 정의된다. 1차원 도형인 선을 이용해서 방향을 지정할 수도 있는데, 선의 접선 혹은 접선 벡터로 방향을 지정한다. 이때 사용하는 선은 선 객체일 수도 있지만, 페이스의 모서리일 수도 있다. 직선이 아닌 곡선에서는 〈그림 3-12〉에서 보듯이 점의 위치에 따라 접선의 방향이 다르므로 어느 위치의 접선을 사용할지 명확히 해야 한다. 2차원 도형인 면을 이용하는 경우는 면의 법선 벡터(normal vector)로 방향을 지정한다. 평면은 모든 점에서 법선 벡터가 같지만, 일반적인 곡면은 〈그림 3-13〉에서 보듯이 위치에 따라 법선 벡터가 다르므로 희망하는 위치를 주의해서 선택해야 한다.

그림 3-11 두 점으로 방향 지정

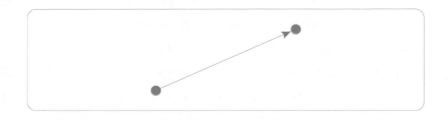

그림 3-12 곡선의 접선으로 방향 지정

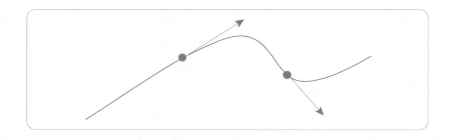

그림 3-13 곡면 법선 벡터 – 위치에 따라 법선이 다르다.

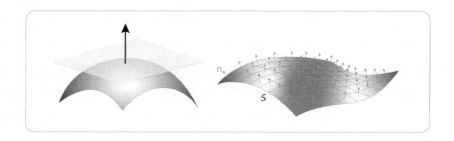

5.2. 축으로 방향 지정

형상 모델링에서 축(axis)과 벡터가 방향 지정에 자주 사용되는데, 축과 방향, 벡터 등의 개념을 살펴보자. 먼저 스칼라(scalar)는 방향은 없고 크기만 가지는 양으로 하나의 숫자로 표현된다. 흔히 도형의 크기를 지정하는 데 스칼라가 사용된다. 방향(direction)은 거리 개념 없이 상대적인 위치를 나타낸다. 즉 크기는 의미가 없다. 벡터(vector)는 방향성이 있는 양으로 여러 개의 숫자로 표현된다. 즉 방향과 크기를 가진다. 축은 특정 위치에 놓인 방향으로 위치와 방향으로 정의된다. 따라서 서로 다른 위치의 두 벡터는 같을 수 있지만, 다른 위치의 두 축은 서로 다르다.

축이 위치와 방향 속성을 가지므로 축을 선택하면 도형의 방향을 지정할 수 있다. 좌표계는 좌푯축과 원점으로 구성되는데, 대부분의 CAD 시스템은 좌푯축을 선택해서 방향을 지정할 수 있다. 전역 좌표계뿐만 아니라 지역 좌표계의 좌푯축을 선택할 수도 있으며, 사용자가 임의의 축을 객체로 생성할 수도 있다. CAD 시스템에서 축은 회전축 혹은 대칭축 등으로도 사용된다.

5.3. 방향의 부호

앞에서 우리는 도형의 방향을 지정하는 방법을 살펴보았다. 그런데 지정된 방향을 반대로 뒤집고 싶을 때가 있다. 대부분의 CAD 시스템에서 마우스 더블 클릭 등의 간단한 방법으로 방향을 뒤집을 수 있다. 그리고 두 점을 선택하는 경우는 점을 선택하는 순서에 따라 방향의 부호가 정해진다. 방향 지정에 직선 혹은 곡선을 사용하는 경우는 그 객체를 선택한 위치에 따라 부호가 정해진다. 즉 선의 시작점 부근을 선택하면 시작점 쪽(혹은 그 반대)으로 방향의 부호가 정해진다.

6. 스케치

6.1. 스케치 개요

사물의 특징을 대략 표현한 그림을 흔히 스케치(sketch)라 하는데, CAD 시스템에서는 곡면 혹은 입체 생성에 사용할 평면 도형을 흔히 '스케치'라 한다. 앞에서 단면을 돌출 혹은 회전해서 입체를 생성할 수 있었는데, 그 단면이 스케치이다. 물체의 형상을 3차원 공간에서 곧장 생성하기는 어렵지만, 2차원 평면에 물체의 특징을 그리기가 훨씬 쉽고 편리하다. 그래서 스케치를 이용하는 3차원 물체의 형상 모델링 기법이 많다.

스케치를 위해서는 가장 먼저 스케치할 평면을 지정해야 한다. 스케치를 통해 생성하는 도형은 2차원 평면에 존재하지만, 스케치의 궁극적인 목적은 3차원 형상 생성이다. 즉 생성된 도형들이 3차원 공간에 놓이며, 3차원 공간의 다른 도형들과 관계 혹은 상대적인 위치 등이 최종적인 형상에 영향을 미치기 때문이다. 도형을 아무 평면 위에 그리는 것이 아니라, 그려질 도형이 3차원 공간의 어디에(위치) 어떻게(방향) 놓일지 미리 고려해서 스케치할 평면을 선정한다.

스케치 평면에 도형을 정의하는 작업은 도형의 속성을 입력하는 것이다. 도형은 모양, 위치, 방향, 크기의 4가지 속성으로 표현된다. 흔히 모양에만 집중하거나 크기에만 집중하는데, 4가지 속성을 항상 같이 고려해야 한다. 대부분의 CAD 시스템은 도형의 모양과 별개로 크기, 위치, 방향 등의 속성을 별도로 지정하는데, 처음부터 상세하고 정확하게 도형의 모든 속성을 지정하기 어렵다. 특히 복잡한 도형을 정의할 때는 대강의 윤곽 혹은 중요한 특징을 그린 후에 전체적인 특징을 결정하는 주요한 크기, 위치, 방향 등을 먼저 입력해야 한다. 상세한 모양과 크기 등은 서서히 도형을 완성하면서 단계적으로 입력해야 한다. 도형의 속성은 모양만이 아니라 위치, 방향, 크기를 포함하므로 세부적인 모양에만 집중하면 좋은 스케치를 생성할 수 없다. 컴퓨터 화면에서는 실세계와 달리 크기와 위치, 방향 등을 좌표계를 통해 표현하며, 형상 모델링을 위한 스케치는 예술적인 그림과 다름을 명심해야 한다. 전체적인 모양과 특징을 생각하면서 여러 도형의 관계를 고려할 때 좋은 스케치를 쉽고 빠르게 생성할 수 있다. 특히 좋은 스케치는 설계 변경에도 빠르게 대응할 수 있다.

6.2. 스케치 평면 지정

스케치할 평면을 지정해 보자. 기존에 이미 존재하는 평면을 선택할 수 있는데, 대표적인 평면은 좌표계의 XY-평면, XZ-평면, YZ-평면 등이 있다. 그리고 설계의 기준이 되는 기준 평면(datum plane, reference plane)이 이미 존재한다면, 그 기준 평면을 스케치 평면으로 사용할 수 있다. 이미 존재하는 물체의 페이스가 평면이라면 그 면을 스케치 평면으로 사용할 수도 있다.

좌표 평면이나 기준 평면 등이 적절하지 않다면 앞절에서 배운 위치와 방향 정의 방법을 이용해 새로운 평면을 정의해야 한다. 3차원 공간에서 평면은 평면 위의 한 점과 평면의 법선으로 정의된다. 대개는 스케치 평면의 좌표계 원점으로 사용할 위치를 지정하고, 그 스케치 평면을 바라보는 벡터와 반대되는 방향을 평면의 법선으로 지정한다. 평면을 정의하는 다양한 다른 방법이 있는데, 기존의 평면과 같거나 기존 평면과 평행한 평면이 가장 대표적이다. 그리고 '곡선의 수직면'은 〈그림 3-14〉에서 보듯이 곡선 위의 한 점을 선택하면, 선택된 점에서 그 곡선의 접선 벡터가 정의되므로 그 벡터를 법선으로 하는 평면이 정의된다. 평면을 정의하는 매우 다양한 방법이 있는데 [표 3-1]은 형상 모델링에 자주 쓰이는 평면 생성 방법이다.

표 3-1 ▲ 평면을 생성하는 다양한 방법

종류	입력	결과
평행(parallel)	평면(P), 거리(d)	P와 평행하고 d만큼 떨어진 평면
중간(mid, bisector)	평면 2개	두 평면의 중간 평면
곡선의 수직면	곡선(C), 곡선 위의 점(p)	p에서 C와 수직인 평면
곡면의 접평면	곡면(S), 곡면 위의 점(p)	p에서 S와 접하는 평면
각도 평면	평면(P), 회전축(A), 각도(a)	A를 중심으로 P를 a만큼 회전한 평면
3점 평면	점(위치) 3개	3점이 놓이는 평면
위치와 방향	점(p), 방향(N)	법선이 N이고, p를 지나는 평면

그림 3-14 곡선의 수직면

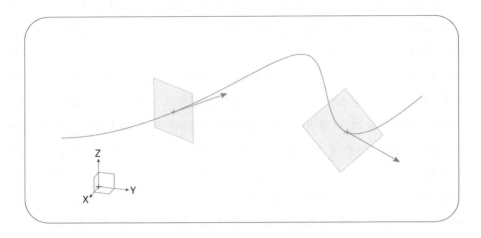

스케치 평면은 일반적인 평면 도형과 달리 다양한 도형을 그 위에서 생성하므로 좌표계가 필요하다. 대부분의 CAD 시스템은 스케치 평면을 생성할 때 지역 좌표계인 스케치 좌표계를 자동으로 부여하거나 사용자가 수평(혹은 수직) 방향과 원점을 지정하게 한다. 앞에서 스케치 평면의 법선이 지정되었으므로 수평 혹은 수직 방향 중에 하나만 정해지면 다른 한 방향은 자동으로 지정된다. 대개 스케치 평면의 법선은 화면에서 사용자 쪽으로 튀어나오는 방향이고, 수평축이 X축이고 수직축이 Y축이다. 수평 혹은 수직축이 사용자가 희망하는 방향대로 지정되어야 도형을 그릴 때 방향이 헷갈리지 않는다.

스케치 좌표계의 원점 위치도 중요한데, 원점의 위치에 따라 스케치에서 생성되는 도형이 3차원 전역 좌표계의 공간에 놓일 때 그 위치가 달라진다. 즉 스케치 좌표계의 원점은 스케치 공간을 3차원 공간과 연결하는 중요한 정보이다. 스케치 평면이 그 평면의 한 점과 그 평면의 법선으로 지정되는데, 평면 정의에 사용된 점이 스케치 좌표계의 원점으로 사용되는 경우가 많다. 따라서 스케치 평면을 정의할 때 스케치 좌표계의 원점으로 사용될 점을 선택하면 스케치 좌표계 지정이 편리하다.

6.3. 기본 도형 정의

스케치 평면에 도형을 정의해 보자. 대부분의 CAD 시스템에서 스케치를 작성할 때 마우스 커서를 이용해 자유롭게 도형의 모양을 그릴 수 있다. 복잡한 도형은 여러 가지 기본 도형을 연결하거나 조합해서 생성한다. 크기와 상세한 모양에 너무 신경 쓰지 말고, 전체적인 모양의 특징을 표현한다는 느낌으로 도형을 생성한다. 그리고 참조할 수 있는 다른 도형 혹은 3차원 형상이 지금 작성하는 스케치 평면 밖에 있다면 그 도형을 스케치 평면으로 투영하거나 가져올 수 있다. 형상 모델링을 위한 스케치에 자주 사용되는 기본 도형과 그 정의 방법은 다음과 같다.

1) 점: 좌푯값, 특징점, 가상점, 곡선 위의 점 등
2) 직선: 두 점, 한 점과 방향
3) 원: 중심/반지름, 중심/한점, 세 점 등
4) 원호: 중심/시작/끝, 세 점 등
5) 사각형: 두 점(좌표계와 평행한 사각형), 세 점(두 번째 점으로 방향 지정) 등
6) 타원: 세 점, 중심과 장축/단축 등
7) 자유곡선: 여러 개의 점
8) 다각형: 내접 혹은 외접/크기/각형의 수

자유곡선을 흔히 스플라인(spline)이라 하는데, 여러 개의 점을 입력하면 그 점들을 통과하는 부드러운 곡선을 생성한다. 또 옵션에 따라 입력한 점들로 제어되는 부드러운 곡선을 생성할 수도 있다. 여러 개의 점으로 부드러운 곡선을 생성하는 방법은 CHAPTER 06의 자유곡선에서 자세히 설명한다.

6.4. 도형의 변형, 복제, 변환

생성된 도형을 삭제, 변형, 복제 및 변환할 수 있으며, 언제든 수행한 작업을 취소(undo), 재실행(redo)할 수도 있다. 특히 대부분의 CAD 시스템은 여러 단계의 작업을 취소할 수 있어 복잡한 도형을 생성할 때 매우 유용하다. 처음에는 대강의 윤곽을 표현하는 모양의 도형을 생성하고 변형 기능을 활용해

서 상세한 모양을 표현하면 더 쉽고 빠르게 도형을 생성할 수 있다. 생성된 도형을 변형하는 대표적인 방법은 아래와 같다.

1) 라운드(round, fillet, blend): 각진 귀퉁이를 둥글게 원호로 변형
2) 모따기(chamfer): 각진 귀퉁이를 납작하게 변형
3) 자르기(trim), 연장(extend): 튀어나온 부분을 자르거나, 다른 도형까지 연장
4) 오프셋(offset): 일정한 거리로 띄우기

그림 3-15 **오프셋 - 일정한 거리로 띄우기**

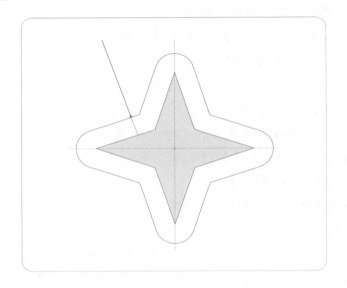

도형의 좌표를 변환할 수도 있는데, 이동, 회전, 크기 변경, 대칭이동 (mirror) 등이 가능하다. 그리고 도형 원본을 변환할 수도 있으며, 별도의 복사본을 변환할 수도 있다. 〈그림 3-16〉과 같이 같은 도형을 여러 개 복제해서 원형 혹은 선형으로 배열할 수도 있다.

그림 3-16 원형 배열로 복제

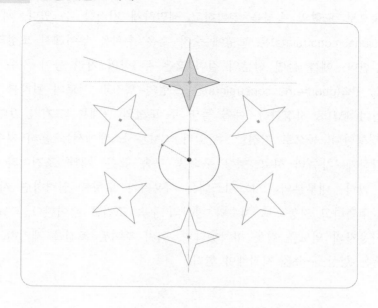

7. 치수 구속과 형상 구속

도형의 크기와 위치, 방향, 모양 등을 어떻게 상세하고 정확하게 지정할까? 우리가 도면을 그리거나 그림으로 형상을 표현할 때 암묵적인 약속이 있다. 보는 방향에서 가로로 그어진 선은 조금 비뚤더라도 수평이라 여긴다. 그리고 두 선이 직각으로 만나는 듯하면 특별한 표시가 없어도 직각이라 여긴다. CAD 시스템도 꽤 똑똑하게 우리의 의도를 파악한다. 대충 그어도 수평 혹은 수직으로 생성하고, 웬만큼 가까운 곳까지 선을 그으면 그 점과 연결되도록 도형을 생성한다. 그런데 CAD 시스템이 우리의 의도를 잘못 파악할 때도 있고, 가끔은 비스듬하거나 조금 떨어진 곳에 선을 긋고 싶을 때도 있다. 결국 CAD 시스템에서 우리의 의도를 확인, 수정하거나 명확히 전달할 필요가 있는데, 모양, 크기, 위치, 방향 등과 같은 도형의 속성으로 우리의 의도를 전달하고, 전달된 의도를 확인한다.

기본 도형을 연결하고 조합해서 대강의 모양을 그렸다면, 치수 구속과 형상 구속으로 도형의 속성을 정확하고 세밀하게 지정할 수 있다. 치수 구속(dimensional constraints)은 도형에 숫자 혹은 수식을 부여해서 도형의 속성을 지정한다. 예를 들면 선분의 길이 혹은 두 점의 거리 등이 치수 구속이다. 형상 구속(geometric constraints)은 도형의 특징과 서로의 관계를 숫자가 아닌 언어(개념)로 지정한다. 예를 들면 두 도형의 관계를 '크기가 같다' 혹은 '서로 평행한다' 등으로 지정할 수 있다. CAD 시스템에서는 흔히 치수 구속을 간단하게 '치수'라 하고, 형상 구속을 '구속' 혹은 '제약' 조건이라 칭하는 경우도 많다. 대부분의 CAD 시스템은 사용자가 도형을 입력하면 사용자의 의도를 추측하고 자동으로 치수와 형상의 구속 조건을 부여한다. CAD 시스템이 사용자의 의도를 잘못 파악했다면, 이미 부여된 조건을 제거하고 새로 치수 혹은 형상 구속을 지정해야 한다.

그림 3-17 치수 구속과 형상 구속

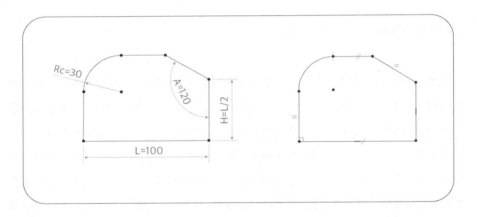

7.1. 치수 구속

도형의 크기는 길이 혹은 거리 치수와 각도 치수로 표시한다. 도형의 위치는 좌표계 원점을 기준으로 거리를 치수로 표현한다. 도면 혹은 일반적인 그림은 좌표계를 사용하지 않으므로 위치보다 크기로 모든 것을 표현한다. 그러나 CAD 시스템은 좌표계로 여러 도형의 상대적인 위치를 설정하므로 생성된 도형이 원점을 기준으로 얼마나 떨어진 위치에 있는지 명확히 설정해야 한다. 치수 구속은 주로 크기와 위치를 지정하는 데 사용되지만, 크기와 위치가 지정되면 도형의 방향과 모양도 일부 제한된다. 흔히 사용하는 치수는 다음과 같다.

1) 선형 치수: 수직(vertical)[9] 거리, 수평(horizontal) 거리, 직선 거리, 수선 (perpendicular) 거리 등
2) 원호 치수: 반지름, 지름
3) 각도 치수
4) 둘레 길이 치수

〈그림 3-18〉에서 보듯이 선형 치수의 수직(vertical) 거리는 Y축 방향 거리이다. 그리고 직선 거리는 '정렬(aligned) 거리', '점과 점(point-to-point) 거리'라고도 하는데, 두 점의 최단 거리를 지정한다. 수선 거리는 한 점에서 다른 도형에 수선의 발을 내릴 때, 점과 수선의 발까지 거리이다. CAD 시스템마다 조금씩 용어가 다르므로 사용하는 CAD 시스템의 용어와 치수 값을 입력하는 방법을 익혀야 한다.

각도 치수는 도형 선택 위치 혹은 순서에 따라 〈그림 3-19〉와 같이 값이 다를 수 있다. 대부분은 도형 선택 순서를 반시계 방향으로 따라가며 각도를 지정하거나, 마우스 커서로 각도에 해당하는 부분을 위치를 지정한다. 따라서 각도를 지정할 도형의 선택 순서 혹은 치수가 놓일 위치를 주의해야 희망하는 각도를 지정할 수 있다.

---

9) 수직은 혼자서 쓰일 때는 중력 방향을 의미하고, 다른 도형과 함께 쓰일 때는 그 도형에 수선을 내리는 방향을 의미한다.

그림 3-18 선형 치수 - 수평, 수직, 직선 거리

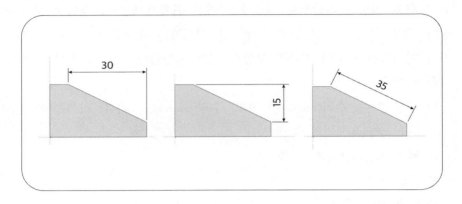

그림 3-19 각도 치수

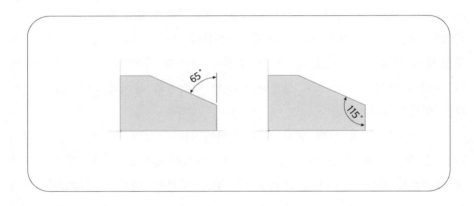

7.2. 형상 구속

앞에서 설명했듯이 때로는 그려진 선의 자세가 수평 혹은 수직이라고 명확히 하거나, 두 개의 원호의 중심이 같다고 지시할 필요가 있다. 또 CAD 시스템이 자동으로 수평으로 고쳐 그렸지만, 수평이 아니라고 지정할 필요도 있다. 형상 구속은 숫자가 아니라 도형의 특징을 개념으로 지정한다. 형상

구속은 주로 도형의 방향, 모양 등을 구속하지만, '위치가 같다', '크기가 같다' 등으로 위치와 크기를 제한하기도 한다. 흔히 사용되는 형상 구속의 예는 다음과 같다.

1) 일치(coincident): 두 점(끝점, 중심점 등)의 위치가 같음
2) 동심(concentric): 두 원(혹은 원호)의 중심이 같음
3) 일치선(collinear): 두 선분이 같은 직선에 놓임
4) 중점(mid point): 한 점이 다른 도형(주로 선분)의 중점에 놓임
5) 수직(vertical),[10] 수평(horizontal)
6) 직각(perpendicular), 평행(parallel)
7) 접선(tangent): 두 도형이 접함
8) 동등 길이/반지름/각도(equal length/radius/angle): 길이 혹은 각도가 같음
9) 곡선 위의 점(point on curve): 한 점이 특정 곡선 위에 놓임
10) 대칭(mirror, symmetric): 두 도형이 기준선을 중심으로 대칭임

형상 구속 중에 '수직'과 '수평'은 선형 도형 하나의 상태를 설명하므로, 도형 하나를 선택한 후 해당 구속을 적용한다. 그러나 대부분의 다른 형상 구속은 두 도형의 관계를 설명한다. 즉, 'A와 B의 길이가 같다' 혹은 'A와 B의 위치가 같다' 등으로 지정되므로 두 개의 도형을 선택해야 해당하는 형상 구속을 지정할 수 있다. 두 개의 도형을 선택할 때 선택 순서에 따라 도형이 구속되는 방법이 달라질 수 있으므로 선택 순서에 유의해야 한다. 즉 A와 B의 두 도형을 '일치'로 구속할 때 A를 기준으로 B가 움직이거나, B를 기준으로 A가 움직일 수 있다.

---

10) 한국어 수직(垂直)은 수평(horizontal)에 직각인 수직(vertical)의 의미로도 쓰이고, 다른 직선 혹은 평면과 직각(perpendicular)이라는 의미로도 쓰인다.

7.3. 도형의 자유도

복잡한 도형의 모든 속성이 완벽히 정의되었음을 어떻게 확인할 수 있을까? 도형의 속성을 완벽히 지정하지 않으면, 생성한 최종 형상 모델이 의도와 다를 수 있다. 간단한 도형은 몇 개의 치수로 간단히 정의할 수 있고, 빠뜨린 치수가 없음을 알 수 있다. 그런데 복잡한 도형은 모든 치수 혹은 특징을 완벽히 지정했는지 어떻게 알 수 있을까? 물체의 자유도는 물체가 자유롭게 움직일 수 있는 정도를 숫자로 표시한다. 생성된 도형의 자유도를 확인하면 도형의 모든 속성이 완벽히 정의되었는지 확인할 수 있다. 복잡한 형상을 설계할 때는 치수를 빠뜨리거나 중요한 개념 기입을 빠뜨릴 가능성이 매우 크다. 설계한 형상의 자유도를 확인해서 의도한 모든 치수와 개념이 기입 되었는지 반드시 확인해야 한다. CAD 시스템은 스케치한 도형의 자유도를 확인하는 메뉴를 제공하거나, 도형의 자유도를 색깔 혹은 알림으로 표시한다.

어떤 물체의 자유도(Degree Of Freedom, DOF)는 그 물체에 허용되는 독립적인 동작의 수이며, 그 물체의 위치와 자세를 표현하는 데 필요한 숫자의 최소 개수이기도 하다. 모양과 크기의 변화를 포함하는 도형의 자유도는 도형의 속성을 완전히 정의하는 데 필요한 숫자의 최소 개수이다. 〈그림 3-20〉에서 보듯이 2차원 평면 공간에 놓인 점은 방향, 크기, 모양 없이 오로지 위치로 정의되며, 그 위치는 2개의 숫자 좌푯값 (x, y)로 표현된다. 즉, 평면 위에 정의된 점의 자유도는 2이며, X축 방향과 Y축 방향으로 자유롭게 움직일 수 있다. 길이가 정해지지 않은 선분은 어떨까? 길이가 정해지지 않았으므로 자유로운 두 점을 그냥 연결해 둔 상태와 같다. 각각의 점이 자유도가 2이므로 길이가 정해지지 않은 선분은 자유도가 4이다. 만일 길이가 정해졌다면, 길이를 정하는 데 숫자를 하나 사용했으므로 자유도는 3이다. 다르게 설명하면, 선분의 위치가 정해지지 않아 X, Y방향으로 자유롭게 선분이 움직일 수 있으므로 위치 자유도가 2이다. 그리고 선분이 그 위치에서 회전할 수 있으므로 회전 자유도 1을 더해, 길이가 고정된 선분의 총 자유도는 3이다. 2차원 평면 공간에서 모양과 크기가 고정된 도형은 위치 자유도 2와 회전 자유도 1을 더해 총 자유도는 3이다.

그림 3-20 평면 위의 점과 선분

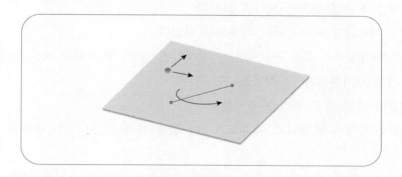

　치수 구속과 형상 구속으로 도형의 자유도를 제약하고 줄일 수 있는데, 도형의 자유도가 0이면 완전 구속 상태이다. 자유도가 0인 완전 구속 상태는 도형의 모든 속성이 완벽히 정의된 상태이다. 결국 복잡한 도형을 정확하고 완벽하게 정의하는 작업은 치수와 형상 구속으로 도형의 자유도를 0으로 만드는 일이다. 그려진 도형의 자유도를 직접 확인할 수 있는 CAD 시스템도 있지만, 많은 CAD 시스템은 도형의 자유도를 색깔로 표시한다. 구속이 부족한(under-constrained) 도형, 구속이 너무 많은(over-constrained) 도형, 구속 조건이 충돌(conflict)하는 도형 등의 색깔을 달리 표시한다. 그리고 자동으로 부여되어 변경이 자유로운 치수와 형상 구속도 색깔을 달리 표시한다.

7.4. 구속을 고려한 스케치 방법

　스케치 평면에 처음 도형을 생성하면 구속이 부족해서 자유도가 0보다 큰 상태이며, 자동으로 치수 혹은 형상 구속이 부여된다. 사용자가 치수를 확인 혹은 수정하고, 형상 구속을 변경하거나 추가하면 자유도가 점점 줄어든다. 구속이 더 필요한 도형을 찾아 치수 구속과 형상 구속을 추가하면 전체 도형의 자유도가 0이 되도록 할 수 있다. 자유도를 줄여나갈 때 지나치게 많이 구속하거나, 서로 충돌하는 조건의 구속이 발생할 수 있다. 과다한 구속 혹은 구속 충돌은 모두 오류에 해당하므로 도형의 속성 지정 오류를 즉각 해결하는 것이 좋다. 오류를 일으킨 마지막 작업을 취소해서 해당 오류를 피하고 해결책을 찾아야 한다. 복잡한 도형을 완벽하게 정의하는 절차는 다음과 같다.

1) 대강 혹은 특징적인 모양을 그린다.
2) 치수와 형상을 구속해서 자유도를 줄인다.
3) 오류(과다 구속 혹은 구속 충돌)가 발생하면 즉각 해당 치수 혹은 형상 조건을 제거하거나 그 작업을 취소한다.
4) 상세 모양 혹은 특징을 추가한다.
5) 최종 도형이 완성되고, 자유도가 0이 될 때까지 2), 3), 4)를 반복한다.

처음부터 너무 자세하게, 혹은 정확한 모양으로 그리면 오히려 제대로 된 스케치가 어렵다. CAD 시스템이 전체적인 모양의 특징과 사용자 의도를 정확히 파악할 수 있도록 그리는 것이 중요하다. 수직선이 아니라 조금 비스듬한 선이라면 오히려 과장해서 아주 비스듬히 그리면 좋다. 끝점이 일치하지 않고 조금 떨어져 있다면 아주 떨어진 위치에 점을 표시한다. 치수와 구속을 추가할 때마다 전체적인 스케치의 변화를 관찰하고, 이상한 부분이 생기면 그 원인을 살펴서 해결책을 모색해야 한다. 〈그림 3-21〉의 예는 최초의 도형은 대강의 모양을 그렸고, 수평과 접선, 직각, 수직 등의 조건을 부여한 후, 원호의 반지름을 지정했다.

그림 3-21 스케치의 예

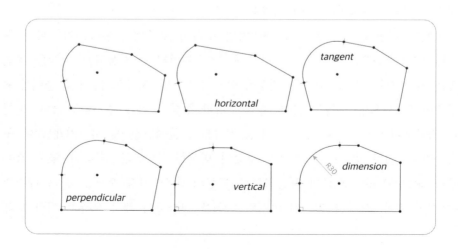

8. 마무리

스케치 평면을 정의하고, 그 평면에 도형을 정의하면 돌출과 회전으로 쉽게 형상을 생성할 수 있다. 스케치 평면에 복잡한 도형을 정의할 수 있다면 복잡한 형상도 생성할 수 있다. 그러나 스케치 평면에 복잡한 도형을 정의하기는 쉽지 않은 일이다. 특히 모양만 비슷한 도형이 아니라 완전히 구속된 정확한 도형은 많은 연습이 필요하다. 앞에서 배웠듯이 설계는 반복 과정이므로 설계 중에 모양과 크기가 바뀔 수 있으며, 크기가 여러 개인 제품을 설계할 때도 있다. 치수 구속과 형상 구속을 이용해 도형의 모양과 크기만이 아니라 설계의 특징을 잘 표현하면 설계 변화에 쉽게 대응할 수 있다. 익힌 개념을 토대로 다양한 예제를 연습하기 바란다.

9. 연습 문제

1) 평면에 정의된 곡선으로 돌출 형상을 생성하려 한다. 기본으로 제시되는 돌출의 방향은 무엇과 같은가?

2) 어떤 곡선으로 돌출 형상을 생성했는데 입체가 아니라 곡면이 생성되었다. 그 원인을 설명하시오.

3) 축(axis)과 벡터(vector)의 차이를 설명하시오.

4) 평면에 정의된 곡선으로 회전 형상을 생성하려 한다. 형상의 회전축은 도형의 4가지 속성 중 어떤 것으로 정의하는가?

5) 단면 곡선을 45도 회전해 회전 형상을 생성했는데, 회전 방향이 생각과 다르다. 회전 방향을 반대로 바꾸는 방법을 설명하시오.

※ 평면에 삼각형을 스케치하고 있다. 다음 질문에 답하시오.

6) 그림 a)에서 좌표 원점에 삼각형의 한 점을 일치시켰다. 삼각형의 변 (1)
   과 (2)에 각각 제약 조건을 부여해 그림 b)와 같이 변 (1)이 수평축과
   일치하는 직각삼각형을 만들었다. 변 (1)과 (2)에 부여한 제약 조건은 각
   각 무엇인가?

7) 그림 b) 도형의 자유도는 얼마인가?

8) 그림 c)에 보듯이 빗변에 치수를 추가했다. 이 도형의 자유도는 얼마인가?

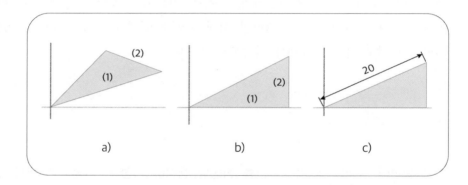

10. 실습

10.1. 돌출과 회전 형상 (1)

1) 아래 단면 스케치

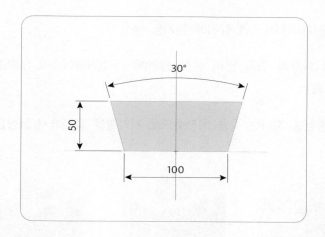

2) 돌출(100) 형상 생성

3) 회전축을 생성하고, 돌출의 모서리 곡선으로 회전(60도) 형상을 생성

4) 다시 돌출(60)

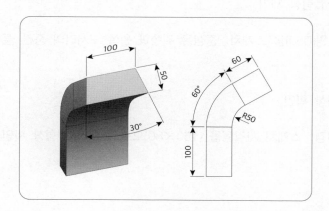

10.2. 돌출과 회전 형상 (2)

1) XZ-평면에 사각형(120×80)을 스케치하고, 사각형 단면을 돌출(80)해서 육면체 생성

2) 입체 위쪽 평면(XY와 평행)에 원(D50), 사각형의 중심에 놓이도록 구속

3) 원을 돌출(20)해서 육면체 위에 원기둥 생성

4) 육면체의 아래와 위쪽 면의 중심 평면에 사각형(높이 20, 길이는 충분히 길게) 스케치

5) 육면체 중심을 지나는 축을 회전축으로 사각형을 회전해서 형상을 제거

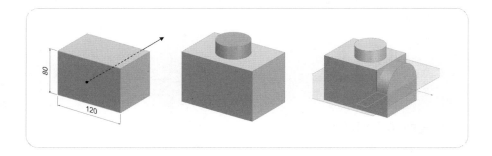

6) 오른쪽 면에 원(D50)을 스케치: 중심이 회전 형상과 같도록 구속, 원을 돌출해서 형상 제거

7) 정면에 원(D50)을 스케치: 중심은 위쪽과 왼쪽 모서리의 중간, 돌출로 형상 제거

8) 최종 형상 확인

9) 형상 변경: 스케치 사각형을 (150×80)으로 변경하고 형상 확인

10) 형상 변경: 사각형 돌출을 100으로 변경하고 최종 형상 확인

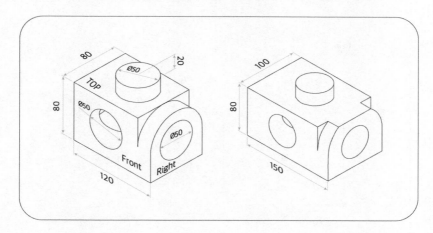

10.3. 회전 형상 - 와인 글래스

1) XZ-평면에 스케치 평면 생성

2) 직선과 원호로 대강의 형상 스케치(자유도 1, 표시된 선분은 자유롭게 움직일 수 있음)

3) 각진 부분 라운딩, R15인 원호와 아래 받침의 수직선이 접하도록 구속, 자유도 0

4) 일부 도형을 오프셋(3)하여 스케치 완성

5) 회전으로 입체 완성

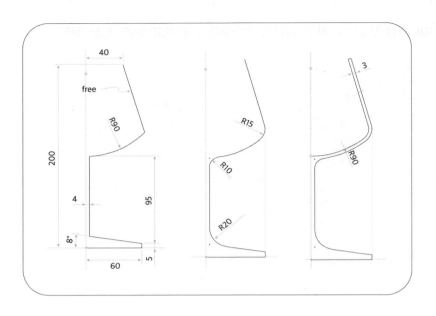

10.4. 복잡한 돌출 형상

1) XY-평면에 스케치 평면을 생성

2) 세 개의 원을 생성하고 지름(∅20, ∅80)과 위치 지정, 오른쪽 원의 지름
   은 왼쪽과 같도록 구속

3) 세 원 내부에 작은 원을 생성: 중심이 같도록 구속, 원의 지름(∅10, ∅ 40) 지정

4) 원에 접하도록 원호를 생성, 원호의 반지름(R35, R100)을 입력, 오른쪽은 같도록 구속

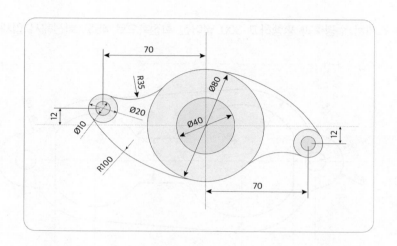

5) 지름 80, 40인 원을 돌출(−10에서 10까지)

6) 지름 20, 10인 원을 돌출(−5에서 5까지)

7) 바깥쪽 윤곽을 돌출(−3에서 3까지)

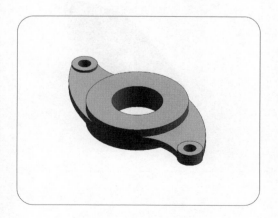

11. 실습 과제

11.1. 복잡한 회전 형상

1) 스케치

2) 스케치 수평축과 평행하고 300 떨어진 회전축으로 45도 회전해서 입체 생성

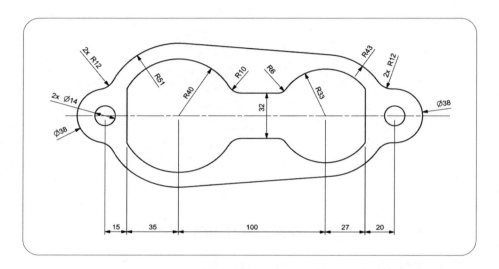

11.2. 복잡한 돌출 형상

1) 스케치

2) 돌출로 높이 10인 형상 생성

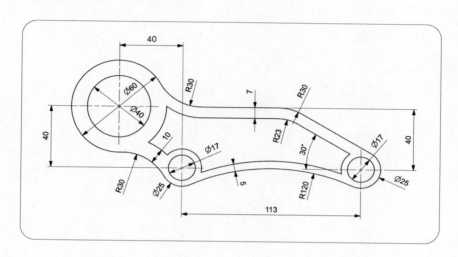

CHAPTER 04 복잡한 형상 만들기

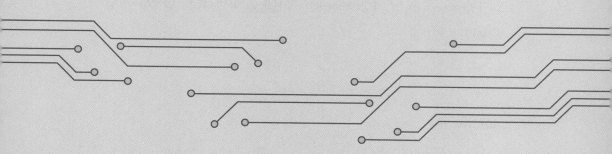

**들어
가기**

앞에서 돌출과 회전으로 형상 모델을 만드는 방법을 배웠다. 좀 더
복잡한 형상 모델은 어떻게 만들 수 있을까? 형상 모델을 생성하
는 좀 더 쉬운 방법 혹은 좀 더 편리한 방법은 없을까?

1. 개요

CHAPTER 04에서는 형상 모델을 생성하는 다양한 방법을 다룬다. 머릿속
에 생각 혹은 개념으로 존재하는 형상이나 실물 모형 혹은 서술 모형 등으로
표현된 형상을 CAD 시스템에서 컴퓨터 형상 모델로 변환하는 작업이 CAD의
형상 모델링이다. CAD 시스템에서 형상 모델을 생성하는 방법은 매우 다양
하다. 같은 형상일지라도 서로 다른 방법 혹은 다른 순서로 만들 수 있다.
많은 CAD 시스템은 더 편리하고, 더 빠르게 형상 정보를 입력하고, 더 유용
한 형상 모델을 생성하기 위해 기술을 발전시켜왔다.

형상 모델을 생성하는 기본적인 방법은 낮은 차원의 도형 혹은 간단한 형상
을 복잡한 3차원 형상으로 발전시키는 것이다. 점, 선과 같이 차원이 낮은 도
형으로 더 높은 차원의 형상을 생성하거나, 간단한 형상을 굽히고 비틀어서 원
하는 형상을 만든다. 서로 다른 여러 개의 형상을 합치거나 제거해서 점점 더
복잡한 형상을 만들 수 있다. 그리고 복잡한 절차의 작업을 하나로 통합하거
나, 작업한 내용을 쉽게 검토하고 고칠 수 있도록 형상 모델링 기술이 발전되
었다. 다음은 많이 쓰이는 형상 모델링 방법들이다. 이 방법들에 대해 자세히
알아보자.

1) 스위핑(sweeping), 스키닝(skinning): 곡선으로 곡면 혹은 입체를 생성
   (CHAPTER 07)

2) 불리언 연산(Boolean operation): 형상을 추가하거나 제거

3) 특징기반 모델링(feature-based modeling): 특징 형상으로 구체적 형상 객체를 생성

4) 매개변수 모델링(parametric modeling): 매개변수로 구체적 개체(instance)[1]를 생성

5) 기존 형상 변형: 자르고, 굽히고, 기울이기, 오프셋 등

6) 복제 및 좌표 변환

7) 조립: 여러 개의 부품으로 복잡한 제품을 조립(CHAPTER 08)

2. 불리언 연산

단순한 형태의 레고 블록을 조립해서 복잡한 형상을 만들 수 있는 것처럼 형상을 조합하면 훨씬 더 복잡한 형상을 만들 수 있다. CAD 시스템은 레고 블록의 단순한 조립(쌓아 올리거나 붙임)보다 훨씬 강력한 조합 방법인 불리언 연산(Boolean operation)을 제공한다. 불리언 연산은 참과 거짓의 두 가지 원소만 존재하는 집합의 논리 연산이다. 영국의 수학자인 조지 불(George Boole)이 이름을 붙였으며 전기 회로 혹은 컴퓨터 소프트웨어에서 많이 쓰이는 논리 연산 체계이다. 형상 모델링에서는 형상이 차지하는 공간의 여부, 즉 공간을 차지함(참)과 차지하지 않음(거짓)을 판단하는 연산을 수행한다. 즉 형상이 겹쳐져 있어 해당 공간을 여러 개의 도형이 차지하고 있어도 그 공간을 그냥 '차지함(참)'으로만 판단한다.

2.1. 불리언 연산의 종류

불리언 연산은 집합 이론에 근거하며, 형상 모델링에서는 합집합(union, unite, combine, 더하기, 결합), 차집합(difference, subtract, 빼기), 교집합(intersection,

---

1) 객체(object)가 개념과 대비되는 실제적인 존재라면, 개체(instance)는 추상과 대비되는 구체적인 존재로 사례(case) 혹은 예(example)이다.

intersect, common, 공통)의 세 가지 연산을 사용한다. 합집합은 실물과 같이 두 형상을 쌓아 올리거나 붙이는 것은 물론이고 〈그림 4-1〉에서 보듯이 겹친 형상도 생성할 수 있다. 즉 합집합은 겹쳐진 여러 개의 물체를 하나로 만드는 연산이다. 차집합은 빼기 연산이다. 차집합은 연산 순서(A-B 혹은 B-A)에 따라 그 결과가 다르므로 연산 순서에 주의해야 한다. 교집합은 겹친 형상만 남기고 나머지는 제거한다. 복잡한 형상 모델을 생성할 때 합집합뿐만 아니라 차집합 혹은 교집합 불리언 연산도 매우 유용하다. 모델 생성을 위해 형상을 분석할 때 더하기만이 아니라 빼기와 교집합의 가능성을 항상 염두에 두자.

그림 4-1　원기둥과 육면체가 겹친 형상

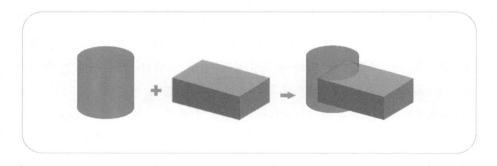

그림 4-2　불리안 연산의 결과

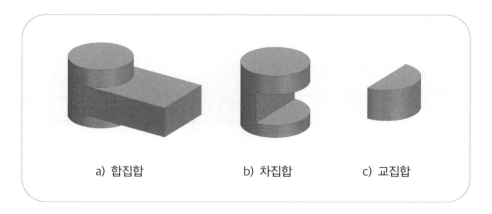

a) 합집합　　　　　　b) 차집합　　　　　　c) 교집합

2.2. 불리언 연산의 주의점

불리언 연산에 실패하는 원인을 살펴보자. 일반적인 CAD 시스템에서 불리언 연산은 3차원 물체를 표현하는 입체와 입체의 연산이다. 제한된 부피의 물체를 표현하는 입체 물체, 즉 다양체가 아니면 연산을 할 수 없다. 그리고 그 입체가 서로 겹쳐 있거나 붙어 있어야 불리언 연산을 할 수 있다. 즉 서로 떨어져 있는 두 입체로 불리언 연산을 할 수 없다. 불리언 연산의 결과가 아주 얇거나 좁은 면을 생성하는 때도 연산에 실패할 가능성이 크다. 〈그림 4-3〉과 같이 접촉 부위가 선 혹은 점이면 차집합 혹은 교집합으로 다양체 입체를 생성할 수 없어 연산이 수행되지 않는다. 특히 접촉면이 단순한 평면이 아니고 복잡하면, 접촉 혹은 겹침을 판단하는 계산의 오류로 합집합 연산도 실패할 수 있다. 결론적으로 두 입체가 확실히 겹쳐있어야 불리언 연산의 실패 가능성이 작다. 만일 서로 닿는 부분이 선이거나 점인 두 입체의 합집합이 하나의 형상을 생성한다면 그것은 비다양체[2]이다. 즉 실세계에 존재할 수 없는 물체의 형상이므로 이후 연산에서 실패할 가능성이 크다.

그림 4-3   불리언 연산이 곤란한 선 접촉

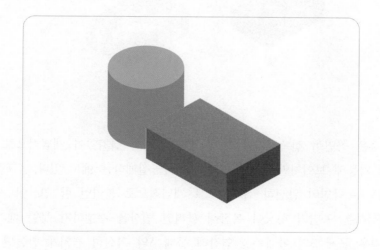

---

2) CHAPTER 02의 비다양체 설명을 참조한다.

두 물체가 확실히 겹쳐있지만 〈그림 4-4〉에서 보듯이 안쪽으로 닿은 경우도 빼기 연산이 쉽지 않다. 이 예제는 CAD 시스템마다 연산의 결과가 다를 수 있으며, 아예 연산을 수행하지 못할 수도 있다. 빼기의 결과가 b)와 같이 하나의 입체를 생성해도 두께가 0인 부분이 있어 이후 작업에 실패할 가능성이 크다. b) 형상은 정상적인 하나의 입체가 아니라 비다양체에 해당한다. 그리고 c)처럼 두 개의 입체로 성공적으로 분리할 수도 있는데, 이때 생성된 입체도 맞닿은 부분이 너무 얇아 이후 작업이 쉽지 않을 수 있다. 빼기 연산을 아예 수행하지 못할 때는 육면체를 미리 둘로 나눈 후에 연산을 수행해야 한다.

그림 4-4   빼기 연산이 곤란한 선 접촉

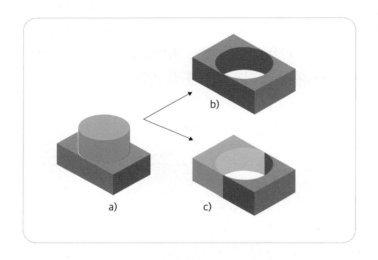

면 혹은 곡면이 접촉하거나 두 물체가 완전히 겹쳐있어 개념적으로 불린언 연산이 가능해 보이지만 수치 오차로 연산을 실패하는 예도 있다. 〈그림 4-5〉의 a)는 두 곡면이 완전히 접촉하므로 개념적으로 불리언 합 연산이 가능하지만, 접촉하는 곡면의 형상이 복잡해 불리언 연산을 수행하지 못할 때가 많다. 이런 경우 물체 B의 아래쪽을 연장해 물체 A와 확실히 겹치게 만들면 불리언 합 연산이 쉬워진다. 〈그림 4-5〉의 b)는 두 물체가 완전히 겹쳐있지만 복잡한

외벽이 겹쳐있어 불리언 합이 곤란할 수 있다. 〈그림 4-5〉에 표시된 화살표 방향으로 두 물체를 같은 평면으로 잘라 물체의 절단 평면을 서로 맞닿게 하면 불리언 합 연산이 쉬워진다.

그림 4-5 불리언 연산이 어려운 경우

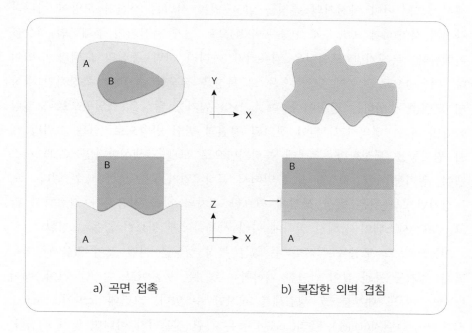

a) 곡면 접촉   b) 복잡한 외벽 겹침

여러 개의 단순 입체가 조합된 복잡한 형상은 불리언 연산을 꼭 실행하는 것이 좋다. 흔히 겹친 입체를 그대로 두는 경우가 많은데, 겹친 입체는 하나의 덩어리 형상으로 보이지만 하나의 입체가 아니다. 불리언 합집합 연산을 통해 겹친 입체를 하나의 입체로 만들어야 이후 작업에 제대로 활용할 수 있다. 즉, 물체의 부피 계산, 조립 및 간섭계산 등에 활용하려면 겹친 입체를 하나의 입체 물체로 만들어야 한다. 모델 생성이 끝나면 몇 개의 입체가 존재하는지 확인하는 습관을 지니기 바란다.

3. 특징기반 모델링

　자전거를 모르는 사람에게 자전거의 기능, 바퀴의 모양과 크기, 안장의 위치, 프레임과 핸들의 모양 등 자전거 형상을 자세히 설명하는 것은 매우 어렵다. 그러나 자전거처럼 복잡한 제품도 기본적인 구성과 뼈대의 모양은 정해져 있다. 이미 자전거의 특징을 알고 있는 사람은 자전거 모양이 아니라 자전거 사양(바퀴 크기, 무게, 안장 높이 등)으로 쉽게 자전거의 구체적인 형상을 이해한다. 특징기반 모델링은 컴퓨터가 아니라 사람 중심의 모델링 방법이다. 이름만으로도 쉽게 모양 혹은 그 특징을 짐작할 수 있는 특징적인 형상의 모델을 생성하는 방법이다. 예를 들어 원기둥 형상을 스위핑으로 모델링한다면, 원을 정의하고, 원이 정의된 평면의 법선 방향으로, 원을 스위핑 해서 원기둥을 생성한다. 그런데 특징기반으로 모델을 생성한다면, CAD 시스템이 '원기둥'이란 개념을 알고 있어서 곧장 '원기둥'을 생성할 수 있다. 즉, 특징기반 모델링은 형상 생성에 필요한 절차와 값을 사용자가 결정하지 않고, CAD 시스템이 정해진 절차에 따라 사용자에게 필요한 값을 요청한다.

　이름으로 그 모양을 짐작할 수 있는 특징 형상은 어떤 것이 있을까? 직육면체, 원기둥 등과 같이 간단한 기하학적 형상은 물론이고, 나사,[3] 기어, 베어링 형상 등도 대부분 그 생김새를 짐작할 수 있다. 그런데 모따기(chamfer), 리브(rib), 플랜지(flange), 풀리(pulley) 등은 관련 전문가가 아니면 알기 어렵다. 특징 형상은 흔히 기본 형상(primitive feature), 설계 특징형상(design feature), 제조 특징형상(manufacturing feature) 등으로 분류한다. 그러나 산업 분야 혹은 제품개발 단계에 따라 사용하는 용어 혹은 서로 이해하는 특징이 다르고, CAD 시스템에 따라 지원하는 특징 형상과 그 분류도 다양하다.

　특징기반 모델링의 또 다른 장점은 특징이 되는 형상을 하나의 개체로 취급할 수 있다. 앞의 예에서 나사를 단순한 형상이 아니라 하나의 특징적인 개체로 인식하면, 조립과 제작 등의 이후 공정에서 '나사'라는 특징을 활용할

---

3) 나사(screw), 볼트 등

수 있다. 즉, 모델링 된 형상을 제조할 때 몇 개의 나사 부품이 필요한지, 혹은 지름과 길이가 얼마인 나사가 필요한지 등을 쉽게 알 수 있다.

3.1. 특징기반 모델링의 절차

도형은 4가지 속성을 가지며, 그 속성을 지정하면 도형이 완전히 정의된다. 특징형상은 이미 모양이 정해져 있어서 몇 개의 값을 지정하면 크기가 정해지고 구체적인 형상이 정의된다. 특징기반으로 형상을 모델링 하는 절차는 다음과 같다.

1) 생성하려는 특징형상(개념) 선택
2) 크기, 위치, 방향 등을 지정하여 구체적인 형상(객체) 생성

구멍 형상을 예로 설명하면, 먼저 '구멍'이라는 특징형상을 메뉴에서 선택한다. 그러면 CAD 시스템은 구멍의 지름, 깊이 등의 값을 요구하고, 그 구멍을 뚫을 면을 선택하라고 요구할 것이다. 즉, 사용자가 특징형상을 선택하면, 필요한 입력값을 CAD 시스템이 요청한다.

3.2. 기본 형상

기본 형상은 직육면체, 원기둥 등과 같이 간단한 기하학적 형상으로 누구나 그 생김새를 짐작할 수 있는 특징 형상이다. 도면으로 나타내지 않아도 '너비, 깊이, 높이가 얼마인 직육면체'라고 하면 쉽게 그 형상을 구체적으로 정의할 수 있다. 형상 모델링에 사용되는 대표적인 3차원 기본 형상은 직육면체(block, cuboid), 원기둥(cylinder), 원뿔대(truncated cone), 구(Sphere), 토러스(torus)[4] 등이다. 이들 형상은 매우 단순해서 돌출 등의 다른 방법으로도 어렵지 않게 생성할 수 있다. 그래서 특징기반 모델링으로 이들 기본 형상을 생성하는 기능을 제공하지 않는 CAD 시스템도 많다.

---

4) 도넛(doughnut) 모양

그림 4-6 기본 형상의 예

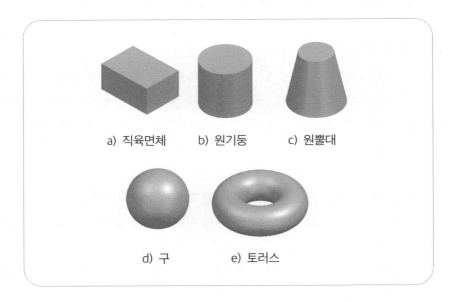

a) 직육면체   b) 원기둥   c) 원뿔대

d) 구   e) 토러스

3.3. 설계 특징 형상

설계 특징 형상은 설계자 관점에서 의미 있는 형상이며, 설계의 요소 형상이거나 모델링 방법을 표현한다. 플라스틱 제품을 설계할 때 제품의 강도를 증가시키고, 성형성을 높이려고 리브(rib), 보스(boss), 보강판(gusset) 등의 설계 형상을 자주 사용한다. 형상 모델링의 다른 기능을 이용해 리브, 보스, 보강판 등을 생성하려면 매우 번거롭고 어렵다. 그러나 CAD 시스템이 그러한 형상을 특징형상으로 분류하고 특징기반 모델링을 제공하면, 간단히 몇 개의 숫자 입력으로 해당 형상을 생성할 수 있다. 그리고 돌출, 스위핑, 라운딩, 필렛팅[5] 등의 특징적인 모델링 방법도 제품 설계에 자주 쓰이면서 설계 특징 형상으로 분류된다. 돌출과 스위핑은 앞에서 배운 모델링 방법이고, 라운딩(rounding)은 볼

---

5) 라운딩 작업의 결과를 '라운드(round)' 형상, 필렛팅 작업의 결과를 '필렛(fillet)' 형상이라 부른다.

록한 모서리를 둥글게 만드는 일종의 스위핑 작업이다. 반면에 필렛팅(filleting)은 오목한 모서리를 채워서 둥글게 만든다. 개념적으로 라운딩과 필렛팅이 같아 일부 CAD 시스템은 볼록과 오목 모두를 라운딩이라고 부른다. 그리고 라운딩 형상은 제조 특징 형상의 모깎기 형상과 같다.

그림 4-7 **플라스틱 제품 설계에 사용되는 설계 특징 형상의 예**

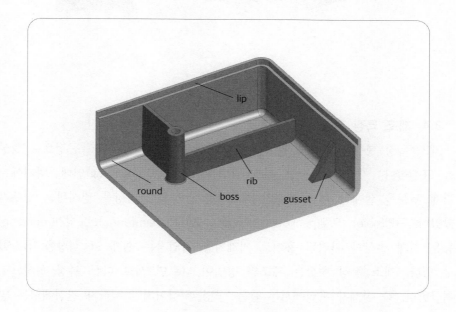

3D 프린팅으로 제작할 제품의 격자 구조와 지지대 등도 아주 유용한 설계 특징 형상이다. 제품 설계에 설계 특징 형상을 사용하면 설계 고려 사항을 실수 없이 적용할 수 있고, 빠르게 복잡한 설계 형상을 모델링할 수 있다. 이외에 프레스 혹은 판금 제품의 설계에도 비드(bead), 플랜지(flange) 등의 설계 특징 형상을 사용한다.

그림 4-8 제품에 사용되는 특징 형상

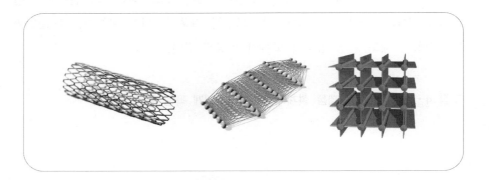

3.4. 제조 특징 형상

　제조 특징 형상은 제작자 관점에서 의미 있는 형상으로 제조 공정으로 형상을 표현한다. 가장 대표적인 제조 방법은 기계가공(machining)인데, 과거에는 기계 부품을 설계할 때 구체적인 기계가공 공정으로 형상을 명시하는 경우가 많았다. 구멍(hole), 포켓(pocket), 슬롯(slot), 모따기(chamfering), 모깎기(rounding) 등은 기계 절삭과 관련된 용어로 기계가공 작업자는 쉽게 그 형상을 짐작할 수 있다. 제조 특징 형상은 제조의 방법이 다르면 서로 다른 특징 형상으로 취급한다. 즉 설계자 관점에서는 같은 '구멍' 형상이지만 제작자 관점에서는 밀링(milling), 드릴링(drilling), 보링(boring), 리밍(reaming) 등의 다양한 구멍 제작 방법이 있고, 제작된 구멍의 특징이 모두 다르다. 밀링 구멍, 드릴링 구멍, 탭 구멍, 보링 구멍, 리밍 구멍 등이 같은 구멍이지만 제작 방법, 즉 제조특징이 달라 제작자는 다른 구멍으로 여긴다는 뜻이다. 제조특징 형상을 이용해 제품 형상을 모델링 하면 제조의 방법을 미리 계획할 수 있다.

그림 4-9   제조 특징 형상의 예

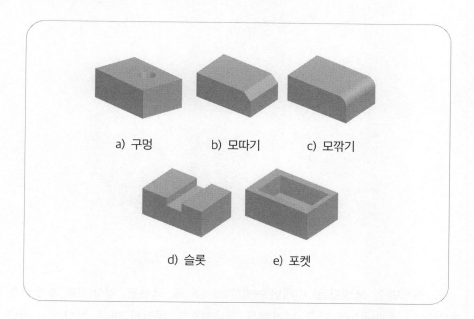

a) 구멍   b) 모따기   c) 모깎기

d) 슬롯   e) 포켓

4. 매개변수 모델링

앞에서 설명한 특징기반 모델링은 매개변수 모델링 기술과 함께 사용된다. 특징기반 모델링으로 직육면체를 생성할 때, '직육면체'라는 특징 형상을 선택한 후 너비, 깊이, 높이 등의 값을 지정한다. 즉, 메뉴에서 선택한 '직육면체'는 추상적인 개념이고, 너비, 깊이, 높이 등을 입력할 때 구체적인 크기의 입체가 생성된다. 너비, 깊이, 높이 등의 값은 직육면체의 구체적인 크기를 결정하는 형상 매개변수(geometric parameter)이다. 더 간단한 예로, 다음 식은 원점에 그 중심이 놓인 원의 방정식이다. 식에서 상수로 표현되는 반지름(r)이 원의 구체적인 형상을 결정하는 매개변수이다.

$$x^2 + y^2 = r^2$$

그림 4-10   매개변수인 r의 값에 따라 다른 크기의 원이 생성됨

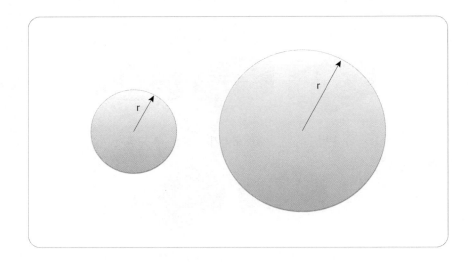

즉, 매개변수 모델링은 매개변수(원의 반지름)로 표현된 형상(원의 방정식)을 생성한다. 매개변수의 값을 변경해서 개념적으로 완전히 다른 형상(원이 아닌 사각형, 삼각형 등)을 생성할 수는 없지만, 도형 속성의 일부(원의 크기)는 쉽게 수정할 수 있다. 자유곡선 혹은 자유곡면은 제어점이라는 매개변수로 형상의 모양과 크기, 위치를 모두 제어한다. 특징기반 모델링은 매개변수 모델링 기법으로 생성한 형상을 CAD 시스템의 메뉴로 등록해 둔 것이다.

매개변수 모델링에서 사용하는 매개변수는 치수 구속과 형상 구속으로 나뉜다. 치수 구속은 도형의 속성을 숫자 혹은 수식으로 제한한다. 형상 구속은 도형의 속성을 개념 혹은 언어로 제한한다. 특징기반 모델링뿐만 아니라 스케치 평면에 복잡한 도형을 정의할 때도 매개변수 모델링 기술을 사용한다(CHAPTER 03 참조). 새로운 도형 혹은 3차원 형상을 정의할 때 사용자가 희망하는 설계 변수를 매개변수로 지정하면 설계 변경이 쉬워진다. 〈그림 4-11〉에서 보듯이 치수 구속에 수식을 사용하면 적은 개수의 매개변수로 설계 의도를 표현할 수 있다. 사용자가 지정한 매개변수가 적절하지 않으면 폭을 50으로 수정할 때 b) 혹은 c)처럼 엉뚱한 도형이 생성된다. 형상 구속과 치수 구속을 a)처럼 지정하

면, 폭을 50으로 설계 변경할 때 d)와 같이 설계 의도(사각형 모양, 폭과 높이의 차이)가 그대로 유지된다.

그림 4-11 매개변수 모델링을 사용하는 도형 스케치 예

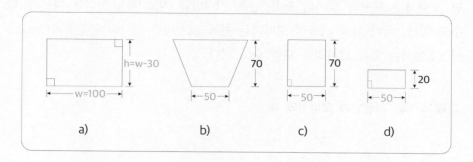

매개변수 모델링으로 도형을 생성할 때 매개변수의 개수는 도형의 자유도가 결정한다. 치수 구속과 형상 구속으로 매개변수의 값을 지정하면 도형의 자유도가 점점 줄어든다. 도형의 자유도가 0이면 모든 매개변수의 값이 지정된 상태이다. 치수 구속과 형상 구속으로 모든 매개변수의 값을 지정하고, 자유도가 0인 완전한 도형을 정의하는 방법은 CHAPTER 03에서 설명했다.

5. 형상의 변형

앞에서 복잡한 형상을 생성하는 다양한 기술을 설명했다. 지금부터 소개할 기술은 앞에서 만들어진 다양한 형상을 세부적으로 변형하는 방법이다. 용도에 따라 다양한 방법들이 있는데, 대표적인 변형은 다음과 같다.

5.1. 모서리 라운딩과 모따기

라운딩(rounding)을 기계 가공에서 '모깎기'라고 하는데, 날카로운 모서리를 둥글게 만들어 인접한 면과 접하게 한다. 볼록 모서리와 오목 모서리에 모두 적용할 수 있지만, 오목 모서리를 둥글게 채우는 기능을 '필렛팅(filleting)'이라고 달리 부르기도 한다. 또, 모서리를 기준으로 양쪽의 면을 혼합한다는 의미로 '블렌딩(blending)'이라 용어를 쓰기도 한다. 기계 가공에서 흔한 모따기(chamfering)는 모깎기와 달리 모서리를 납작하게 만든다. 〈그림 4-12〉에서 보듯이 일반적인 모따기는 모서리 양쪽의 면을 같은 거리만큼 자르지만, 거리를 다르게 할 수도 있다. 특히 기계 가공의 모따기는 볼록 모서리를 납작하게 만들지만 CAD 시스템에서는 오목 모서리를 채울 수도 있다.

그림 4-12 라운딩과 모따기의 예

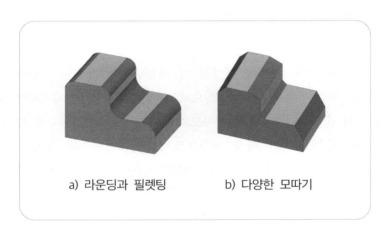

a) 라운딩과 필렛팅   b) 다양한 모따기

여러 개 모서리 혹은 형상이 복잡하면 라운딩 적용 조건과 순서에 따라 라운딩 결과가 다를 수 있다. 서로 다른 라운딩이 모퉁이에서 만나거나 주변 모서리가 가까울 때는 한쪽 모서리의 라운딩 결과가 다른 모서리의 라운딩에 영향을 주기 때문이다. 〈그림 4-13〉의 예제를 보자. 세 개의 모서리가 한 모퉁이에서 만나는데 세로 모서리를 먼저 라운딩한 b)와 나중에 라운딩한 c)는 결과가 서로 다르다.[6] 좁은 부위의 라운딩도 조건에 따라 그 결과가 다른데, 둥근 벽으로 바닥이 좁아진 〈그림 4-14〉의 예제를 살펴 보자. 그림에

---

6) CAD 시스템 혹은 라운딩 조건에 따라 결과가 그림과 다를 수도 있다.

서 b)는 원래 면을 변형하지 않는 조건이고, c)는 인접한 면을 연장하는 조건이다. 개념적으로 라운딩 면은 모서리를 따라 공을 굴려 생성되는 궤적 면인데, 왼쪽은 좁은 부분에서 공의 바닥이 인접한 모서리에 닿으면서 지나간다. 오른쪽은 공의 바닥이 닿도록 바닥 면을 연장해 라운딩 면을 생성하고 인접한 면을 연장해 라운딩 면을 자른 결과와 같다.

그림 4-13 라운딩 순서의 차이

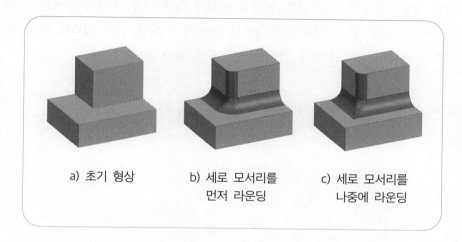

a) 초기 형상　　　b) 세로 모서리를　　　c) 세로 모서리를
　　　　　　　　　　먼저 라운딩　　　　　나중에 라운딩

그림 4-14 라운딩 조건의 차이

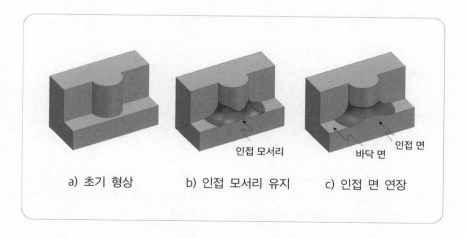

a) 초기 형상　　　b) 인접 모서리 유지　　　c) 인접 면 연장

인접 모서리

바닥 면　　인접 면

5.2. 구배

구배(draft)[7]는 성형품을 금형에서 꺼내기 쉽도록 제품 혹은 금형의 측면을 수직이 아니라 기울어지게 만든다. 각도의 기준이 되는 방향을 흔히 당기는 방향(draw direction)이라 부르는데, 면이 기울어지는 방향을 고려해서 지정해야 하며, 면이 어느 쪽으로 기울어지는지 직접 확인해야 한다.

CAD 시스템에서 두께가 얇은 물체에 구배를 적용할 때 흔히 한쪽 면만 구배를 적용하는 실수를 하기 쉽다. 〈그림 4-15〉에서 보듯이 구배를 적용하려면 대부분의 CAD 시스템은 안쪽과 바깥쪽 곡면 모두 선택해야 한다. 그래서 내부를 비워 얇은 물체를 만들거나 면체에 두께를 줘서 입체를 만들 때, 미리 구배를 적용하고 얇은 물체를 생성하면 좋다.

그림 4-15 빼기 구배와 테이퍼

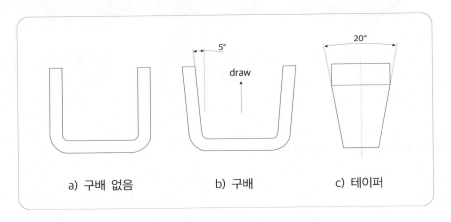

a) 구배 없음　　　b) 구배　　　c) 테이퍼

---

7) 구배(draft)는 기준 축을 기준으로 한쪽으로 기울어진 각도이며, 테이퍼(taper)는 기준 축을 중심으로 양쪽으로 경사진 형상의 안쪽 각도를 의미한다.

5.3. 오프셋, 두께 주기, 내부 비우기

오프셋(offset)은 법선 방향으로 일정한 거리만큼 도형(곡선 혹은 곡면)을 띄우는 작업이다. 복잡한 자유 곡면은 오프셋에 실패하는 때가 많은데, 오프셋 거리가 크면 오프셋 결과가 꼬여 곡면을 생성할 수 없는 경우가 대부분이다. 곡면을 부드럽게 수정하거나, 여러 개 곡면이 연결된 면체일 때는 오프셋으로 없어질 곡면을 미리 제거하면 좋다. 아니면 개개의 곡면을 오프셋한 후 연결하는 것도 한 방법이다.

두께 주기(thicken)는 두께가 없는 면체에 두께를 부여해서 입체를 생성하는데, 두께를 생성할 방향을 지정해야 한다. 속 비우기(hollow, shell)는 입체의 특정 페이스를 제거하고 내부를 파내서 얇은 두께의 입체를 생성한다. 속 비우기는 개념적으로 지정된 페이스를 제거해서 면체를 생성한 후, 두께를 줘서 다시 입체를 생성하는 것과 같다.

CAD 시스템에서 두께 주기와 속 비우기는 내부적으로 곡면 오프셋을 적용하므로 오프셋의 어려움을 그대로 갖고 있다. 두께 주기 혹은 속 비우기를 할 때 작은 값은 성공하는데 큰 값에서 실패한다면, 오프셋으로 면이 꼬이거나 없어지는 것이 그 원인일 가능성이 크다. 면의 라운딩 값을 키우거나, 연결 곡면의 연속성을 바꿔보고, 곡률이 크지 않도록 곡면을 수정하면 해결되기도 한다. 면체 혹은 입체를 구성하는 페이스를 분리한 후 두께 주기를 각각 시도하면서 실패의 원인 곡면을 찾아야 할 수도 있다.

그림 4-16 두께 주기의 예

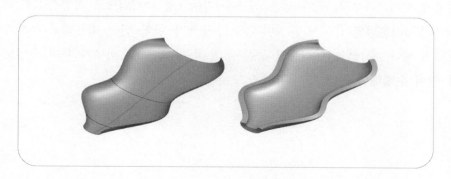

그림 4-17   속 비우기의 예

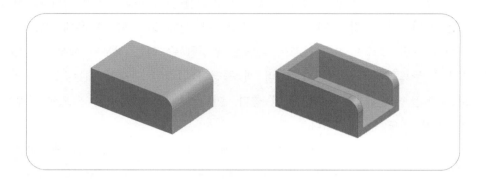

5.4. 기타

자유곡면이 많고, 형상이 복잡하면 라운딩, 오프셋, 두께 주기 등의 형상 변형이 제대로 되지 않거나 실패하는 경우가 많다. 형상 변형에 사용하는 값이 크면, 결과 형상이 꼬이거나 일부 곡면이 사라지는 것이 그 원인일 수 있다. 작은 값(라운딩 R값, 오프셋 거리, 두께 등)으로 형상 변형을 시도해 보고, 값이 크지 않는데도 형상 변형을 할 수 없다면 연결된 곡면에 미세한 틈새와 단차, 꼬임 등을 확인해야 한다. 때로는 변형에 사용하는 공차를 더 큰 값으로 바꿔서 문제를 해결할 수도 있다.

금형을 사용해 제작하는 일부 부품들은 부품의 두께가 매우 중요한데 라운딩, 구배 등으로 두께가 변경될 수 있다. 특히 두께 주기 혹은 속 비우기로 얇은 두께의 입체를 생성한 후 다른 작업을 수행하면 두께가 변경되므로 주의해야 한다. 라운딩, 구배 등은 곡면을 기준으로 수행되므로 바깥쪽(혹은 안쪽) 면만 라운딩되어 두께가 얇아지거나, 구배가 한쪽 면만 적용되어 두께가 다르게 된다. 구배와 큰 라운딩 등은 두께 주기 혹은 속 비우기 등의 작업보다 앞에 수행해야 한다.

그림 4-18 라운딩, 구배로 두께가 얇아진 예

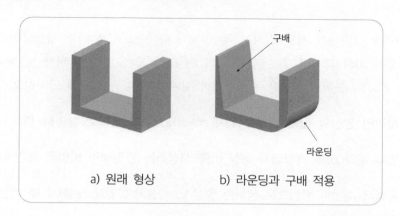

a) 원래 형상   b) 라운딩과 구배 적용

6. 기존 형상의 복제 및 좌표 변환

이미 생성된 형상을 복사하거나 이동, 회전, 크기 변경, 대칭이동 등의 좌표 변환이 가능하다. 이러한 복제 및 변환은 하나의 바디에 통째로 적용할 수도 있지만, 바디를 이루는 특징 형상을 복제, 변환할 수도 있다. 〈그림 4-19〉는 하나의 입체인데 왼쪽의 손잡이를 반대쪽에 복제했다. 이때 단순한 손잡이 형상뿐만 아니라 손잡이를 몸체에 결합하는 불리언 연산 등의 작업도 복제할 수 있다.

그림 4-19 특징 형상의 복제

7. 연습 문제

※ 아래 그림에서 서로 겹쳐진 두 입체 a)와 b)로 입체 c)를 생성하려 한다. 입체 a)의 모서리 ①은 입체 b)의 면 ②에 닿아 있어서 '형상 b) 빼기 형상 a)'의 불리언 연산을 수행했더니 실패했다. 다음 질문에 답하시오.

1) 불리언 연산의 실패 원인을 입체(solid body)의 정의로 설명하시오.

2) 입체 a)와 b)를 변형해서 형상 c)를 생성하는 안정적인 방법을 제안하시오.

3) 위에서 제안한 방법으로 생성한 형상 c)는 물체(다양체 모델)가 몇 개인가?

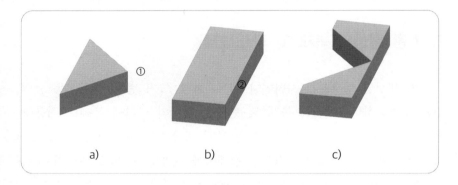

a)   b)   c)

※ 아래 질문에 답하시오.

4) 설계 특징 형상을 5가지 이상 나열하시오.

5) 구배와 테이퍼의 차이를 설명하시오.

8. 실습

8.1. 돌출과 특징 형상

1) 아래 단면 스케치

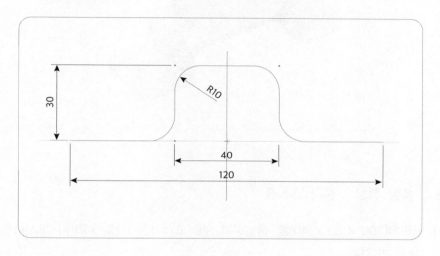

2) 위로 오프셋(5)하고 폐곡선 생성

3) 스케치 단면을 돌출(50)

4) 특징 형상: 한쪽 날개에 모따기(C5)와 구멍(D10) 생성

5) 복사: 모따기와 구멍을 중간 평면을 기준으로 대칭(mirror) 복사

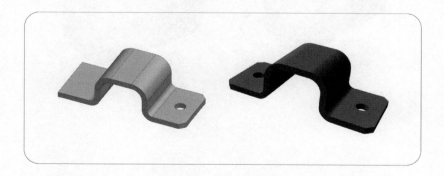

6) 설계 변경: 설계 치수 40을 80으로 변경

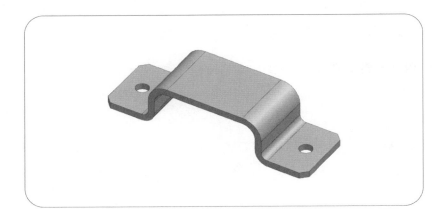

8.2. 특징 형상 - 플라스틱 통

1) 육면체(100 × 60 × 40)를 생성하고, 세 모서리는 R15, 나머지 모서리는 R4로 라운딩

2) 분할 면(중간 평면)을 기준으로 구배(3도)를 주고, 아래와 위로 분할

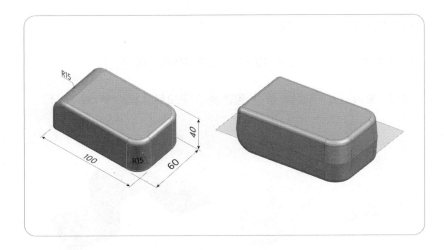

3) 내부 비우기(두께 2)

4) 아래와 위를 서로 결합해서 닫을 수 있도록 닫힘 날(lip)을 양쪽에 생성(두께 1, 높이 3)

① 형상의 안쪽 모서리 곡선을 돌출의 단면 곡선으로 사용

② 아래쪽은 돌출 형상 빼기, 위쪽은 돌출 형상 결합

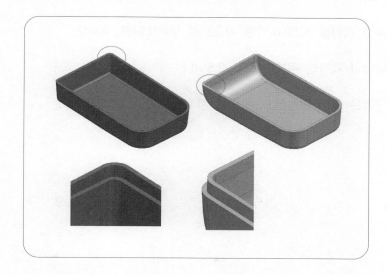

5) 리브(높이 10)와 보스(지름 3, 분할 면과 같은 높이) 생성. 두께 1, 구배 0.5도

6) 보스 주변에 보강판(바닥에서 높이 8, 바닥 너비 4, 두께 1) 4개 생성

9. 실습 과제

9.1. 특징 형상 - 사각 고정함

1) 돌출, 라운드, 복사, 내부 비우기 등을 이용해 아래 형상의 모델을 생성하시오.

2) 사출 성형을 위해 바닥면 기준으로 구배(1도)를 주시오.

3) 바닥과 측벽의 두께는 모두 2.5이다.

4) 구멍은 모두 관통하고, 부족한 치수는 임의로 가정하시오.

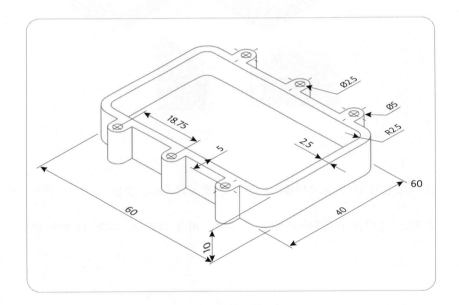

9.2. 특징 형상 - 플라스틱 덮개

1) 아래 제품의 형상 모델을 생성하시오.

2) 모든 부분의 두께 2, 구멍은 관통한다.

3) 구멍은 모두 관통, 부족한 치수는 임의로 가정하시오.

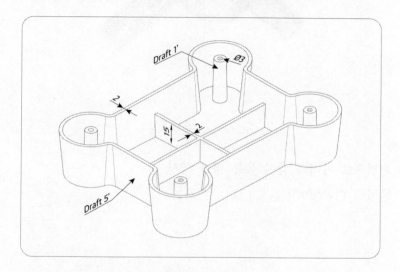

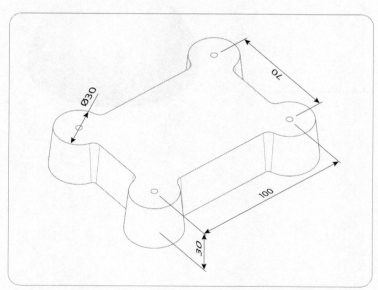

9.3. 헤어 드라이어

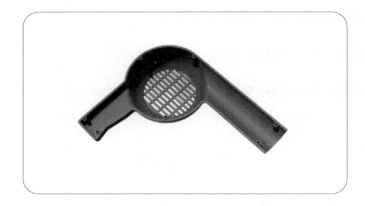

1) 몸통

① 회전으로 아래와 같이 몸통 형상 생성

② 모서리 라운딩(R5)

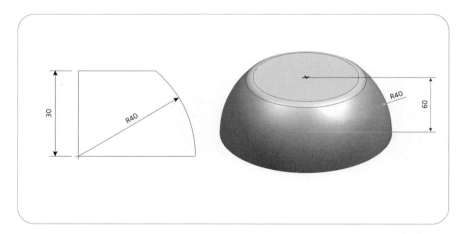

2) 손잡이

  ① 돌출(10)로 손잡이 형상 생성

  ② 모든 모서리 라운딩(R3)

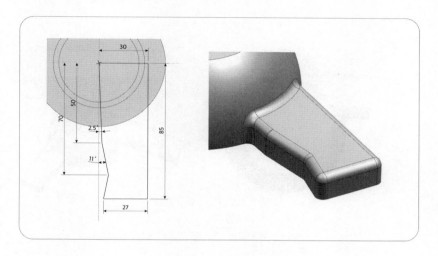

3) 바람통

  ① 손잡이 직각 방향으로 몸통 중심에서 돌출(길이 110), 반지름 15

  ② 모서리 라운딩(R3)

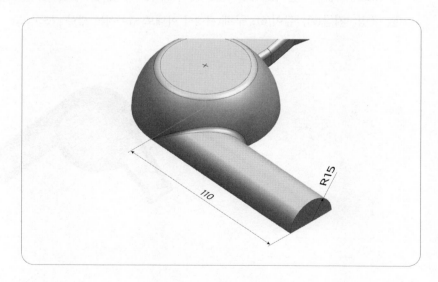

4) 속 비우고, 구멍 파기

① 속 비우기(T2)

② 구멍 깊이(2), 간격 2

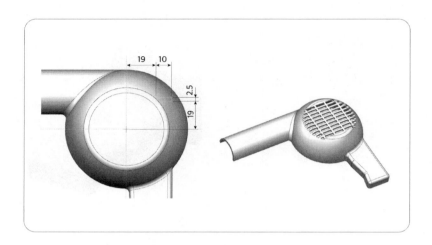

5) 나사 구멍

① 위치: 구멍 중심과 조립면 안쪽 경계의 수직 거리 1.5

② 보스: 지름(4), 높이(조립면 위로 1), 구배(위에서 아래로 넓어지는 방향. 1도)

③ 구멍: 지름(2), 깊이(6), 구배(위에서 아래로 좁아지는 방향. 1도)

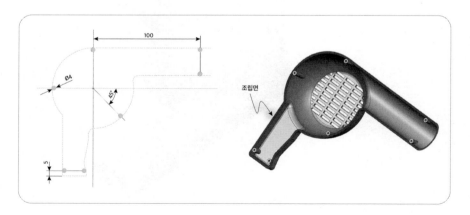

기초 수학

1. 직선, 평면

1.1. 직선

직선(line)은 굽은 곳 없이 무한히 긴 객체이며, 두께와 폭도 없다. 〈그림 5-1〉과 같이 한 점 A를 지나는 직선은 무수히 많지만 서로 다른 두 점 A, B를 지나는 직선은 오직 하나뿐이다. 즉 서로 다른 두 점은 하나의 직선을 결정된다. 일상에서 흔히 양 끝점으로 정의하는 선분(line segment)은 직선의 일부이며 길이가 유한하다.

직선의 속성을 살펴보자. 직선의 공간은 1차원이며, 모양은 앞에서 설명했듯이 굽은 곳 없이 곧 바르다. 크기 속성인 길이는 무한하다. 나머지 속성인 위치와 방향을 정의하면 한 직선을 결정할 수 있다. 앞에서 두 점으로 직선을 정의했는데, 두 점 중 하나는 직선의 위치를 결정하고 다른 하나는 방향을 결정한다. 방향이 같고 위치가 다른 직선은 서로 평행하고, 위치가 같고 방향이 다른 직선은 위치를 지정한 그 점에서 서로 만난다. 참고로 양 끝점으로 정의하는 선분은 양 끝점 사이의 거리가 크기 속성인 길이를 결정한다.

그림 5-1 두 점으로 결정되는 직선의 위치와 방향

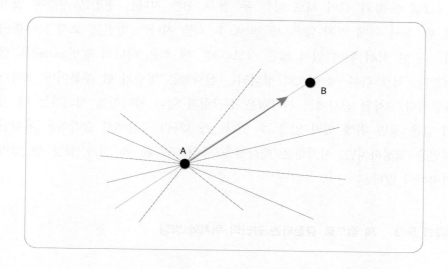

3차원 공간에서 서로 다른 두 직선의 위치 관계는 〈그림 5-2〉에서 보듯이 세 가지 경우가 있다. 두 직선이 같은 평면에 있으면 한 점에서 만나거나 서로 평행하다. 같은 평면에 있지 않으면 두 직선은 만나지 않으며, 평행하지도 않는다.

그림 5-2 두 직선의 관계

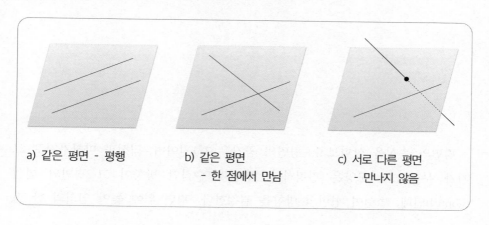

a) 같은 평면 - 평행

b) 같은 평면
   - 한 점에서 만남

c) 서로 다른 평면
   - 만나지 않음

1.2. 평면

〈그림 5-3〉과 같이 서로 다른 두 점 A, B를 지나는 평면은 무수히 많지만 한 직선 위에 있지 않은 세 점 A, B, C를 지나는 평면은 오직 하나뿐이다. 즉 한 직선 위에 있지 않은 서로 다른 세 점은 하나의 평면(plane)을 결정한다. 서로 다른 세 점으로 정의되는 삼각형은 평면의 한 부분이며 크기가 유한하다. 3차원 공간에서 사각형은 삼각형과 달리 사각형을 정의하는 네 점이 같은 평면 위에 있지 않을 수 있다. 즉 3차원 공간에서 삼각형은 유일한 평면을 결정하지만, 사각형은 대각선을 중심으로 한 쪽 귀가 접힐 수 있어 편평하지 않다.

그림 5-3 세 점으로 결정되는 평면의 위치와 방향

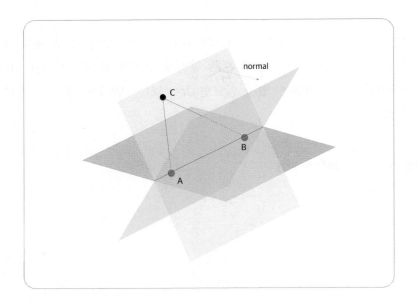

평면의 속성을 살펴보자. 평면의 공간은 2차원이며, 직선과 마찬가지로 크기가 무한하고, 모양은 편평하다. 평면과 수직인 방향이 그 평면의 법선(normal)인데, 법선이 평면의 방향을 결정한다. 평면 위에 놓인 임의의 한 점

은 평면의 위치를 결정한다. 즉, 법선과 한 점은 하나의 평면을 결정한다. 서로 다른 두 평면의 법선이 같으면 두 평면은 평행하다. 서로 다른 두 평면이 평행하지 않고 만나는 경우 두 평면의 공통 부분은 직선이고, 이 직선이 두 평면의 교선이다. 3차원 공간에서 직선과 평면의 위치 관계는 세 가지 경우가 있다. 직선이 평면에 포함되거나, 한 점에서 만나는 경우가 있고, 서로 평행해서 아예 만나지 않는 경우가 있다.

그림 5-4   두 평면의 관계

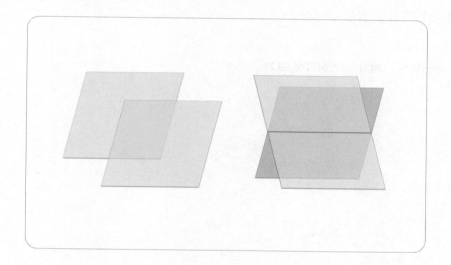

그림 5-5   평면과 직선의 관계

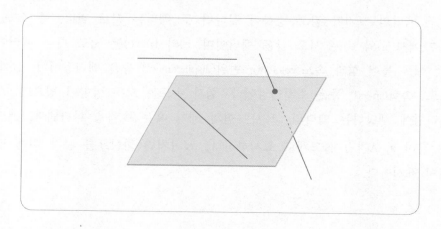

2. 벡터와 좌표

2.1. 벡터

크기와 방향을 함께 가지는 양을 벡터(vector)라 하고, 크기만 갖는 양을 스칼라(scalar)라 한다. 기하학에서 스칼라는 하나의 숫자로 표현되고, 벡터는 공간의 차원에 해당하는 개수의 숫자로 표현된다. 기하학적으로 화살표가 있는 선분으로 벡터를 표시할 수 있는데, 선분의 길이가 벡터의 크기이고, 화살표 방향이 벡터의 방향이다. 화살표의 꼬리가 벡터의 시작점(P)이고, 화살표의 머리가 벡터의 끝점(Q)이다.

그림 5-6 벡터의 기하학적 표기

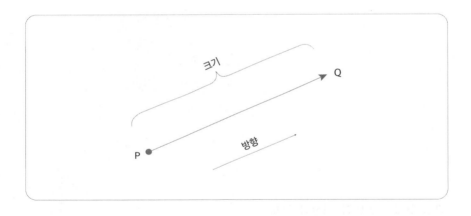

두 벡터의 크기가 같고 방향이 같다면 두 벡터는 서로 같다. 즉 〈그림 5-7〉에서 a)와 d)는 서로 같은 벡터이며, a)와 b), c)는 서로 다른 벡터이다. 예를 들어 힘과 속도(velocity), 변위(displacement) 등은 벡터양이며, 길이, 온도, 속력(speed) 등은 스칼라양이다. 힘과 속도는 모두 방향이 있으며, 스칼라양에 해당하는 벡터의 크기는 힘의 세기 혹은 속력을 나타낸다. 벡터는 흔히 a, A처럼 볼드체로 표시하거나, $\vec{a}, \vec{A}$처럼 화살표를 문자 위에 넣어서 표시한다.

그림 5-7　다른 벡터와 같은 벡터

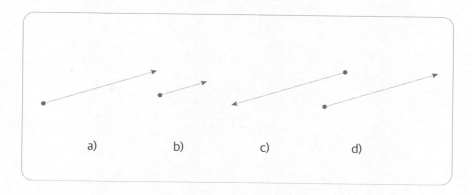

a)　　　　b)　　　　c)　　　　d)

기하학에서 벡터는 공간의 차원에 따라 벡터를 표현하는 요소(element) 개수가 다른데, 3차원 공간의 벡터는 3개의 요소로 표현된다. 〈그림 5-8〉은 직교좌표계에서 벡터를 표현한 것인데, 벡터 **A**는 점 P를 기준으로 점 Q가 어느 방향으로 얼마나 떨어져 있는지를 나타내는 변위(displacement)를 나타낸다. 점 P의 좌푯값이 (p_x, p_y, p_z)이고, 점 Q의 좌푯값이 (q_x, q_y, q_z)일 때, 다음의 세 숫자 a_x, a_y, a_z를 벡터 **A**의 성분 혹은 요소라 한다.

$$a_x = q_x - p_x,\ a_y = q_y - p_y,\ a_z = q_z - p_z \tag{1}$$

그리고 벡터 **A**를 요소로 표시할 때는 다음과 같이 표기한다.

$$\boldsymbol{A} = \left(a_x,\ a_y,\ a_z\right) \tag{2}$$

벡터 **A**의 크기는 |**A**|로 표시하는데, 점 P와 점 Q의 거리이며 피타고라스 정리로 다음과 같이 계산된다.[1]

$$|\boldsymbol{A}| = \sqrt{a_x^2 + a_y^2 + a_z^2} \tag{3}$$

---

[1] 벡터의 크기(magnitude)를 벡터의 놈(norm)이라고도 한다. 기하학에서 벡터의 크기는 길이(length) 혹은 거리(distance)에 해당하며, 유클리드 기하학의 유클리드 거리(Euclidean distance)를 의미한다.

그림 5-8　직교 좌표계의 벡터

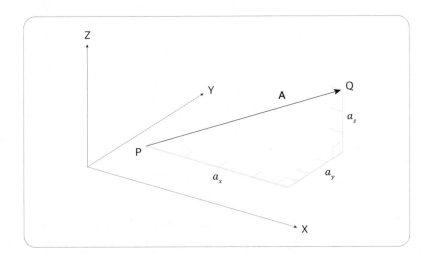

크기가 1이고 변위 방향이 x, y, z축과 평행한 벡터를 각각 i, j, k로 표시하고, 이들을 기본벡터라 한다. 즉

$$i = (1, 0, 0) \tag{4}$$
$$j = (0, 1, 0)$$
$$k = (0, 0, 1)$$

기본벡터를 이용하면 벡터 A는 다음과 같이 기본벡터의 합으로 표현할 수도 있다.

$$A = (a_x, a_y, a_z) = a_x i + a_y j + a_z k \tag{5}$$

2.2. 좌푯값과 벡터

앞에서 설명했듯이 기하학은 공간의 모양과 위치, 방향, 크기 등을 탐구한다. 어떤 공간에서 도형의 위치는 좌표계의 좌푯값으로 표현한다. 3차원 공간에서 한 점 P는 직교 좌표계의 세 숫자(p_x, p_y, p_z)로 표시되며, 그 세 개의 숫자가 좌푯값이다. 점의 위치를 표시하는 좌푯값은 어떤 점을 기준으로 각

축 방향으로 떨어져 있는 정도를 나타내는 변위량이다. 떨어진 정도를 따지는 기준점이 좌표계의 원점이면 그 좌푯값을 절대 좌푯값이라 하고, 기준점이 임의의 주어진 점이면 그 점의 상대 좌푯값이라 한다. 그냥 좌푯값이라 하면 대개 절대 좌푯값을 의미한다.

그림 5-9 **좌푯값과 위치벡터**

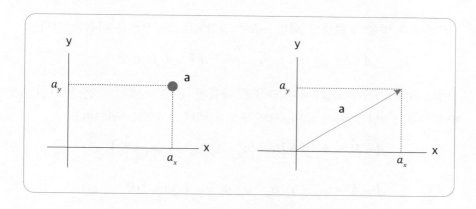

기준점에서 일정한 방향으로 떨어져 있는 정도인 변위는 앞에서 설명했듯이 벡터로 표현할 수 있다. 점 P는 좌표계 원점 O에서 x, y, z축 방향으로 각각 p_x, p_y, p_z만큼씩 떨어진 변위량이며, (p_x, p_y, p_z) 요소로 표기되는 벡터로 표현할 수 있다. 원점을 기준점으로 하는 절대 좌푯값은 위치벡터(position vector)라 하고, 임의의 어떤 점을 기준점으로 하는 상대 좌푯값은 변위벡터(displacement vector)라 한다. 〈그림 5-8〉에서 점 P와 점 Q는 위치벡터에 해당하고, 벡터 **A**는 점 P를 기준으로 점 Q의 상대 좌푯값과 같은 변위벡터이다. 기하학에서 직교 좌표계의 점을 벡터로 여기면 편리하므로 앞으로의 설명에서는 좌푯값으로 정의되는 점과 변위량 개념을 갖는 벡터를 서로 구별하지 않고 사용한다.

2.3. 벡터의 성질

3차원 공간의 두 벡터 $A = (a_x, a_y, a_z)$와 $B = (b_x, b_y, b_z)$의 합은 다음과 같으며, 교환법칙이 성립한다.

$$
\begin{aligned}
A + B &= (a_x + b_x, a_y + b_y, a_z + b_z) \\
&= (a_x + b_x)\boldsymbol{i} + (a_y + b_y)\boldsymbol{j} + (a_z + b_z)\boldsymbol{k} \\
&= B + A
\end{aligned} \tag{6}
$$

벡터 A와 방향이 반대인 벡터 −A로 표현되며 그 성분은 다음과 같다.

$$
-A = (-a_x, -a_y, -a_z) = -a_x\boldsymbol{i} - a_y\boldsymbol{j} - a_z\boldsymbol{k} \tag{7}
$$

벡터 A에서 벡터 B를 빼는 연산은 다음과 같다. A에서 같은 벡터인 A를 빼면 크기가 0인 벡터가 되며, 크기가 0인 벡터를 0으로 나타낸다.

$$
A - B = A + (-B) = (a_x - b_x, a_y - b_y, a_z - b_z) \tag{8}
$$

$$
A - A = (a_x - a_x, a_y - a_y, a_z - a_z) = (0,0,0) \tag{9}
$$
$$
0 = (0,0,0)
$$

벡터 A에 스칼라 s(실수, real number)를 곱한 스칼라 곱은 벡터의 각 성분에 s를 곱한 벡터이다.

$$
sA = (sa_x, sa_y, sa_z) = sa_x\boldsymbol{i} + sa_y\boldsymbol{j} + sa_z\boldsymbol{k} \tag{10}
$$

크기가 1인 벡터를 단위벡터(unit vector)라 하고, 벡터의 방향을 그대로 두고 크기가 1인 단위벡터로 바꾸는 것을 벡터의 정규화(normalize)라 한다. 아래는 벡터 A를 정규화하는 식이며, 그 결과인 벡터 U는 단위벡터이다. 따라서 벡터 U의 방향은 벡터 A와 같고, 크기는 1이다.

$$
U = A / |A| \tag{11}
$$

2.4. 벡터의 내적

3차원 공간의 두 벡터 $A = (a_x, a_y, a_z)$와 $B = (b_x, b_y, b_z)$의 내적[2]은 $A \cdot B$ 로 표기하고, 다음과 같이 정의한다.

$$A \cdot B = a_x b_x + a_y b_y + a_z b_z \tag{12}$$

결과적으로 벡터의 내적은 두 벡터의 각 성분을 곱하고 더한 값(scalar)을 의미한다. 즉 벡터의 내적 결과는 벡터가 아니라 스칼라이다. 위 식에서 B = A 이면, 다음에서 보듯이 내적의 결과는 벡터 크기의 제곱이 된다.

$$A \cdot A = a_x^2 + a_y^2 + a_z^2 = |A|^2 \tag{13}$$

이제 내적의 기하학적인 의미를 살펴보자. 〈그림 5-10〉에서 보듯이 0 벡터가 아닌 두 벡터 A, B를 시작점이 같도록 옮겨놓자. 앞에서 설명했듯이 벡터는 회전하지 않고 옮기면 그 양과 성질이 변화하지 않는다. 두 벡터가 이루는 사잇각을 θ라 하고, 두 벡터의 시작점을 O, 끝점을 각각 P, Q라 하면 그림에서 보듯이 삼각형 OPQ를 형성할 수 있다. 삼각형의 세 변 OP, OQ, PQ의 길이는 각각 |A|, |B|, |B−A|이므로 삼각함수의 코사인 법칙에 따라 다음 식이 성립하고,

$$|A - B|^2 = |A|^2 + |B|^2 - 2|A||B|\cos\theta \tag{14}$$

식 (14)에서 벡터 크기를 벡터의 요소로 표기한 후 식 (13)을 적용하면 다음과 같이 간단하게 정리된다.

$$A \cdot B = |A||B|\cos\theta \tag{15}$$

따라서 벡터의 내적을 이용하면 두 벡터의 사잇각을 얻을 수 있다. 즉 두 선분이 주어질 때 각각의 선분을 벡터로 표현하고 다음 식을 적용하면 두 선분의 사잇각을 계산할 수 있다.

---

[2] 내적(inner product)은 연산 기호가 •(dot)이므로 dot product라 부르고, 그 결과가 스칼라이므로 스칼라적(scalar product) 혹은 스칼라곱이라 부르기도 한다.

$$\cos\theta = \frac{A \cdot B}{|A||B|} = \frac{A \cdot B}{\sqrt{A \cdot A}\sqrt{B \cdot B}} \qquad (16)$$

그림 5-10 벡터 내적의 기하학적 의미

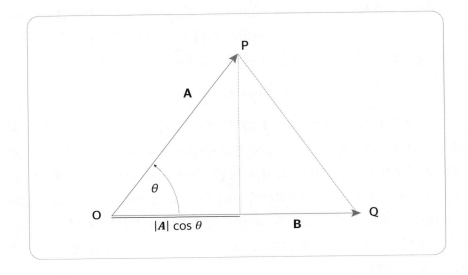

식 (15)에서 만일 벡터 B가 단위벡터라면, 크기 |B|가 1이므로 식 (17)과 같다. 이것은 〈그림 5-10〉에서 보듯이 벡터 A를 단위벡터 B에 수직 투영한 길이를 나타낸다. 그런데 사잇각 θ가 90도면 $\cos\theta$가 0이므로 내적의 결과가 0이다. 이때 두 벡터 A와 B는 서로 직교하고, A를 B의 직교벡터라 한다.

$$A \cdot B = |A|\cos\theta \qquad (17)$$

내적을 이용하면 2차원 평면 공간에서 직선을 쉽게 정의할 수 있다. 어떤 직선과 직각으로 교차하는 벡터가 직선의 법선벡터이다. 직선의 단위 법선벡터가 N일 때 원점에서 c만큼 떨어져 있는 직선 위의 점 P는 다음 식을 만족한다. 즉 직선 위의 어떤 점(위치벡터: 원점에서 그 점까지의 변위)을 법선벡터에 투영(내적)하면 항상 거리가 c이다.

$$N \cdot P = c \qquad (18)$$

P와 N이 각각 $\mathbf{P} = (x, y)$, $\mathbf{N} = (a, b)$라면, 다음과 같이 직선의 일반식을 얻을 수 있다.

$$ax + by = c \qquad\qquad (19)$$

그림 5-11 벡터의 내적으로 표현되는 직선

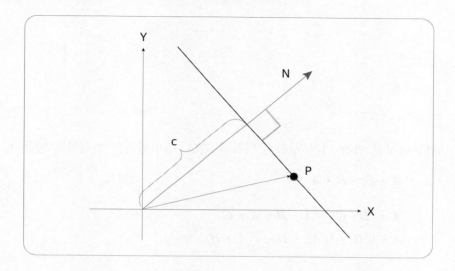

같은 방법으로 3차원 공간에서 평면의 단위 법선벡터가 N일 때 원점에서 d만큼 떨어져 있는 평면 위의 점 P는 다음의 식을 만족한다. P와 N이 각각 $\mathbf{P} = (x, y, z)$, $\mathbf{N} = (a, b, c)$라면, 아래와 같이 평면의 일반식을 얻을 수 있다. 평면 위의 어떤 점(위치벡터: 원점에서 그 점까지의 변위)을 법선벡터에 투영(내적)하면 항상 거리가 d이다.

$$\mathbf{P} \bullet \mathbf{N} = d \qquad\qquad (20)$$
$$ax + by + cz = d$$

그림 5-12 벡터의 내적으로 표현되는 평면

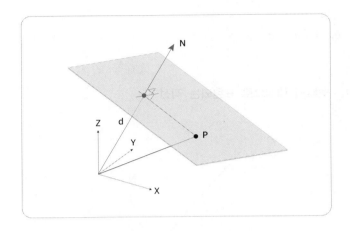

벡터 내적에 관한 기본 성질은 다음과 같고, 결합법칙은 성립하지 않는다.

$$A \cdot B = B \cdot A \qquad \text{(교환법칙)}$$

$$A \cdot (B+C) = A \cdot B + A \cdot C \qquad \text{(분배법칙)}$$

$$A \cdot (cB) = (cA) \cdot B = c(A \cdot B)$$

$$|A \cdot B| \leq |A||B| \qquad \text{(슈바르츠 법칙)}$$

$$(A \cdot B) \cdot C \neq A \cdot (B \cdot C) \qquad \text{(결합법칙 성립 안 함)}$$

2.5. 벡터의 외적

평면의 법선처럼 어떤 도형과 수직인 벡터를 구할 때 흔히 사용되는 벡터의 외적[3]은 $A \times B$로 표기한다. 3차원 공간의 두 벡터 $A = (a_x, a_y, a_z)$와 $B = (b_x, b_y, b_z)$의 외적은 두 벡터의 사잇각이 θ일 때 다음과 같이 정의한다.

$$A \times B = |A||B| \sin\theta\, N \qquad (21)$$

---

[3] 외적(outer product)은 연산 기호가 ×(cross)여서 cross product라고 부르고, 그 결과가 벡터이므로 벡터적(vector product)이라 부르기도 한다.

식 (21)에서 보듯이 내적과 달리 외적의 결과는 벡터이며, 식의 벡터 N은 단위벡터이다. 단위벡터 N은 A와 B에 모두 수직이며, A에서 B로 오른손을 감아쥘 때 엄지가 가리키는 방향이다. N이 단위벡터이므로 $A \times B$의 크기는 벡터 A, B가 두 변인 평행사변형의 넓이와 같다. 즉,

$$|A \times B| = |A||B| \sin\theta \qquad (22)$$

그림 5-13 벡터 외적의 기하학적 의미

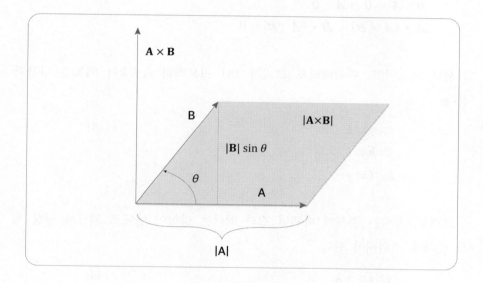

두 벡터가 서로 직교하면 사인값이 1(sin 90)이므로 외적 결과의 크기가 최대가 되고, 그 크기는 각 벡터의 크기 곱이다. 두 벡터가 서로 평행하거나 한 벡터가 0 벡터일 때 외적의 결과는 0이다. 정의에 따라 두 벡터를 곱하는 순서가 바뀌면 외적의 결과로 얻어지는 벡터의 부호가 반대로 된다. 즉, 교환법칙이 성립하지 않는다. 그리고 결합법칙도 성립하지 않음에 주의해야 한다. 외적의 몇 가지 성질을 정리하면 다음과 같다.

$$A \times B = -(B \times A)$$ (교환법칙 성립 안 함)
$$A \times B \neq B \times A$$

$$A \times (B \pm C) = (A \times B) \pm (A \times C),$$ (덧셈의 분배법칙 성립)
$$(A \pm B) \times C = (A \times C) \pm (B \times C)$$

$$A \times (B \times C) \neq (A \times B) \times C$$ (결합법칙 성립 안 함)
$$s(A \times B) = (sA) \times B = A \times (sB)$$
$$0 \times A = 0 = A \times 0$$
$$A \cdot (A \times B) = B \cdot (A \times B) = 0$$

서로 직교이고, 단위벡터로 크기가 1인 기본벡터 i, j, k의 외적은 다음과 같다.

$$i \times j = k \qquad (23)$$
$$j \times k = i$$
$$k \times i = j$$

그리고, 곱하는 순서가 바뀌면 결과 벡터는 방향이 반대로 되므로 항상 계산 순서에 주의해야 한다.

$$j \times i = -k \qquad (24)$$
$$k \times j = -i$$
$$i \times k = -j$$

자기 자신과 외적을 취하면 **0** 벡터가 된다.

$$i \times i = j \times j = k \times k = 0 \qquad (25)$$

식 (21)의 정의는 벡터 N을 대수적으로 계산할 수 없지만, 앞에서 설명한 외적의 성질과 기본벡터의 외적 결과를 적용하면 다음과 같이 외적 $A \times B$를 계산할 수 있고,

$$A \times B = (a_x \boldsymbol{i} + a_y \boldsymbol{j} + a_z \boldsymbol{k}) \times (b_x \boldsymbol{i} + b_y \boldsymbol{j} + b_z \boldsymbol{k}) \quad (26)$$

$$= a_x b_x \boldsymbol{i} \times \boldsymbol{i} + a_x b_y \boldsymbol{i} \times \boldsymbol{j} + a_x b_z \boldsymbol{i} \times \boldsymbol{k}$$

$$+ a_y b_x \boldsymbol{j} \times \boldsymbol{i} + a_y b_y \boldsymbol{j} \times \boldsymbol{j} + a_y b_z \boldsymbol{j} \times \boldsymbol{k}$$

$$+ a_z b_x \boldsymbol{k} \times \boldsymbol{i} + a_z b_y \boldsymbol{k} \times \boldsymbol{j} + a_z b_z \boldsymbol{k} \times \boldsymbol{k}$$

$$= (a_y b_z - a_z b_y)\boldsymbol{i} - (a_x b_z - a_z b_x)\boldsymbol{j} + (a_x b_y - a_y b_x)\boldsymbol{k}$$

이 식을 다시 행렬식(determinant)으로 표시하면 아래와 같이 간단한 형태이므로 기억하기 쉽다.

$$A \times B = \begin{vmatrix} a_y & a_z \\ b_y & b_z \end{vmatrix} \boldsymbol{i} - \begin{vmatrix} a_x & a_z \\ b_x & b_z \end{vmatrix} \boldsymbol{j} + \begin{vmatrix} a_x & a_y \\ b_x & b_y \end{vmatrix} \boldsymbol{k} \qquad (27)$$

$$= \begin{vmatrix} \boldsymbol{i} & \boldsymbol{j} & \boldsymbol{k} \\ a_x & a_y & a_z \\ b_x & b_y & b_z \end{vmatrix}$$

[예제] 3차원 공간의 서로 다른 세 점 $\boldsymbol{A}(a_x, a_y, a_z)$, $\boldsymbol{B}(b_x, b_y, b_z)$, $\boldsymbol{C}(c_x, c_y, c_z)$ 가 놓인 평면의 방정식을 구하라.

[풀이] 먼저 주어진 세 점으로 다음 두 벡터를 정의하자.

$$U = C - A$$
$$V = C - B$$

두 벡터 $\mathbf{U}$, $\mathbf{V}$의 방향은 평면과 평행하므로 두 벡터의 외적 $(U \times V)$는 평면과 수직인 법선벡터가 된다. 좌표계 원점과 평면의 수직 거리 d는 위치벡터 A를 단위 법선벡터에 투영한 길이이므로 다음과 같다.

$$d = \boldsymbol{A} \cdot (U \times V) / |U \times V| \qquad (28)$$

또, 구하려는 평면에 놓인 임의의 점 P는 주어진 점 A와 마찬가지로 다음 식을 만족한다.

$$P \cdot (U \times V) / | U \times V | = d \qquad (29)$$

식 (28)에 식 (29)를 대입하고 정리하면 구하려는 평면의 방정식은 다음과 같다.

$$A \cdot (U \times V) = A \cdot (U \times V) \qquad (30)$$

3. 행렬과 좌표 변환

3.1. 행렬

행렬은 하나 이상의 숫자(또는 기호, 다항식 등의 수학적 객체)를 행[4]과 열[5]을 맞추어 직사각형으로 배열한 묶음이다. 즉 행렬을 사용하면 여러 개의 숫자를 하나의 묶음으로 다룰 수 있다. 예를 들어 다음의 행렬 A는 숫자 6개(1, 2, 3, 4, 5, 6)를 한 묶음으로 하며, (1, 3, 5)를 1행에 배열하고, (2, 4, 6)을 2행에 배열했다.

$$A = \begin{pmatrix} A_{11} & A_{12} & A_{13} \\ A_{21} & A_{22} & A_{23} \end{pmatrix} = \begin{pmatrix} 1 & 3 & 5 \\ 2 & 4 & 6 \end{pmatrix}$$

예제 행렬 A의 크기는 2행 3열인데, 흔히 "2×3 행렬"이라 쓰고, "2행 3열 행렬" 혹은 "2 by 3 행렬"이라 읽는다. (1, 3, 5)가 1행이고, (2, 4, 6)이 2행이다. 그리고 (1, 2)가 1열이고, (3, 4)가 2열, (5, 6)이 3열이다. 위의 식에서 보듯이 행렬 A의 i번째 행, j번째 열의 원소를 A_{ij}로 나타내는데, 위 예에서 A_{13}에 해당하는 원소는 1행 3열의 5이다.

크기가 같은 행렬은 서로 더하거나 **빼는** 연산이 가능하다. 행렬의 덧셈은 다음 예제와 같이 서로 같은 위치의 모든 원소를 더한다.

---

4) 행(row)은 가로줄로, 흔히 가로, 세로라고 말하는데 '행렬'의 앞 글자 '행'이 가로이다.
5) 열(column)은 세로줄로, 'column'은 기둥이란 뜻인데, 기둥은 세로로 서 있다.

$$\begin{pmatrix} 1\,2\,1 \\ 1\,0\,0 \end{pmatrix} + \begin{pmatrix} 0\,0\,3 \\ 2\,5\,0 \end{pmatrix} = \begin{pmatrix} 1+0 & 2+0 & 1+3 \\ 1+2 & 0+5 & 0+0 \end{pmatrix} = \begin{pmatrix} 1\,2\,4 \\ 3\,5\,0 \end{pmatrix}$$

행렬에 실숫값을 곱할 수도 있는데, 값을 행렬의 모든 원소에 곱하면
된다.

$$2\begin{pmatrix} 1\,2\,3 \\ 0\,4\,1 \end{pmatrix} = \begin{pmatrix} 2\,4\,6 \\ 0\,8\,2 \end{pmatrix}$$

행렬의 곱은 앞 행렬의 열 개수와 뒤에 곱하는 행렬의 행 개수가 같아야
한다. 즉, 행렬 A가 m×n이고, 행렬 B가 n×p이면 서로 곱할 수 있고, A와
B의 곱으로 얻어지는 행렬 C의 크기는 m×p이다. C의 원소 C_{ij}는 A의 i번째
행벡터와 B의 j번째 열벡터의 내적으로 표현된다. 행렬 곱의 간단한 예는 다
음과 같다.

$$A = \begin{pmatrix} 1\,2 \\ 0\,3 \end{pmatrix}, \; B = \begin{pmatrix} 1\,0\,1 \\ 0\,2\,1 \end{pmatrix}$$

$$C = AB = \begin{pmatrix} 1\,2 \\ 0\,3 \end{pmatrix}\begin{pmatrix} 1\,0\,1 \\ 0\,2\,1 \end{pmatrix} = \begin{pmatrix} 1\,4\,3 \\ 0\,6\,3 \end{pmatrix}$$

행렬 곱은 아래와 같은 성질을 갖는다.

$$A(BC) = (AB)C \qquad \text{(결합법칙)}$$

$$(A+B)C = AC + BC \qquad \text{(덧셈의 분배법칙)}$$

$$AB \neq BA \qquad \text{(교환법칙 성립 안 함)}$$

벡터도 행렬로 표현할 수 있는데, 행이 하나인 행렬을 행벡터(row vector)라
부르고, 열이 하나인 행렬을 열벡터(column vector)라 부른다. 행과 열의 개수
가 같은 행렬은 정사각행렬(square matrix)[6]이라 한다. 행렬에서 A_{ii}처럼 행과
열 번호가 같은 원소가 주대각선(main diagonal)을 형성하는데, 주대각선의 원
소를 제외한 모든 원소가 0인 정사각행렬을 대각행렬(diagonal matrix)이라 한

---

6) 과거에는 정사각행렬을 '정방행렬'이라 불렀다.

다. 다음은 크기가 3×3인 대각행렬의 예이다.

$$D = \begin{pmatrix} 2\,0\,0 \\ 0\,3\,0 \\ 0\,0\,5 \end{pmatrix} \tag{31}$$

대각행렬 중에 주대각선의 원소가 모두 1인 행렬을 단위행렬이라 한다. 크기가 3×3인 단위행렬은 다음과 같다.

$$I = \begin{pmatrix} 1\,0\,0 \\ 0\,1\,0 \\ 0\,0\,1 \end{pmatrix} \tag{32}$$

어떤 행렬에 단위행렬을 곱해도 다음에서 보듯이 그 행렬은 변화하지 않는다.

$$AI = IA = A \tag{33}$$

행렬의 행과 열을 바꾸는 것을 전치(transposition)라 하고, 어떤 행렬의 전치로 얻어진 행렬을 그 행렬의 전치행렬이라 부른다. A의 전치행렬은 A^T로 표기하며, 그 예는 다음과 같다.

$$A = \begin{pmatrix} 2\,0\,1 \\ 3\,1\,2 \end{pmatrix}, \quad A^T = \begin{pmatrix} 2\,3 \\ 0\,1 \\ 1\,2 \end{pmatrix} \tag{34}$$

정사각행렬 A에 대해 다음을 만족하는 행렬 B가 존재하면, B를 A의 역행렬 (inverse matrix)이라 부르고 A^{-1}로 표시한다. 이때 I는 A와 크기가 같은 단위행렬이다.

$$AB = BA = I \tag{35}$$

$$AA^{-1} = A^{-1}A = I \tag{36}$$

정사각행렬 A의 행과 열이 서로 직각인 단위벡터라면 A를 직교행렬(ortho-
gonal matrix)이라 한다. 직교행렬은 다음을 만족한다. 즉 직교행렬 A의 전치
행렬이 역행렬과 같다.

$$A^T = A^{-1}$$ (37)
$$A^T A = A A^T = I$$

3.2. 좌표 변환

도형을 정의하거나 여러 부품을 조립할 때 도형을 특정한 위치로 옮기거나,
어떤 점 혹은 축을 중심으로 회전할 필요가 있다. 대부분은 도형을 정의하는
점의 위치를 변환하면, 도형을 이동 혹은 회전할 수 있다.[7] 〈그림 5-14〉에서
삼각형 세 꼭짓점의 좌표를 변환하면 삼각형 도형의 위치를 옮길 수 있는 것과
같다. 좌표 변환(coordinate transformation)은 어떤 점 P의 좌푯값 (x, y, z)를 어
딘가로 옮겨서 새로운 점 Q의 좌푯값 (x', y', z')를 얻는 과정이다. 대표적인 좌
표 변환은 그림에서 보듯이 이동(translation), 회전(rotation), 크기(scaling)[8] 변환
의 3가지이다. 컴퓨터 그래픽스에서는 3차원 형상을 2차원 모니터에 투영시킬
필요가 있는데, 이러한 좌표 변환을 투영(projection) 변환이라 한다. 앞에서 배운
벡터와 행렬을 이용하면 좌표 변환을 간단하게 표현할 수 있다.

---

7) 한 점과 법선벡터로 정의되는 평면은 법선벡터도 변환해야 한다.
8) 크기 변환은 축척 변환이라고도 한다.

그림 5-14 좌표 변환

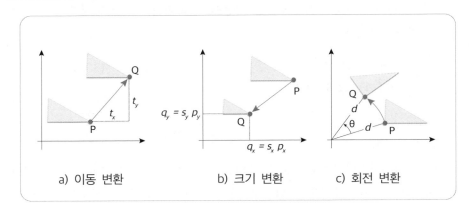

a) 이동 변환   b) 크기 변환   c) 회전 변환

2차원 공간과 3차원 공간의 좌표 변환은 개념적으로 같은데, 먼저 2차원 좌표 변환을 살펴보자. 2차원 평면에 정의된 점 P(x, y)를 x 방향으로 t_x만큼, y 방향으로 t_y만큼 이동한 점 Q(x', y')를 구해보자. 이때 x 방향으로 t_x만큼, y 방향으로 t_y만큼의 이동은 변위이므로 벡터로 표현할 수 있다. 이동하는 변위를 변위벡터 $\boldsymbol{T}(t_x, t_y)$라 하면, 이동 변환은 다음과 같이 구할 수 있다.

$$Q = \begin{pmatrix} x' \\ y' \end{pmatrix} = \begin{pmatrix} x + t_x \\ y + t_y \end{pmatrix} = \boldsymbol{P} + \boldsymbol{T} \tag{38}$$

어떤 도형의 크기를 키우거나 줄이는 변환을 크기 변환 혹은 축척 변환이라 부른다. 점은 크기가 없는 도형이므로 크기를 키우거나 줄일 수 없다. 그러나 점의 위치를 크기와 방향이 있는 위치벡터로 생각하면 크기 변환이 가능하다. 점 P(x, y)를 크기 변환해서 얻어지는 Q(x', y')를 구해보자. 이때 x 방향과 y 방향의 배율을 각각 s_x, s_y라 하고 2×2 대각행렬 S를 사용하면 크기 변환은 다음 식으로 표시된다.

$$Q = \begin{pmatrix} x' \\ y' \end{pmatrix} = \begin{pmatrix} s_x x \\ s_y y \end{pmatrix} = \begin{pmatrix} s_x & 0 \\ 0 & s_y \end{pmatrix} \begin{pmatrix} x \\ y \end{pmatrix} = \boldsymbol{SP} \tag{39}$$

이때 x 방향과 y 방향의 배율 값 s_x, s_y가 같으면 도형의 모양은 변하지 않고, 크기만 바뀐다. 만일 s_x가 1이고, s_y가 1보다 큰 값이면, 도형의 모양을 y 방향으로 늘리는 크기 변환이 된다.

이제 점 P(x, y)를 원점을 기준으로 θ만큼 회전해 보자. 삼각함수를 원소로 하는 2×2 변환 행렬 R을 사용하면 회전 변환은 다음 식으로 표시된다.

$$Q = \begin{pmatrix} x' \\ y' \end{pmatrix} = \begin{pmatrix} x\cos\theta - y\sin\theta \\ x\sin\theta + y\cos\theta \end{pmatrix} = \begin{pmatrix} \cos\theta & -\sin\theta \\ \sin\theta & \cos\theta \end{pmatrix}\begin{pmatrix} x \\ y \end{pmatrix} = RP \tag{40}$$

[예제] 〈그림 5-14〉의 c)에서 보듯이 원점에서 점 P까지의 거리가 d이고, 선분 OP가 x축과 이루는 각이 α일 때 회전 변환에 사용된 변환 행렬 R을 구하시오.

[풀이] 원점을 기준으로 회전하므로 원점에서 점 Q까지의 거리는 d이다. 선분 OQ가 x축과 이루는 각은 $(\theta+\alpha)$이고, 삼각함수의 덧셈 공식[9]을 적용하면 다음 식을 얻는다.

$x = d\cos\alpha$
$y = d\sin\alpha$
$x' = d\cos(\alpha+\theta) = d\cos\alpha\cos\theta - d\sin\alpha\sin\theta = x\cos\theta - y\sin\theta$
$y' = d\sin(\alpha+\theta) = d\sin\alpha\cos\theta + d\cos\alpha\sin\theta = y\cos\theta + x\sin\theta$

앞에서 설명한 회전과 크기 변환은 식의 모양이 같고, 이동 변환은 식의 모양이 다르다. 세 가지 좌표 변환을 한꺼번에 표현하려면 동차 좌표(homogeneous coordinate)를 사용해야 한다. 동차 좌표는 표시하려는 공간의 차원보다 하나 더 큰 차원으로 좌표를 표시한다. 즉 2차원의 좌푯값 (x, y)를 동차 좌표 (x, y, 1)로 표시한다. 일반적으로 (x, y, w)로 표시된 동차 좌표는 (x/w, y/w, 1)과 같고, 2차원의 점 (x/w, y/w)를 나타낸다.

---

9) $\sin(x+y) = \sin x \cos y + \cos x \sin y$
$\cos(x+y) = \cos x \cos y - \sin x \sin y$

동차 좌표로 좌푯값을 표시하면 점 P(x, y, 1)의 이동 변환은 다음과 같다. 이때 행렬 T는 점 P를 x, y 방향으로 각각 (t_x, t_y)만큼 이동하는 이동 변환 행렬이다.

$$Q = \begin{pmatrix} x' \\ y' \\ 1 \end{pmatrix} = \begin{pmatrix} 1 & 0 & t_x \\ 0 & 1 & t_y \\ 0 & 0 & 1 \end{pmatrix} \begin{pmatrix} x \\ y \\ 1 \end{pmatrix} = TP \tag{41}$$

크기 변환은 다음과 같고, 행렬 S는 x 방향과 y 방향으로 각각 s_x, s_y만큼 배율을 변경하는 크기 변환 행렬이다.

$$Q = \begin{pmatrix} x' \\ y' \\ 1 \end{pmatrix} = \begin{pmatrix} s_x & 0 & 0 \\ 0 & s_y & 0 \\ 0 & 0 & 1 \end{pmatrix} \begin{pmatrix} x \\ y \\ 1 \end{pmatrix} = SP \tag{42}$$

회전 변환은 다음과 같고, 행렬 R은 원점을 기준으로 θ만큼 회전하는 회전 변환 행렬이다.

$$Q = \begin{pmatrix} x' \\ y' \\ 1 \end{pmatrix} = \begin{pmatrix} \cos\theta & -\sin\theta & 0 \\ \sin\theta & \cos\theta & 0 \\ 0 & 0 & 1 \end{pmatrix} \begin{pmatrix} x \\ y \\ 1 \end{pmatrix} = RP \tag{43}$$

앞에서 설명한 이동, 크기, 회전 변환 행렬을 이용하면 여러 단계의 다양한 변환을 하나로 표현할 수 있다. 설명의 편의를 위해 (t_x, t_y)만큼 이동하는 이동 변환 행렬을 $T(t_x, t_y)$로 표시하고, x 방향과 y 방향으로 각각 s_x, s_y만큼 배율을 변경하는 크기 변환 행렬을 $S(s_x, s_y)$로 표시하며, 원점을 중심으로 θ만큼 회전하는 회전 변환 행렬을 $R(\theta)$로 표시하자. 어떤 점을 원점 기준으로 α만큼 회전한 후, x 방향과 y 방향으로 각각 s, t만큼 크기를 바꾸고 a, b만큼 이동하는 변환 행렬 M은 다음과 같다.[10]

$$M = T(a, b)S(s, t)R(\alpha) \tag{44}$$

---

10) 행렬 M을 풀어 쓰면 다음과 같다.

위의 행렬 M은 세 단계의 좌표 변환을 하나로 표현하는 좌표 변환 행렬 (transformation matrix)이며, 이 변환 행렬 M으로 어떤 점 P를 좌표 변환해서 Q를 구하는 식은 다음과 같다.

$$Q = T(a, b)S(s, t)R(\alpha)P = MP \qquad (45)$$

이때, 행렬은 교환법칙이 성립하지 않으므로 변환의 순서에 따라 최종 변환 결과가 다름에 유의해야 한다. 위 식은 점 P를 회전하고, 크기를 바꾼 후에 다시 이동하는 변환이다. 좌표 변환할 점 P에 가까운 오른쪽 행렬이 가장 먼저 적용하는 좌표 변환이다.[11] 즉 행렬은 결합법칙이 적용되므로 다음과 같은 의미이다.

$$Q = MP = TSRP = TS(RP) = T\{S(RP)\} \qquad (46)$$

변환된 점 Q를 원래의 점 P로 다시 되돌리는 변환 행렬은 어떻게 구할 수 있을까? 앞에서 배운 역행렬을 적용하면 다음과 같다.

$$M^{-1}Q = M^{-1}MP = IP = P \qquad (47)$$

3차원 좌표 변환은 4×4 행렬로 표현할 수 있는데, 어떤 점 P(x, y, z)를 x, y, z 방향으로 각각 t_x, t_y, t_z만큼 이동하는 이동 변환 행렬 T는 다음과 같다.[12]

$$T(t_x, t_y, t_z) = \begin{pmatrix} 1 & 0 & 0 & t_x \\ 0 & 1 & 0 & t_y \\ 0 & 0 & 1 & t_z \\ 0 & 0 & 0 & 1 \end{pmatrix} \qquad (48)$$

$$M = T(a, b)S(s, t)R(\alpha)$$
$$= \begin{pmatrix} 1 & 0 & a \\ 0 & 1 & b \\ 0 & 0 & 1 \end{pmatrix} \begin{pmatrix} s & 0 & 0 \\ 0 & t & 0 \\ 0 & 0 & 1 \end{pmatrix} \begin{pmatrix} \cos\alpha & -\sin\alpha & 0 \\ \sin\alpha & \cos\alpha & 0 \\ 0 & 0 & 1 \end{pmatrix}$$
$$= \begin{pmatrix} s\cos\alpha & -s\sin\alpha & a \\ t\sin\alpha & t\cos\alpha & b \\ 0 & 0 & 1 \end{pmatrix}$$

11) 본책은 대표적인 그래픽 라이브러리인 OpenGL의 행렬과 같은 표현법을 선택했다. 모든 행렬을 전치하면 예시의 변환을 $Q = PRST$로 표현할 수도 있다.
12) 회전 변환 행렬은 직교행렬이므로 전치행렬이 역행렬이다.

또, 점 P를 x, y, z 방향으로 각각 s_x, s_y, s_z만큼 배율을 적용하는 크기 변환 행렬 S는 다음과 같다.

$$S(s_x, st_y, s_z) = \begin{pmatrix} s_x & 0 & 0 & 0 \\ 0 & s_y & 0 & 0 \\ 0 & 0 & s_z & 0 \\ 0 & 0 & 0 & 1 \end{pmatrix} \tag{49}$$

평면에서 원점을 중심으로 회전하는 2차원 변환과 달리 3차원 회전 변환은 축을 중심으로 회전한다. 직교 좌표계의 기본 축인 x축, y축, z축을 중심으로 회전하는 회전 변환 행렬은 각각 다음과 같다.

$$R_x(\theta) = \begin{pmatrix} 1 & 0 & 0 & 0 \\ 0 & \cos\theta & -\sin\theta & 0 \\ 0 & \sin\theta & \cos\theta & 0 \\ 0 & 0 & 0 & 1 \end{pmatrix} \tag{50}$$

$$R_y(\theta) = \begin{pmatrix} \cos\theta & 0 & \sin\theta & 0 \\ 0 & 1 & 0 & 0 \\ -\sin\theta & 0 & \cos\theta & 0 \\ 0 & 0 & 0 & 1 \end{pmatrix} \tag{51}$$

$$R_z(\theta) = \begin{pmatrix} \cos\theta & -\sin\theta & 0 & 0 \\ \sin\theta & \cos\theta & 0 & 0 \\ 0 & 0 & 1 & 0 \\ 0 & 0 & 0 & 1 \end{pmatrix} \tag{52}$$

4. 연습 문제

1) 아래 그림에서 보이는 두 선분, PQ와 MN의 사잇각 θ를 구하시오. 선분 PQ를 선분 MN에 수직 투영할 때 그 길이를 구하시오.

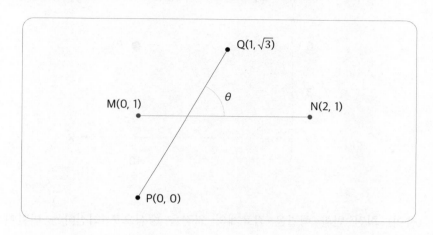

2) 다음 두 벡터 A와 B에 모두 수직인 단위벡터 N을 구하시오.

$$A = (2, 3, 2)$$
$$B = (0, 1, 1)$$

(풀이) $A \times B = (3 - 2,\, 0 - 2,\, 2 - 0) = (1, -2, 2)$

$A \times B = (3 - 2,\, 0 - 2,\, 2 - 0) = (1, -2, 2)$

$|A \times B| = \sqrt{1 + 4 + 4} = 3$

$N = A \times B\,/\,|A \times B| = (1/3, -2/3, 2/3)$

3) 아래 그림의 사각형을 회전하려 한다. 사각형의 중점을 중심으로 30도 회전하는 변환 행렬을 구하시오. 변환 행렬을 이용해 점 P(10, 6)에 해당하는 회전된 사각형의 점 Q를 계산하시오.

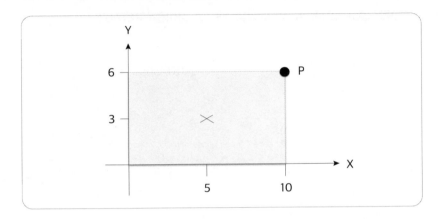

(풀이) 회전 변환 행렬은 좌표계의 원점을 중심으로 회전하는 변환이므로 도형을 원점으로 옮긴 후 회전하고, 다시 원래 위치로 가져와야 한다. 따라서 변환 행렬 M은 다음과 같다.

$$\boldsymbol{M} = \boldsymbol{T}(5,3)\boldsymbol{R}(30)\boldsymbol{T}(-5,-3)$$

$$= \begin{pmatrix} 0.866 & -0.5 & 2.17 \\ 0.5 & 0.866 & -2.10 \\ 0 & 0 & 1 \end{pmatrix} \begin{pmatrix} 10 \\ 6 \\ 1 \end{pmatrix} \cong \begin{pmatrix} 7.8 \\ 8.1 \\ 1 \end{pmatrix}$$

$$= \begin{pmatrix} 1 & 0 & 5 \\ 0 & 1 & 3 \\ 0 & 0 & 1 \end{pmatrix} \begin{pmatrix} \cos 30 & -\sin 30 & 0 \\ \sin 30 & \cos 30 & 0 \\ 0 & 0 & 1 \end{pmatrix} \begin{pmatrix} 1 & 0 & -5 \\ 0 & 1 & -3 \\ 0 & 0 & 1 \end{pmatrix}$$

$$= \begin{pmatrix} \cos 30 & -\sin 30 & 5 \\ \sin 30 & \cos 30 & 3 \\ 0 & 0 & 1 \end{pmatrix} \begin{pmatrix} 1 & 0 & -5 \\ 0 & 1 & -3 \\ 0 & 0 & 1 \end{pmatrix}$$

$$= \begin{pmatrix} \cos 30 & -\sin 30 & -5\cos 30 + 3\sin 30 + 5 \\ \sin 30 & \cos 30 & -5\sin 30 - 3\cos 30 + 3 \\ 0 & 0 & 1 \end{pmatrix} \cong \begin{pmatrix} 0.866 & -0.5 & 2.17 \\ 0.5 & 0.866 & -2.10 \\ 0 & 0 & 1 \end{pmatrix}$$

$$\boldsymbol{Q} = \boldsymbol{T}(5,3)\boldsymbol{R}(30)\boldsymbol{T}(-5,-3)P = MP$$

$$= \begin{pmatrix} 0.866 & -0.5 & 2.17 \\ 0.5 & 0.866 & -2.10 \\ 0 & 0 & 1 \end{pmatrix} \begin{pmatrix} 10 \\ 6 \\ 1 \end{pmatrix} \cong \begin{pmatrix} 7.8 \\ 8.1 \\ 1 \end{pmatrix}$$

CHAPTER 06 자연스러운 곡선

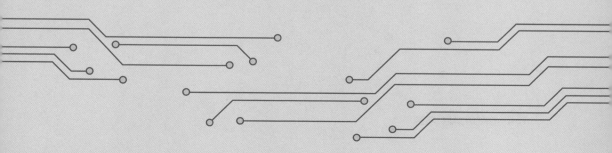

1. 직선과 원

〈그림 6-1〉과 같이 두 점만 주어져 있다면, 두 점을 잇는 가장 자연스러운 곡선은 직선이다. 그리고 원은 기계 부품 설계에 가장 흔히 쓰이는 곡선이다. 굽어진 자연스러운 곡선을 설명하기에 앞서 우리에게 익숙한 직선과 원을 살펴보자. 우리가 컴퓨터 화면에 직선 혹은 원을 입력하면, CAD 시스템은 그 도형을 어떤 방정식으로 저장한다. 그리고 저장된 방정식을 이용해서 화면에 그것을 그리거나, 다른 계산을 수행한다. 평면에서 직선의 방정식은 다양하게 표시할 수 있는데, 가장 익숙한 식은 아래와 같다. 이때 a는 직선의 기울기이고, b는 직선과 y축의 교점을 나타낸다.

$$y = \mathrm{a}x + \mathrm{b} \tag{1}$$

그림 6-1　두 점을 지나는 자연스러운 곡선 - 직선

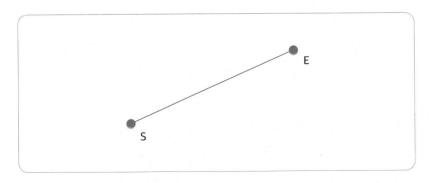

이 식에서 x는 독립변수이고, y는 x에 대한 1차 식이다. x값이 주어지면 y 값을 계산할 수 있다. 즉, CAD 시스템이 저장된 직선의 식으로 화면에 해당 직선을 그리려면, x값을 증가시키면서 y값을 구하고, 얻어진 (x, y) 좌푯값을 화면에 표시할 것이다. 이처럼 $y = f(x)$의 꼴로 표시되는 식을 양함수식 (explicit equation)라 한다. 양함수식은 독립변수 x로 함수식의 값인 종속변수 y를 쉽게 계산할 수 있다. 그래서 컴퓨터가 곡선 위의 점들을 쉽게 순차적으로 생성할 수 있다.

중심이 점 (a, b)에 있고, 반지름이 r인 원의 방정식은 다음과 같다.

$$(x-a)^2 + (y-b)^2 = r^2$$
$$(x-a)^2 + (y-b)^2 - r^2 = 0 \tag{2}$$

이 식은 x와 y의 2차 식이며, 앞에서 설명한 직선의 식과 그 꼴이 다르다. 원의 방정식처럼 $f(x, y) = 0$의 꼴로 표시되는 식을 음함수식(implicit equation) 이라 한다. 음함수식으로 도형을 저장하면 주어진 어떤 점이 도형의 어느 쪽 에 있는지 판별하기에 편리하다. 즉, 주어진 점 (x, y)를 $f(x, y)$에 대입해서 그 결과값이 0이면 그 점이 곡선 위에 놓인다. 그리고 결괏값이 0보다 작거 나 크면, 주어진 점이 곡선 위의 점이 아니라 곡선의 왼쪽 혹은 오른쪽에 있 음을 알 수 있다. 그러나 음함수식은 곡선 위의 점들을 순차적으로 생성할 수 없다. 음함수식으로 표시된 곡선으로 곡선 위의 점들을 계산하려면 양함 수식으로 식의 꼴을 바꾸어야 한다. 그런데 원은 x값 하나에 대응하는 y값이 두 개이므로 다음과 같이 두 개의 양함수식을 얻는다. 즉 〈그림 6-2〉와 같 은 복잡한 곡선은 하나의 양함수식으로 표현할 수 없다.

$$y = +\sqrt{r^2 - (x-a)^2} - b, \quad -r \le x \le r \tag{3}$$
$$y = -\sqrt{r^2 - (x-a)^2} - b, \quad -r \le x \le r$$

그림 6-2   하나의 양함수식으로 표현할 수 없는 곡선

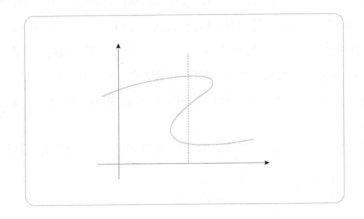

정리하면 도형을 양함수식과 음함수식으로 표시할 수 있는데, 양함수식은 순차적으로 도형 위의 점들을 계산하기 쉽다. 그러나 원처럼 x값 하나에 대응하는 y값이 2개 이상이면 여러 개의 양함수식이 필요해서 자유로운 형태의 곡선을 표시하기 어렵다. 또, 점의 좌푯값인 y가 종속변수여서 도형 공간의 접선, 법선 등을 구하기도 어렵다. 반면에 음함수식은 주어진 점의 위치를 판별하기 쉽지만, 순차적으로 도형 위의 점들을 계산할 수 없다. 따라서 CAD 시스템은 점을 표시하는 좌푯값 x, y와 다른 별개의 변수를 도입해서 도형을 표시한다. 별개의 변수를 매개변수라 부르고, 매개변수로 표시된 식을 매개변수식(parametric equation)이라 부른다. 원의 방정식을 매개변수 θ를 사용해 매개변수식으로 표시하면 다음과 같다.

$$x = a + r\sin\theta, \ y = b + r\cos\theta, \ \ 0 \leq \theta \leq 2\pi \quad (4)$$

앞에서 설명한 양함수식과 음함수식에는 변수가 x와 y뿐이었다. 그러나 위의 매개변수식에는 독립변수가 θ이고, x와 y는 θ의 종속변수이다. 즉 독립변수 θ를 순차적으로 변화시키면서 함수식에 대입하면 (x, y) 좌푯값이 순차적으로 계산된다. 위 함수식의 꼴은 $x = f(\theta)$, $y = g(\theta)$와 같으며, 각각 θ를 독립변수로 하는 양함수식이다.

직선의 방정식을 매개변수식으로 표시하면 다음과 같다.

$$x = a + ct$$
$$y = b + dt$$

(5)

t가 0일 때 점 (a, b)를 지나고, t값을 증가하면 (c, d) 방향으로 변화하는 직선이다. 이 식을 행렬로 표시하면 식 (6)이고, 그것을 다시 벡터로 표시하면 t의 1차 양함수식으로 표시된 식 (7)이다. 식 (8)은 매개변수 t의 양함수식으로 표시된 곡선의 일반식이다.

$$\begin{pmatrix} x \\ y \end{pmatrix} = \begin{pmatrix} a \\ b \end{pmatrix} + t\begin{pmatrix} c \\ d \end{pmatrix}$$

(6)

$$\mathbf{P} = \mathbf{C} + t\mathbf{D}$$

(7)

$$\mathbf{P} = \mathbf{F}(t)$$

(8)

두 점 S와 E를 잇는 선분을 매개변수식으로 표시해 보자. t가 0일 때 S를 지나고, t가 1일 때 E를 지난다면 다음 식과 같이 표시된다. 이 식을 t로 미분하면 (E-S)를 얻는다. 즉, 선분의 방향은 (E-S)임을 알 수 있다.

$$\boldsymbol{P} = \boldsymbol{S} + t(\boldsymbol{E} - \boldsymbol{S}), \ 0 \leq t \leq 1$$

(9)

식 (9)를 다시 쓰면 다음 식과 같이 정리할 수 있다. 즉 시작점과 끝점의 조합(blending)으로 표현됨을 알 수 있다.

$$\boldsymbol{P} = (1 - t)\boldsymbol{S} + t(\boldsymbol{E}), \ 0 \leq t \leq 1$$

(10)

그림 6-3 직선의 다양한 표현

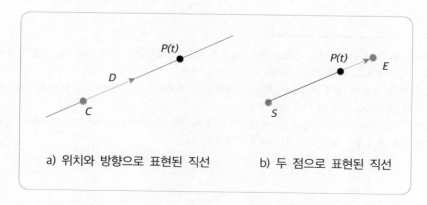

a) 위치와 방향으로 표현된 직선   b) 두 점으로 표현된 직선

CAD 시스템에서는 대부분의 곡선과 곡면을 매개변수식으로 표시하고 저장한다. 매개변수식으로 표시된 형상은 매개변수의 정의역을 조절해서 형상의 일부만 표시할 수도 있다. 원을 표시하는 식 (4)에서 매개변수 θ의 정의역을 조절하면 전체 원이 아니라 원의 일부인 원호를 표시할 수도 있다. 또, 식 (9)의 선분도 정의역을 조절하면 선분의 시작점과 끝점, 그리고 전체 길이를 조절할 수 있다. 형상을 표현하는 구체적인 함수식을 암기할 필요는 없다. 그러나 형상을 매개변수식으로 표시하고, 매개변수를 변화시켜 형상을 구성하는 점들의 좌푯값을 계산한다는 점은 기억해 두자.

2. 원뿔 곡선(conic section)

우리가 쉽게 생각할 수 있는 굽어진 곡선은 원(circle), 타원(ellipse), 포물선(parabola), 쌍곡선(hyperbola) 등이다. 유체의 흐름 혹은 음향, 광학 등과 관련된 기계 혹은 제품 설계에 이들 곡선이 자주 사용된다. 원, 타원, 포물선, 쌍곡선을 '원뿔 곡선'이라 하는데, 원뿔을 평면으로 잘랐을 때 생기는 단면의 모양으로 표현되는 곡선이다. 원뿔의 옛날 용어가 '원추'여서 원뿔 곡선을 '원추단면 곡선'이라 하기도 한다.

원뿔을 정면에서 바라보면 삼각형으로 보이는데, 그 삼각형의 빗변에 해당하는 선이 원뿔의 모선이다. 원뿔의 모선과 평행한(같은 기울기)[1] 평면으로 원뿔을 자를 때 생기는 단면의 모양이 포물선이다. 원뿔의 모선보다 더 완만한[2] 기울기의 평면으로 자른 단면이 타원이다. 원뿔의 모선보다 더 급한[3]

---

1) '평행한'은 포물선의 영어 parabola에서 para의 어원은 '평행'이란 의미이다. 즉, 원뿔의 모선과 평행하게 자른 단면이 포물선이다.
2) '완만한'은 타원의 영어 ellipse의 어원은 '부족'이란 의미이다. 즉, 원뿔의 모선보다 기울기가 부족한 평면으로 자른 단면이 타원이다.
3) '급한'은 쌍곡선의 영어 hyperbola에서 hyper의 어원은 '초과'라는 의미이다. 즉 원뿔의 모선 기울기를 초과하는 평면으로 자른 단면이 쌍곡선이다.

기울기의 평면으로 자른 단면이 쌍곡선이다. 원은 타원의 특별한 경우인데, 〈그림 6-4〉에서 보듯이 원뿔의 축과 수직(혹은 원뿔의 밑면과 평행)인 평면으로 원뿔을 자를 때 생기는 단면 모양이 원이다. 그리고, 이들 원뿔 곡선은 아래 식과 같이 'f(x, y)=0' 형태의 음함수식이며, x와 y의 2차 식이다. 그래서 원뿔 곡선을 '2차 곡선'[4]이라 부르기도 한다.

1) 원(circle): $x^2 + y^2 - r^2 = 0$
2) 타원(ellipse): $x^2/a^2 + y^2/b^2 - 1 = 0$
3) 포물선(parabola): $y^2 - 4ax = 0$
4) 쌍곡선(hyperbola): $x^2/a^2 - y^2/b^2 - 1 = 0$

그림 6-4 원뿔 곡선 - 원, 타원, 포물선, 쌍곡선

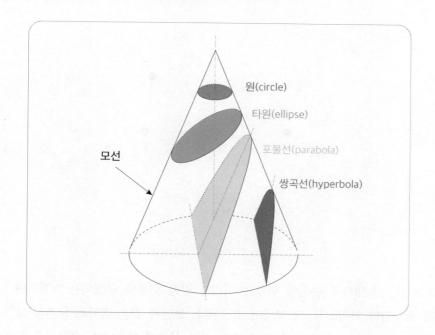

원(circle)

타원(ellipse)

포물선(parabola)

쌍곡선(hyperbola)

모선

---

4) 2차 곡선(quadratic curve)의 일반식은 $ax^2 + by^2 + cxy + dx + ey + f = 0$으로 표시된다. 원뿔 곡선이 대표적인 2차 곡선이다.

원은 중심에서 거리가 같은 점으로 구성되는 도형이며, 반지름(r)으로 그 크기가 결정된다. 원 혹은 원의 일부인 원호(circular arc)는 다양한 기계제품의 설계에 활용된다. 일반적인 원형 구멍과 회전축은 물론이고, 공작물을 회전하면서 절삭 공구로 깎아내는 선반(lathe) 절삭 가공품은 모두 원을 포함한다.

타원은 주어진 두 초점(F와 F')까지의 거리의 합이 같은 점으로 구성되는 도형이다. 두 초점 사이의 거리 혹은 장축 길이와 단축 길이 등으로 타원의 모양과 크기가 결정된다. 타원형 기어가 설계에 타원을 활용한 대표적인 기계부품이다. 그리고 타원의 한 초점에서 방사된 빛 혹은 소리가 다른 초점에 모이는 성질이 있어서 반사경 혹은 큰 강당 등의 설계에도 활용된다.

그림 6-5 **타원 – 초점까지 거리 합이 같음**

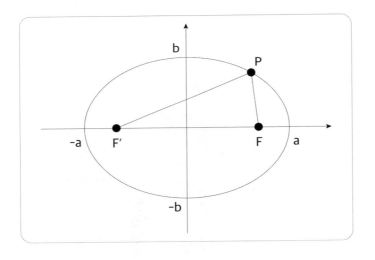

포물선은 초점(F)과 준선에 이르는 거리가 같은 점들로 구성되는 도형이며, 초점과 꼭짓점의 거리(a)로 그 모양이 결정된다. 포탄과 같은 발사체가 흔히 포물선운동을 하는데, 타원처럼 광학 혹은 음향 기기 설계에 활용된다. 포물선을 활용하면 평행 광원을 만들거나, 포물선의 초점으로 빛 혹은 소리를 집중할 수 있다.

쌍곡선은 두 초점(F와 F')에 이르는 거리의 차가 일정한 점들의 집합이다.

두 꼭짓점 사이의 거리(2a)와 점근선5)의 기울기로 곡선의 모양이 결정된다. 쌍곡선은 과거 해시계 제작에 많이 사용되었으며, 기울어진 차축을 연결하는 기어, 현미경 혹은 망원경의 렌즈 등에 활용된다.

그림 6-6 **포물선 – 초점과 준선까지 거리가 같음**

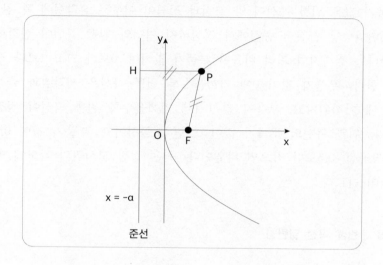

그림 6-7 **쌍곡선 – 두 초점에서 거리 차가 일정함**

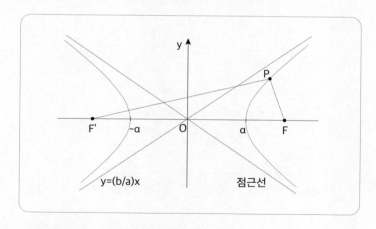

---

5) 점근선(asymptote)은 곡선 위의 점이 원점에서 멀어질수록 점점 가까워지는 선을 말한다.

CAD 시스템은 원과 타원, 포물선, 쌍곡선을 모두 포함하는 '원뿔 곡선 일반형'을 많이 사용한다. 원뿔 곡선 일반형은 〈그림 6-8〉에서 보듯이 양 끝점과 정점, 부풀기[6]로 정의할 수 있다. 정점 대신 양 끝점의 접선으로 정의할 수도 있는데, 양 끝점에 놓인 접선의 교점이 정점이다. 달리 설명하면 시작점과 정점을 잇는 선이 시작점의 접선이고, 정점과 끝점을 잇는 선이 끝점의 접선이다. 부풀기 값은 원뿔 곡선이 양 끝점과 정점이 이루는 삼각형에 꽉 찬 정도를 표시한다. 양 끝점의 중점에서 정점까지 거리와 원뿔 곡선이 삼각형의 중선과 만나는 점까지의 거리 비율이 부풀기 값이며, 0보다 크고 1보다 작은 값이어야 한다. 부풀기 값이 0에 가까울수록 원뿔 곡선은 시작점과 끝점을 잇는 선분에 가까워지고, 부풀기 값이 1에 가까울수록 원뿔 곡선이 정점에 가까워진다. 원뿔 곡선의 부풀기 값이 0.5면 포물선이고, 부풀기 값이 0.5보다 크면 쌍곡선, 0.5보다 작으면 타원이다. 원은 정점 모서리의 각도에 따라 부풀기 값이 다르다.

그림 6-8　원뿔 곡선 일반형

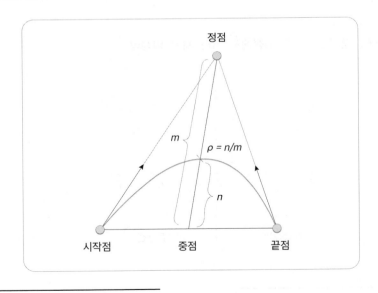

---

6) 부풀기(fullness)는 흔히 rho(ρ) 값이라 하며, 날카로움(sharpness)이라고도 한다.

앞에서 설명했듯이 음함수식은 점을 순차적으로 생성할 수 없어 CAD 시스템은 대개 원뿔 곡선을 매개변수식으로 표시해서 저장한다. 그러나 사용자는 원뿔 곡선의 음함수식과 그 계수의 의미에 익숙하다. 사용자가 원뿔 곡선을 결정하는 음함수식의 계수를 입력하면 CAD 시스템은 그것을 매개변수식으로 변환해서 내부에 저장한다. 결국 원뿔 곡선의 특성과 그 계수의 의미를 잘 알면 원뿔 곡선을 CAD 시스템에서 쉽게 생성할 수 있고, 설계에 활용할 수 있다.

3. 자연스러운 곡선이란?

우리는 어떤 형상을 자연스럽다고 할까? 형상 모델링에서는 자연스러운 형상을 크게 두 가지로 나눌 수 있는데, 하나는 꺾인 곳 없이 부드러운(smooth) 형상이고, 다른 하나는 주변과 잘 어울리는 형상이다. 곡선의 자연스러움을 평가하기 위해 곡선의 곡률과 연속성에 대해 알아보자.

3.1. 곡률

곡률(curvature)은 형상이 구부러진 정도이며, 곡선의 곡률은 그 곡선이 직선과 얼마나 다른지를 나타낸다. 원은 반지름의 역수로 곡률을 정의하며, 반지름이 r인 원은 곡률이 1/r이다. 작은 원은 급격하게 구부러져 있으므로 곡률이 크고, 큰 원은 완만하게 구부러져 있으므로 곡률이 작다. 원이 아닌 곡선은 곡선 위의 점별로 접촉원(osculating circle)을 구하고, 접촉원의 곡률로 곡선 위 점의 곡률을 정의한다. 곡선 위 어떤 점의 접촉원은 그 점 주변을 가장 잘 표현하는 원이다. 미분할 수 없는 꺾어진 곳에서는 접촉원을 정의할 수 없고, 곡률도 정의할 수 없다. 직선은 반지름이 무한대인 원이므로 그 곡률은 0이다. 그런데 원의 반지름이 구부러진 정도를 이해하는 익숙한 척도이므로, 곡선도 반지름으로 구부러진 정도를 표시하는 경우가 많다. 접촉원의 반지름을 '곡률 반지름(radius of curvature)'이라 부른다. 〈그림 6-9〉와 같이 곡선 위의 세 점 P, P1, P2를 지나는 원을 정의할 때, P1, P2가 P에 한없이 가까워질 때 생기는 원의 극한이 접촉원이다.

그림 6-9 곡선의 접촉원

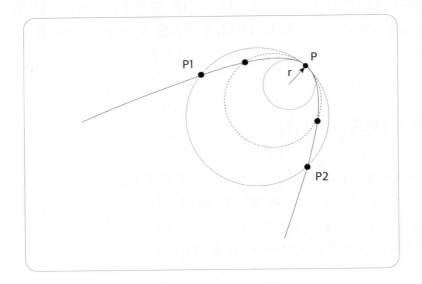

그림 6-10 곡선의 곡률과 곡률 반경

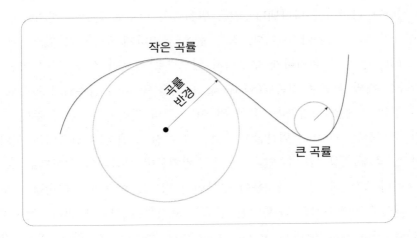

CAD 시스템은 원하는 위치에서 곡선의 곡률 혹은 곡률 반지름을 계산하고 보여준다. 엔지니어는 실행 결과를 분석하고 평가할 수 있어야 한다. 곡선의 곡률 분석을 통해 곡선의 부드러움을 분석하고 평가해 보기 바란다.

3.2. 연속성

형상이 주변과 연결될 때 연결의 어울림을 평가하는 척도가 연속성(continuity) 이다. 형상의 연속성은 얼마나 부드럽게 두 형상이 연결되는지 그 수준을 나타낸다. 두 개의 곡선이 연결될 때 두 연결점의 위치가 서로 일치하면 '위치 연속' 혹은 'G^0 연속'이라 부른다. 두 연결점이 어긋나거나 떨어져 있으면 G^0를 만족하지 못한다고 말한다. 위치 연속이면서 접선이 같으면 '접선 연속(G^1)', 접선 연속이면서 곡률이 같으면 '곡률 연속(G^2)'이라 부르고, 곡률 연속이면서 곡률의 변화가 연속적이면 'G^3 연속'이라 부른다. G^1 연속은 G^0를 만족하며, G^2 연속은 G^1을 만족하고, G^3 연속은 G^2를 만족한다. 즉 어떤 두 곡선의 연결이 G^3 연속이면, G^0, G^1, G^2 연속을 모두 만족한다.

〈그림 6-11〉에서 a)는 두 연결점이 서로 이어진 G^0 연속이고, 직선과 원호가 연결된 b)는 만나는 점에서 접선의 방향이 일치하므로 G^1 연속이다. 직선의 곡률은 0이고, 원호의 곡률은 1/r이므로 연결점에서 곡률은 서로 다르다. 즉 연결점에서 곡률이 갑작스럽게 변하므로 G^2 연속은 아니다. 〈그림 6-12〉는 곡선 위에 곡률의 크기를 표시한 그림이며, 왼쪽은 모두 같은 원호 곡선으로 곡률이 1/r이다. 접선 연속인 a)는 오른쪽 곡선이 직선으로 곡률이 0이다. 즉 곡률이 1/r에서 0으로 불연속적이다. 곡률 연속인 b)는 만나는 점에서 곡률이 급격히 변화하지만, G^3 연속인 c)는 곡률이 부드럽게 변화한다.

그림 6-11 G⁰와 G¹ 연속성 비교

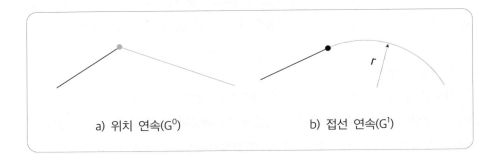

a) 위치 연속(G⁰)   b) 접선 연속(G¹)

그림 6-12 연속성의 곡률 비교(빗금의 길이가 곡률의 크기)

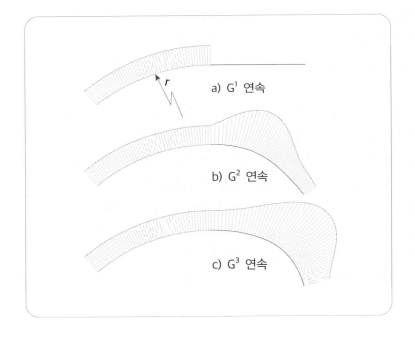

a) G¹ 연속

b) G² 연속

c) G³ 연속

G^0, G^1, G^2, G^3 연속은 곡선을 표현하는 수식이 아닌 형상의 연속성 (geometric continuity)을 나타낸다. 곡선을 표현하는 매개변수식의 미분값으로 연속성(parametric continuity)을 따지기도 하는데, C^0, C^1, C^2, C^3 연속으로 표현 한다. 'C^0 연속'은 G^0 연속과 의미가 같으며, 위치 연속이다. 'C^1 연속'은 1차

미분 연속이라고도 하며, G^1 연속과 달리 접선 벡터의 방향과 크기가 같다. 연결점에서 2차 미분값이 서로 같으면 'C^2 연속'이라 부른다.

CAD 시스템에서 두 곡선 사이를 새로운 곡선으로 연결하거나, 다른 곡선에 연이어 새로운 곡선을 생성할 때 연속성 조건을 지정해서 자연스러운 연결의 수준을 제어할 수 있다. 그리고 여러 개의 곡선으로 곡면을 생성할 때는 특정 연속성이 요구될 수도 있다. 그런데 연결점의 위치 혹은 접선이 얼마나 같으면 그 값이 일치하고, G^0, G^1 연속을 만족할까? 두 곡선을 G^0 연속 혹은 G^1 연속으로 생성했는데도 CAD 시스템은 G^0 연속이 아니거나 G^1 연속이 아니어서 곡면을 생성할 수 없다고 불평 메시지를 내는 경우가 많다. 수학에서는 두 점의 위치가 완전히 일치하고, 두 접선이 완전히 일치하는 것이 가능하다. 그러나 형상 모델링에서는 두 점이 충분히 가까우면 G^0 연속이며, 두 접선이 충분히 비슷하면 G^1 연속으로 판단한다. 가까움 혹은 비슷함을 재는 '공차'를 적절하게 지정해야 CAD 시스템이 연속성을 올바르게 판단할 수 있다.

4. 자유곡선(free-form curve)

앞에서 설명한 직선과 원뿔 곡선들로 만들어진 형상은 기하학적인 모양이다. 자유로운 곡선은 수학적으로 어떻게 정의하고, CAD 시스템에서 어떻게 생성할 수 있을까? 모양에 제약이 없는 부드러운 곡선을 자유곡선이라 하는데, CAD 시스템에서 사용하는 대표적인 자유곡선을 살펴보자.

4.1. 접선 연속 곡선 - 퍼거선 곡선

〈그림 6-13〉에서 보듯이 두 선분 사이를 연결해 보자. 그냥 두 점 사이를 이을 때는 주변의 모양을 고려할 필요가 없었다. 그러나 이제는 양 끝을 기존의 곡선과 자연스럽게 연결하는 것이 중요하다. 〈그림 6-13〉의 a)와 같이 직선으로 연결할 수도 있지만, b), c)와 같이 접선 연속을 만족하는 연결이 자연스럽다. b)는 원호 2개로 양쪽 모두 접선 연속(G^1)을 만족하도록 연결하

고, 두 원호도 서로 접선 연속이 되도록 연결했다. c)는 5차식 곡선으로 곡률
연속(G^2)을 만족하도록 연결한 예이다. 두 곡선 사이에 들어갈 모양이 자유로
운 곡선을 식 (11)과 같은 매개변수식으로 표시해 보자. 〈그림 6-14〉에서 보
듯이 G^1 연속으로 시작점과 끝점을 연결해야 하므로 곡선의 시작점(S), 끝점
(E)이 정해져 있고, 시작점과 끝점의 접선(U, V)도 정해져 있다. 주어진 조건
이 S, E, U, V로 4개이므로 식 (11)과 같이 계수가 4개인 3차 매개변수식을
풀 수 있다.

그림 6-13 두 선분을 잇는 다양한 방법

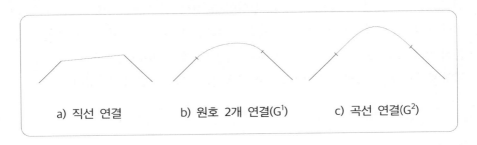

a) 직선 연결   b) 원호 2개 연결(G^1)   c) 곡선 연결(G^2)

그림 6-14 양 끝점과 접선이 주어질 때 자연스러운 연결

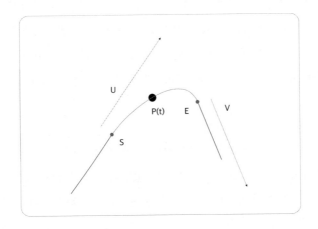

$$P(t) = C_0 + C_1 t + C_2 t^2 + C_3 t^3 \quad ; \quad 0 \le t \le 1 \qquad (11)$$

또, 식을 t에 대해 미분하면 다음 식과 같다.

$$T(t) = \frac{dP(t)}{dt} = C_1 + 2C_2 t + 3C_3 t^2 \quad ; \quad 0 \le t \le 1 \qquad (12)$$

이제 주어진 조건을 대입하면 다음 4개의 식을 얻는다.

$$S = P(0) = C_0$$
$$E = P(1) = C_0 + C_1 + C_2 + C_3$$
$$U = T(0) = C_1$$
$$V = T(1) = C_1 + 2C_2 + 3C_3$$

모르는 계수가 4개이고, 식이 4개이므로 연립방정식을 풀 수 있다. C_0, C_1, C_2, C_3은 다음과 같다.

$$C_0 = S$$
$$C_1 = U$$
$$C_2 = -3S + 3E - 2U - V$$
$$C_3 = 2S - 2E + U + V$$

결국 3차 매개변수식을 주어진 조건 S, E, U, V로 표시하면 다음 식과 같은데, 이렇게 양 끝점과 양 끝점의 접선 벡터로 표현되는 곡선식을 퍼거슨 곡선(Ferguson curve)이라 한다.

$$P = P(t) = S + Ut + (-3S + 3E - 2U - V)t^2 + \qquad (13)$$
$$(2S - 2E + U + V)t^3, \ 0 \le t \le 1$$

이 식을 S, E, U, V를 중심으로 달리 전개하면 다음과 같이 표시된다. 이 식은 S, E, U, V를 적절히 혼합(Hermite blending)해서 P를 구함을 알 수 있다.

$$P = P(t) = (1 - 3t^2 + 2t^3)S + (3t^2 - 2t^3)E + \qquad (14)$$
$$(t - 2t^2 + t^3)U + (-t^2 + t^3)V, \ 0 \le t \le 1$$

처음이라 이름은 생소하지만, 직선과 원, 원뿔곡선처럼 퍼거선 곡선도 하나의 도형이다. 우리가 잘 아는 원의 매개변수식인 식 (4)와 비교해 보자. 식 (4)는 중심이 (a, b)고 반지름이 r인 원의 매개변수식이다. 매개변수 식에서 독립변수 θ를 변화하면, 종속변수 (x, y)는 중심 (a, b)에 반지름 r인 원을 그린다. 중심점의 위치가 다르거나 크기가 다른 원을 그리려면, 상수인 중심점 (a, b) 혹은 반지름 r을 변경하면 된다. 즉, 함수식의 꼴은 그대로 두고 상수를 변경해서 새로운 함수식을 정의하면, 도형의 특징은 유지하고 속성을 변경할 수 있다. 형상을 표현하는 함수식에서 형상의 속성을 변경할 수 있는 상수가 형상 매개변수(geometric parameter)[7]이다. 반지름으로 원의 크기를 바꾸고, 중심점으로 원의 위치를 변경하듯, 퍼거선 곡선은 양 끝점과 양 끝점의 접선 벡터로 곡선의 모양과 크기, 위치 등을 변경한다. 즉 퍼거선 곡선의 형상을 바꾸는 형상 매개변수는 양 끝점과 양 끝점의 접선 벡터이다.

복잡한 수식을 전개했지만 겁먹을 필요는 없다. 복잡한 계산은 CAD 시스템이 알아서 한다. 자유곡선을 생성할 때 시작점, 끝점 그리고 시작점과 끝점의 접선을 지정해야 함을 기억하자. 특히 접선을 지정해야 G^1 연속을 만족하는 부드러운 곡선을 생성할 수 있다. 양 끝점이 주어지고, 그 끝점의 접선이 주어지면 하나의 완전한 자유곡선이 생성된다. 그리고 주어진 점과 접선을 혼합해서 곡선을 생성한다. 달리 설명하면, 접선 지정 없이 양 끝점만으로 생성된 자유곡선은 CAD 시스템이 임의로 생성한 곡선이며, 주변과 어울리는 자연스러운 곡선이 아니다.

4.2. 조작이 편리한 곡선 - 베지어 곡선

앞에서 설명한 접선 연속 자유곡선은 양 끝점과 접선 벡터로 정의된다. G^1 연속은 접선의 방향만 일치하므로 접선의 길이를 변경해서 곡선의 모양을 바꿀 수 있다. 그런데 〈그림 6-15〉의 a)에서 보듯이 접선 벡터의 길이가 꽤 긴데도 곡선의 모양은 크게 변하지 않는다. 좁은 컴퓨터 화면에서 긴 접선

---

7) CHAPTER 04에서 설명한 '매개변수 모델링'에 사용되는 매개변수이다.

벡터를 제대로 표시하기 어려운 때도 있다. 그리고 접선 벡터만 봐서는 곡선의 모양을 짐작하기 어렵다. 〈그림 6-15〉의 b)에서 V_2는 시작점에서 시작 접선 벡터의 1/3 위치이며, V_3는 끝점에서 뒤쪽으로 끝 접선 벡터의 1/3 위치이다. 즉 (V_2-V_1)의 3배가 시작점의 접선 벡터이고, (V_4-V_3)의 3배가 끝점의 접선 벡터다. V_2과 V_3를 이용하면 훨씬 편리하게 컴퓨터 화면에서 곡선의 접선 벡터를 조종할 수 있다. V_1, V_2, V_3, V_4를 이용해서 앞의 식 (14)를 다시 전개하면 다음과 같은 함수식으로 표시된다. 이 함수식으로 표시되는 곡선이 3차 베지어 곡선(Bezier curve)이다.

그림 6-15 형상 매개변수 – 퍼거선과 베지어 곡선

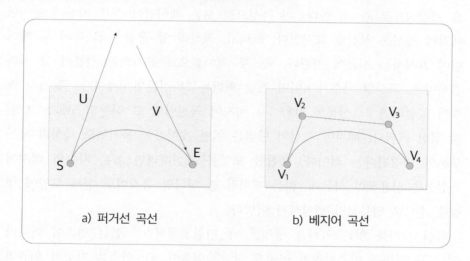

a) 퍼거선 곡선   b) 베지어 곡선

$$P = P(t) = (1-t)^3 V_1 + 3t(1-t)^2 V_2 + 3t^2(1-t) V_3 + t^3 V_4, \qquad (15)$$
$$0 \le t \le 1$$

베지어 곡선의 형상을 정의하는 V_1, V_2, V_3, V_4를 제어점(control point, pole)[8]이라 하는데, 제어점을 적절히 혼합해서 생성되는 점들로 곡선이 표현된다. 앞에서 설명한 퍼거선 곡선은 양 끝점과 양 끝점의 접선 벡터가 형상

---

8) 제어점은 '조종 꼭짓점' 혹은 '조종점'이라고도 한다.

을 변경하는 매개변수였는데, 베지어 곡선은 접선 벡터가 아니라 제어점으로 정의되며, 제어점이 형상 매개변수이다. 제어점은 곡선의 양 끝점과 접선 벡터의 정보를 모두 포함한다. CAD 시스템은 대부분 제어점으로 형상을 변경할 수 있는 곡선식을 채택하고 있어서, 사용자는 제어점 조작으로 곡선의 모양을 수정, 변경할 수 있다.[9]

베지어 곡선은 자유로운 형태를 표현하는 대표적인 곡선으로 제어점으로 곡선의 속성을 짐작할 수 있어 곡선의 생성과 모양 조작에 매우 편리하다. 베지어 곡선의 제어점 개수는 곡선식의 차수보다 하나 많으며, 식의 차수가 n이면 제어점은 (n+1)개이다. 제어점으로 만들어지는 볼록다각형 안에 곡선이 항상 포함[10]되므로 제어점으로 곡선을 생성할 때 곡선이 차지할 공간과 모양을 개략적으로 알 수 있다. 이 특성으로 모든 제어점이 같은 직선에 놓이면 베지어 곡선은 직선을 표시한다. 그리고, 곡선의 양 끝점은 끝 쪽의 두 제어점이 표시하는 선분에 접한다. 즉, 두 제어점으로 표시되는 선분이 그 점의 접선이며, 곡선의 차수가 n이면 접선 벡터는 그 선분의 n배이다. 즉, 3차 베지어 곡선이면 그 선분의 3배, 5차 베지어 곡선이면 그 선분의 5배가 그 점의 접선 벡터다. 베지어 곡선의 단점은 어떤 제어점을 움직여도 곡선의 모든 부분이 변경된다는 점이다. 복잡한 모양을 표현하려면 높은 차수의 베지어 곡선식을 사용해야 하는데, 많은 제어점 중 하나만 움직여도 전체 모양에 영향을 주므로 일부분만 변경하기 어렵다.

곡선 사이를 잇는 곡선을 생성할 때 연결점에서 G^1 접선 연속이 아니라 G^2 곡률 연속을 만족하려면 어떻게 할 수 있을까? G^2 연속은 자동차 외관과 같이 심미성이 요구되는 제품의 설계에 흔히 사용된다. 곡선의 양 끝이 G^2 연속으로 연결되려면, 추가로 양 끝점의 곡률을 제약할 수 있는 곡선식이 필요하다. 즉, 최소 5차 식의 곡선이 필요하다. 3차 식의 곡선을 사용하면 서로 다른 2개 곡선을 연결해야 양 끝에서 G^2 연속을 만족할 수 있다. 참고로 양

---

9) 파워포인트의 곡선 그리기도 베지어 곡선을 사용한다.
10) 볼록다각형 특성(convex hull property)이라 한다.

끝점 혹은 양 끝점의 접선 벡터, 곡률 등과 같이 제약 조건이 2개씩 늘기에 1차, 3차, 5차와 같이 홀수 차수의 곡선식을 많이 쓴다.

4.3. 모양이 자유로운 곡선 - 자유곡선

3차 식으로 표시된 곡선식은 양 끝점이 고정되고 접선 벡터가 정해지면 곡선의 모양을 자유롭게 변경할 수 없다.[11] 시작점과 끝점의 G1 연속을 보장하면서 곡선의 모양을 좀 더 자유롭게 변경하거나, 굴곡이 더 많은 곡선을 표현하려면 어떻게 해야 할까? 방법은 식의 차수를 높이거나, 여러 개의 곡선을 연결하면 자유도가 늘어서 추가적인 모양 변경이 가능하다. 〈그림 6-16〉은 3차 베지어 곡선 세 개로 양쪽 끝의 접선 연속을 만족하고, 내부 모양을 자유롭게 변경한 예이다. 그림에서 보듯이 3차 곡선은 변곡[12]이 한 번 가능하므로 여러 번 굽어진 모양을 얻으려면 곡선을 더 많이 연결해야 한다. 식의 차수를 높이는 방법보다 여러 개의 곡선을 연결하는 방법이 내부의 곡선 모양을 더 자유롭게 변경할 수 있다. 여러 개의 곡선을 연결한 곡선을 복합 곡선(composite curve)이라 하는데, CAD 시스템에서 여러 곡선을 연결(join)해 복합 곡선을 생성할 수 있다.

그림 6-16 베지어 곡선 3개를 연결한 자유곡선

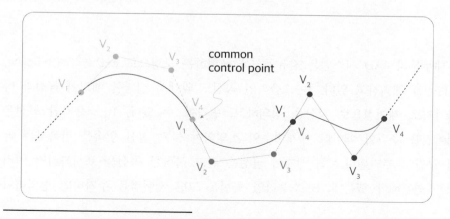

---

11) C^1이 아닌 G^1 연속은 접선 벡터의 방향만 고려하므로 곡선의 부풀기(fullness)는 조절할 수 있다.
12) 변곡점(inflection point)은 굴곡의 방향(오목, 볼록)이 바뀌는 위치를 말한다.

여러 곡선을 연결한 복합 곡선은 다양한 모양을 자유롭게 만들 수 있지만, 연결 부위의 연속성 유지가 번거로워 그 사용이 제한적이다. CAD 시스템에서는 흔히 '스플라인'이라는 곡선을 많이 사용한다. 스플라인(spline)은 옛날 배를 설계할 때 부드러운 자유곡선을 그리던 띠 모양의 도구를 가리키는 용어인데, 요즘은 부드러운 모양을 자유롭게 지정할 수 있는 곡선을 가리키는 용어로 사용한다.

그림 6-17 스플라인 이용 – 손으로 자유곡선을 그리던 실물 스플라인

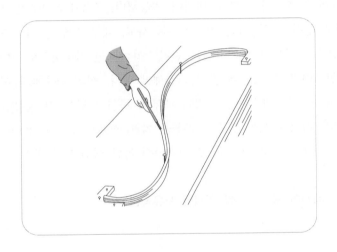

대부분의 CAD 시스템은 자유곡선을 표현하는 도형으로 B-스플라인(B-Spline) 곡선[13])을 채택하고 있다. B-스플라인 곡선도 앞에서 설명한 베지어 곡선과 마찬가지로 제어점으로 형상을 정의하고, 변경할 수 있다. B-스플라인 곡선은 제어점을 추가할 때마다 매개변수의 정의역이 늘고 접선 연속을 만족하는 곡선 구간이 추가된다. 즉, 베지어 곡선은 길고 복잡한 곡선을 표시하려면 여러 개를 연결해야 했는데, B-스플라인 곡선은 그냥 제어점을 추가하면 정의역이

---

13) CAD 시스템 내부적으로 B-스플라인 곡선을 사용하지만, 그냥 '스플라인'이라고도 한다. 'B-자유곡선'으로 부르는 CAD 시스템도 있다.

늘면서 새로운 곡선 구간(segment)이 생긴다. 〈그림 6-18〉은 3차 B-스플라인 곡선의 예이며, 4개의 제어점(V₁, V₂, V₃, V₄)으로 첫 구간의 곡선을 정의한다. 제어점 V₅를 추가하면 두 번째 곡선 구간이 생기고, V₆를 추가하면 세 번째 곡선 구간이 생긴다.

그림 6-18 3차 B-스플라인 곡선

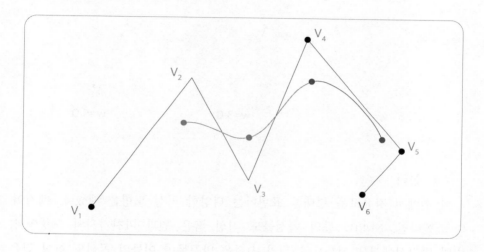

B-스플라인 곡선은 제어점을 일부러 중첩하지 않는 한 항상 부드러운 곡선을 보장한다. 그런데 B-스플라인 곡선으로 복잡한 곡선을 생성할 때도 곡선식의 차수(degree)를 올리는 방안과 곡선의 구간을 늘리는 방안을 같이 사용할 수 있다. 차수를 올리면 적은 개수의 구간으로 복잡한 모양을 표시할 수 있지만 좁은 구간에서 모양의 변화가 급격할 수 있다. 앞에서도 설명했지만 3차와 5차 식이 일반적이므로, 곡선의 복잡성이 필요할 때 먼저 곡선의 구간을 늘려본 후 부족하면 곡선의 차수를 올리는 것이 적절하다. B-스플라인 곡선은 곡선 구간을 늘리는 것을 매듭(knot)의 수를 늘린다고도 표현한다.

B-스플라인 곡선 중에 좀 더 미세하게 곡선의 모양을 조정할 수 있는 곡선이 NURBS 곡선이다. NURBS는 Non-Uniform Rational B-Spline의 약자이며, '넙스'라고 읽는다. NURBS 곡선은 제어점에 별도의 가중치를 줄 수 있어

〈그림 6-19〉에서 보듯이 제어점을 움직이지 않고도 미세하게 모양을 변경할
수 있으며, 원뿔 곡선을 완벽하게 표현할 수도 있다. 그래서 자유곡선을 표
현하는 함수식으로 NURBS 곡선식을 사용하는 CAD 시스템이 많다.

그림 6-19 NURBS 곡선 - 가중치로 곡선 모양을 변경

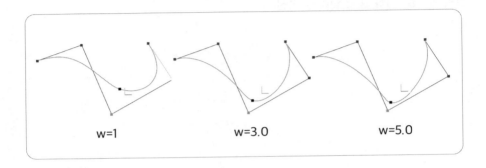

4.4. 정리

이 절에서 자유로운 형태를 표현하는 다양한 곡선 도형을 배웠다. 베지어,
B-스플라인, NURBS 등의 곡선들도 직선 혹은 원과 마찬가지의 도형이다.
원의 방정식에서 반지름으로 원의 속성을 바꾸듯이 이들의 곡선도 항상 같은
꼴의 함수식이지만 속성을 제어하는 제어점을 변경해서 곡선의 모양과 크기
등을 변경한다. 반지름은 단순히 원의 크기를 변경할 수 있지만, 제어점은
곡선의 모양까지 바꿀 수 있으니 자유곡선은 꽤 흥미로운 도형이지 않은가?

5. 곡선의 근사와 보간

여러 개의 점으로 자유곡선을 생성할 수 있다. 입력된 모든 점을 지나는
곡선을 생성하는 '보간'과 점들의 대략적인 모양과 비슷하게 곡선을 생성하는
'근사'가 대표적인 방법이다. 입력된 점을 B-스플라인 곡선의 제어점으로 사
용해서 자유곡선을 생성할 수도 있다.

5.1. 입력된 점을 모두 지나는 보간

보간은 사용자가 입력한 점을 모두 연결하는 부드러운 곡선을 생성한다. 보간(interpolation)은 점들 사이를 추정해서 생성한다는 뜻이다. 따라서 통과점(through points) 자유곡선 등으로 부르기도 한다. 보간으로 생성되는 곡선은 대개 B-스플라인 곡선인데, 곡선의 차수를 조절하여 곡선의 모양을 제어할 수 있다. 1차 식으로 보간하면 각 점을 직선을 잇는 곡선이 생성된다. 2차 이상의 부드러운 곡선을 생성하려면 입력된 점 이외에 추가적인 정보가 필요하다. 즉, 입력된 점의 기울기 혹은 접선 벡터 등이 있어야 부드러운 스플라인 곡선을 생성할 수 있다. 사용자가 직접 그러한 정보를 입력하기가 쉽지 않으므로 사용자가 입력한 점으로 CAD 시스템이 기울기 혹은 접선 벡터를 추정한다. 3차 이상의 스플라인으로 보간할 때는 인접한 3점으로 원을 정의하고, 그 원의 접선 벡터를 주어진 점의 접선 벡터로 사용하는 경우가 많다. 결국 보간으로 원하는 모양의 곡선을 생성하려면 점의 간격 혹은 점의 위치를 그 점의 기울기 혹은 접선 벡터 추정에 적절하도록 배치해야 한다. 〈그림 6-20〉에서 곡선의 차수를 달리했을 뿐인데 아주 다른 곡선이 생성됨을 알 수 있다. CAD 시스템이 곡선의 시작과 끝부분 접선을 어떻게 추정하는지 유추해 보기 바란다.

그림 6-20 점 보간으로 생성한 곡선

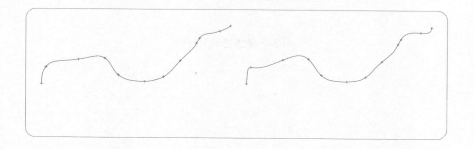

5.2. 입력된 점을 비슷하게 따라가는 근사

점으로 곡선을 생성하는 두 번째 방법은 '근사(fitting or approximation)'인데, 점들의 전체적인 모양을 따라가는 곡선을 생성한다. 제품 표면을 3차원 좌표 측정기로 측정 혹은 스캔하면 점 데이터를 많이 얻을 수 있지만 점의 좌푯값에 오류가 있다. 이러한 데이터는 흔히 근사를 통해 오류를 제거하고 부드러운 곡선을 얻는다. 근사로 곡선을 생성할 때 곡선의 모양을 제어하는 세 가지 방법이 있다. 근사 공차, 생성되는 곡선의 차수, 곡선의 구간 개수 등이다. 근사 공차는 생성된 곡선과 주어진 점의 최대 거리다. 근사 공차의 값이 작을수록 곡선이 주어진 모든 점과 더 가깝게 지난다. 곡선의 차수 혹은 구간의 개수가 커져도 곡선이 점들과 더 가까워진다. 그런데 곡선이 점들과 가까워질수록 곡선의 모양은 더 구불구불해진다. 근사 공차가 커지거나 차수와 구간의 개수가 적어지면 곡선은 점점 더 직선에 가까워진다. 곡선의 차수가 너무 높으면 곡선으로 생성되는 곡면의 품질도 나쁘므로 공차와 차수, 구간의 수를 적절히 조절해야 한다. 대개 차수는 3~7차가 적절하다.

그림 6-21　근사로 생성한 곡선

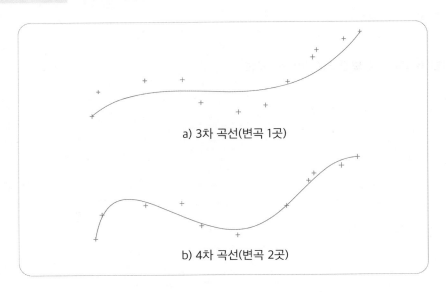

a) 3차 곡선(변곡 1곳)

b) 4차 곡선(변곡 2곳)

5.3. 제어점으로 곡선 만들기

여러 개의 점을 B-스플라인의 제어점으로 사용해서 자유곡선을 생성할 수 있다. 그리고 보간 혹은 근사로 생성된 자유곡선도 대개 B-스플라인 곡선이므로 제어점을 수정해서 곡선의 모양을 변경할 수 있다. 보간과 근사에서 예로 보인 점들을 제어점으로 사용해 B-스플라인 곡선을 생성한 예가 〈그림 6-22〉이다.

그림 6-22　제어점으로 생성한 곡선 - 3차 B-스플라인 곡선

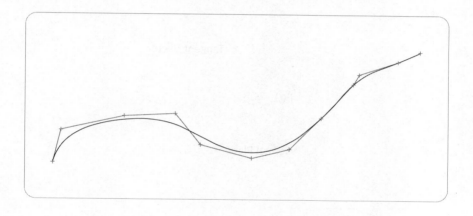

6. 기타

6.1. 접선과 연속성

곡선 위의 한 점에서 '접선(tangent or tangent line)'은 그 점에서 곡선과 딱 닿는 직선이며, 접선과 닿는 곡선의 그 점이 '접점(tangent point)'이다. 그리고 곡선이 직선과 그 점에서 접한다고 일컫는다. 접선은 곡선 위의 점을 지나고 그 점의 미분값과 같은 기울기를 갖는 직선이다. 접선의 기울기는 그 점에서 곡선의 기울기와 같다. 곡선의 '법 평면(normal plane)'은 접선과 수직이고, 접점을 지나는 평면을 일컫는다.

양쪽 모두 G¹ 연속을 만족하도록 두 곡선 사이를 이을 때 3차 곡선 한 구간을 사용해도 해가 유일하지 않다. G¹ 연속은 접선의 방향(기울기)만 제한하고 접선 벡터의 크기를 제한하지 않기 때문이다. 접선 벡터의 크기까지 제한하는 연속성을 C¹ 연속성이라 한다.

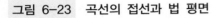

그림 6-23 곡선의 접선과 법 평면

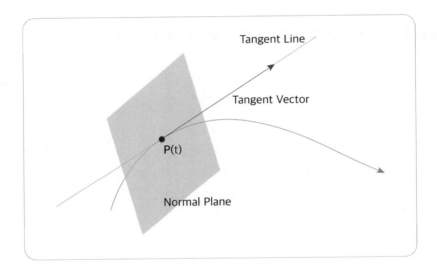

6.2. 현 길이와 호 길이

CAD 시스템에서 곡선을 사용할 때 '현 길이'와 '호 길이'라는 용어도 자주 쓴다. 원의 일부인 원호의 호 길이(arc length)는 원호의 둘레를 따라 길이를 재고, 현 길이(chord length)는 원호의 시작점에서 끝점을 잇는 직선거리이다. 원의 일부인 원호는 쉽게 호 길이와 현 길이를 계산할 수 있지만, 다항식으로 표현되는 자유곡선은 길이를 정확하게 재기 쉽지 않다. 자유곡선의 호 길이는 여러 개의 점으로 이루어진 폴리라인(polyline)[14]으로 변환하거나 수치해석적 방법으로 대략적 길이를 계산하는 것이 일반적이다.

---

14) 폴리라인(polyline)의 적절한 한글 이름을 찾지 못했다.

그림 6-24 원호와 곡선의 호 길이와 현 길이

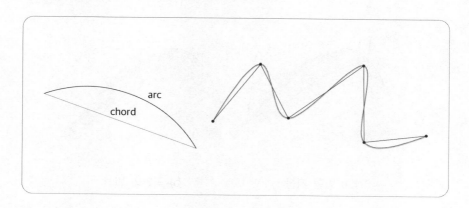

6.3. 투영 곡선

곡선을 곡면에 투영(projection)해서 곡면 위에 놓이는 곡선을 생성할 수 있다. 그런데 투영 방향을 잘못 지정하면 엉뚱한 곡선이 생성된다. 투영 방향은 〈그림 6-25〉에서 보듯이 특정한 방향을 지정하거나 곡면의 법선 방향이다. 투영하는 대상이 평면이면 큰 차이가 없지만 〈그림 6-25〉처럼 자유 곡면 위에 곡선을 투영하면 곡면의 법선 방향이 위치마다 달라 그 결과도 다르다. 그리고 투영 곡선을 정확하게 계산하기 어려워 대개 수치 해석적 방법으로 근사한 곡선을 얻는다. 따라서 분명히 곡면 위에 투영한 곡선인데 그 곡면 위에 있지 않아서 다른 연산을 수행할 수 없다고 불평하는 때가 있다. 곡선을 투영할 때 공차를 조절해서 계산 정밀도를 높이거나, 투영 곡선으로 다른 연산을 수행할 때 공차를 적절히 조절할 필요가 있다.

그림 6-25 곡선의 투영 방향

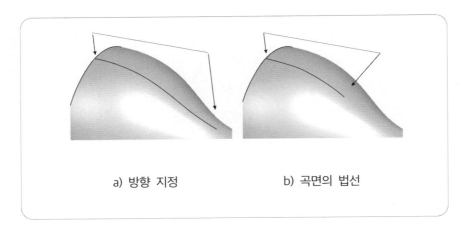

a) 방향 지정   b) 곡면의 법선

7. 연습 문제

1) 퍼거선 곡선은 형상을 조절하는 매개변수가 시작과 끝의 위치와 접선 벡터이다. B-스플라인 곡선의 형상 매개변수는 무엇인가?

2) 두 곡선 사이를 3차 베지어 곡선으로 부드럽게 연결했다. 3차 베지어 곡선의 제어점은 몇 개이며, 시작 접선의 크기를 변경하려면 몇 번째 제어점을 움직여야 하는가?

3) 임의 형상의 두 곡선 사이를 연결하려 한다. 양쪽 모두 G^2 연속성을 만족하는 한 구간의 곡선을 생성하고 싶다. 최소 몇 차(degree)의 곡선을 사용해야 하는가?

4) 여러 개의 점을 근사하는 곡선을 생성하려 한다. 근사 곡선의 모양을 제어하는 세 가지 방법을 설명하시오.

8. 실습

8.1. 부드러운 연결 곡선
1) 다음 그림과 같이 양쪽으로 경사진 두 선분을 스케치하시오.

2) G^0, G^1, G^2 연속을 만족하도록 두 선분을 연결하는 곡선을 각각 생성하시오.

3) 생성된 곡선의 차수(degree)와 구간(segment)의 수를 확인하시오.

4) 형상, 곡률, 곡률 반경을 비교 분석하시오.

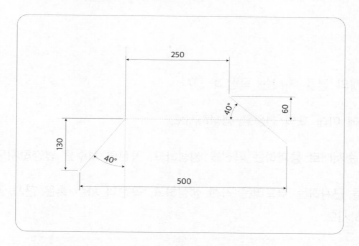

8.2. 굴곡이 있는 연결 곡선
1) 다음 그림과 같이 서로 평행하고 높이가 다른 두 선분을 스케치하시오.

2) G^0, G^1, G^2, G^3 연속을 만족하도록 두 선분을 연결하는 곡선을 각각 생성하시오.

3) 생성된 곡선의 차수와 구간의 수를 확인하시오.

4) 형상, 곡률, 곡률 반경을 비교 분석하시오.

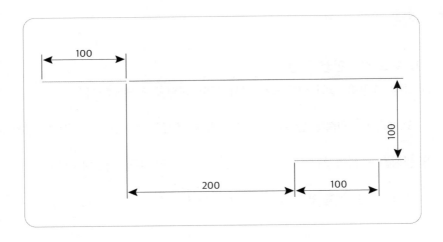

8.3. 여러 개의 점을 지나는 곡선과 근사

1) XY-평면에 아래 표의 점들을 생성하시오.

2) 각 점을 순서대로 통과하는 곡선을 생성하고, 곡선의 차수를 변경하시오.

3) 모든 점을 근사하는 부드러운 곡선 생성하고, 곡선의 차수 혹은 근사 공차를 변경하시오.

No	1	2	3	4	5	6	7	8	9	10	11	12
x	30	37	65	87	98	120	136	150	164	175	183	200
y	0	14	21	22	8	2	6	20	35	40	46	50

8.4. 복합곡선 - 스프링

1) 헬릭스 곡선 생성

① 반지름 32, 피치 20, 4바퀴, X축 방향, Z축에서 시작함

② 반지름 32에서 22로 변화하는 헬릭스 곡선, 피치 12, 1바퀴

③ 반지름 22, 피치 12, 2.5바퀴

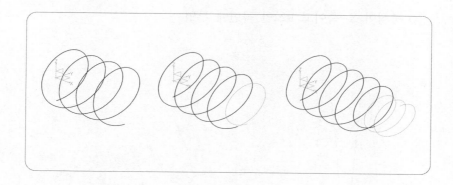

2) 손잡이 곡선 – 헬릭스 시작점에 연결

   ① 곡선의 시작점에서 접선 방향으로 직선(길이 100)

   ② X축과 평행, XZ–평면과 45도, 선분의 끝점이 놓인 평면에 스케치

   ③ 꼭짓점 기준으로 양쪽으로 선분을 12씩 잘라내기

   ④ 두 선분 사이를 원뿔 곡선으로 연결, 접선 연속, 부풀기(0.5)

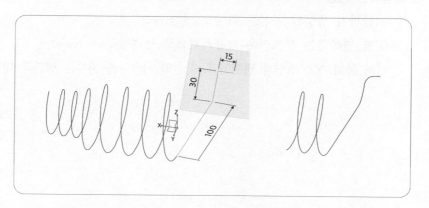

3) 걸쇠 곡선 – 헬릭스 끝점에 연결

   ① XY–평면과 평행, 헬릭스 시작점이 놓인 평면에 스케치

   ② 헬릭스 끝점의 접선과 연속

   ③ 타원의 장축 반지름(8), 단축 반지름(4)

④ 중심이 X-축이고 R22인 곡면에 투영

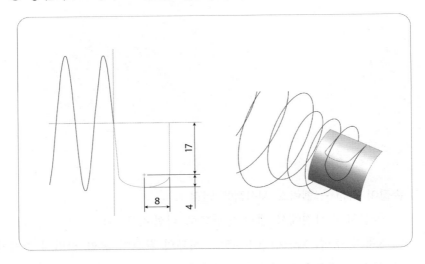

4) 복합곡선 생성

① 지금까지 생성된 곡선을 하나로 연결(join)

② G^1을 만족하는 부드러운 자유곡선으로 변경(smooth curve)

③ 미러 복제. YZ-평면과 평행이고, 곡선의 시작점을 지나는 평면과 대칭

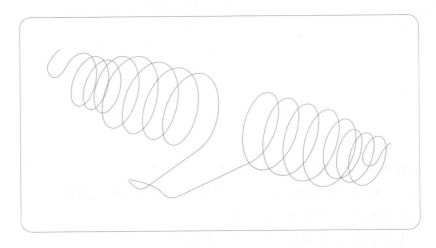

9. 실습 과제

9.1. 연결 곡선 - 원호

1) 아래 도형을 스케치하시오.

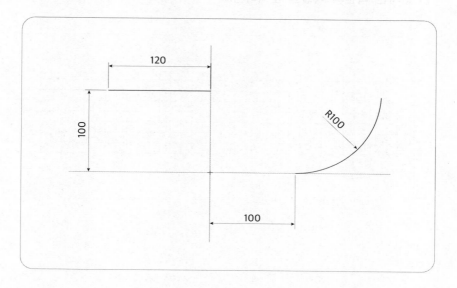

2) 원호 두 개로 접선 연속을 만족하도록 연결하시오.

3) 연결된 곡선의 곡률을 분석하시오.

9.2. 연결 곡선 - 자유곡선

1) 위에서 스케치한 도형을 양쪽 모두 G^1을 만족하도록 자유곡선으로 연결하시오. 곡선의 구간은 하나로 제한하고 곡선의 차수를 최소화하시오.

2) 양쪽 모두 G^2를 만족하는 연결 곡선을 생성하시오. 곡선의 구간은 하나로 제한하고 곡선의 차수를 최소화하시오.

3) 위에서 생성한 두 곡선의 모양과 곡률을 비교하시오.

9.3. 근사

1) 아래 그림과 같이 점을 생성하고, 점을 근사하는 부드러운 곡선을 생성하시오. 곡선의 차수와 공차, 구간의 수를 변경하고 그 결과를 비교하시오.

2) 근사한 곡선의 곡률을 분석하시오.

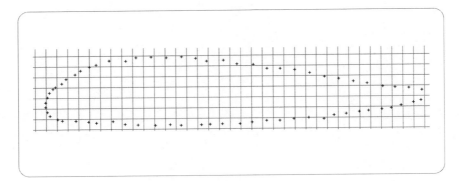

CHAPTER 07   자유곡면

1. 곡면

1.1. 자유곡면

평면, 구면, 원기둥의 옆면 등과 달리 자유로운 모양을 갖는 곡면을 자유
곡면이라고 부른다. CHAPTER 06에서 설명한 자유곡선과 마찬가지로 CAD
시스템은 자유곡면도 제어점으로 정의되는 B-스플라인으로 표현한다. 따라
서 자유곡선처럼 자유곡면도 제어점을 조정하면 곡면의 형상을 마음대로 조
작할 수 있다. 다만 곡선은 1차원 도형이므로 매개변수가 1개이고 정의역이
선형이지만, 곡면은 2차원 도형이므로 매개변수가 2개이고 정의역은 〈그림
7-1〉에서 보듯이 사각형이다. 그리고 곡선에서는 단위 정의구역으로 표현되
는 부분을 구간(segment)이라고 했는데, 곡면은 단위 정의구역으로 표현되는
부분을 조각(patch)이라고 한다. 곡선에서는 베지어 혹은 B-스플라인의 제어
점이 일렬이었지만, 곡면은 제어점이 사각형 망(mesh)을 이룬다.

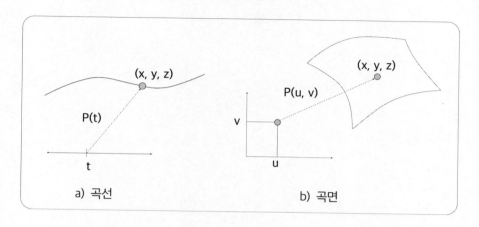

그림 7-1 매개 변수식으로 표현되는 곡선과 곡면

a) 곡선

b) 곡면

1.2. 곡면의 위상과 잘린 곡면

물체를 잡아 늘이거나 비틀면 모양과 크기가 변하고, 움직이면 위치와 방향이 바뀐다. 기하학은 물체의 모양과 크기, 위치, 방향 등의 성질에 집중한다. 그런데 물체에 구멍을 뚫거나, 찢거나, 다른 물체를 붙이지 않는 한, 잡아 늘이고 비틀어도 변하지 않는 성질이 있는데 그것을 '위상(topology)'이라 한다. 찢거나 붙이지 않는 한, 형상을 잡아 늘이거나 비틀어도 꼭짓점과 모서리의 개수 혹은 형상에 뚫린 구멍의 개수는 변하지 않는다.

[예제] 〈그림 7-2〉의 도형을 다양한 기준으로 분류해 보자. 모서리가 4개인 도형은 몇 개인가? 구멍이 없는 도형은 몇 개인가?

[풀이] 모서리가 4개인 도형은 e)와 f) 2개이다. 구멍이 없는 도형은 8개이다. 이러한 공통점은 도형을 잡아 늘이거나 비틀어도 변하지 않는다.

그림 7-2   다양한 종류의 위상을 갖는 도형

 구멍이 없고 모서리가 4개인 도형이 사각형 위상이다. 일반적인 곡면은 사각형과 같은 위상으로 꼭짓점 4개와 모서리 4개로 구성된다. 곡면은 2차원 도형이어서 2개의 매개변수로 곡면이 정의되며, 일반적인 정의역은 사각형이다. 사각형 정의역에 대응하는 곡면도 사각형과 같은 위상을 갖는다. 즉 보통의 곡면은 항상 꼭짓점 4개와 모서리 4개로 구성되는 사각형 위상이다.

 사각형이 아닌 삼각형 혹은 오각형의 위상을 갖는 곡면은 일반적이지 않다. 복잡한 경계의 곡면 혹은 가운데 구멍이 뚫린 곡면은 사각형 위상의 곡면을 생성한 후, 불필요한 부분을 잘라내서 만든다. 불필요한 부분을 잘라서 버리고, 필요한 모양의 경계를 가지는 곡면을 '잘린 곡면(trimmed surface)'이라 부른다. 잘리지 않은 원래의 사각형 위상의 곡면을 '안 잘린 곡면(untrimmed surface)'이라 부른다. 일반적으로 CAD 시스템은 사각형 위상의 잘리지 않은 자유 곡면을 쉽게 만들 수 있다. 입체를 이루는 페이스는 사각형 위상이 아닐 때가 많고, 구멍이 뚫린 경우도 많아 대부분 원래의 곡면을 잘라서 만든 잘린 곡면으로 구성된다.

2. 점으로 곡면 만들기

2.1. 4개의 점

평면이 아닌 가장 간단한 곡면을 4개의 점으로 생성할 수 있다. 4개의 점이 같은 평면에 놓여있지 않으면 평면을 만들 수 없다. 같은 평면에 놓이지 않은 4개의 점으로 만들 수 있는 곡면은 평면을 비튼 면인데, '양쪽 선형 보간 곡면(bi-linear interpolation surface)' 혹은 '양쪽 선형 곡면(bi-linear surface)'이라 한다. 양쪽 선형 곡면은 〈그림 7-3〉에서 보듯이 양쪽 모서리의 같은 비례 위치를 이으면 항상 직선, 즉 선형이다. 곡면의 네 경계는 각각의 꼭짓점을 이은 직선이다. 따라서 4개의 경계선이 직선일 때도 양쪽 선형 곡면을 생성할 수 있다.

그림 7-3   양쪽 선형 곡면

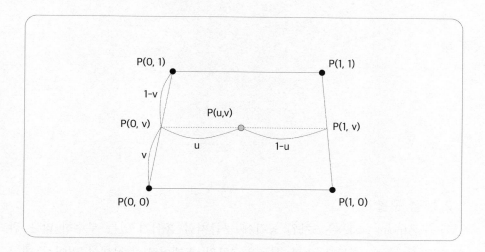

2.2. 제어점

곡선과 같은 방법으로 입력된 점들을 제어점으로 하는 B-스플라인 곡면을 생성할 수 있다. 이때 제어점들은 〈그림 7-4〉에서 보듯이 사각형 망을 이루어야 하며, 그 순서도 순차적으로 입력되어야 곡면을 제대로 생성할 수 있다. 곡선과 마찬가지로 제어점으로 정의하는 대표적인 곡면이 B-스플라인 곡면이고, B-스플라인 곡면을 더 일반화한 곡면이 NURBS 곡면이다. CAD 시스템에서는 다양한 방법으로 생성하는 대부분의 곡면을 B-스플라인 혹은 NURBS로 표현한다. 〈그림 7-4〉에서 제어점을 움직여 사각망의 모양을 변경하면 곡면의 모양도 변경된다. B-스플라인 곡선처럼 B-스플라인 곡면도 형상을 변경하는 형상 매개변수가 제어점이다.

그림 7-4 제어점으로 정의되는 B-스플라인 곡면의 예

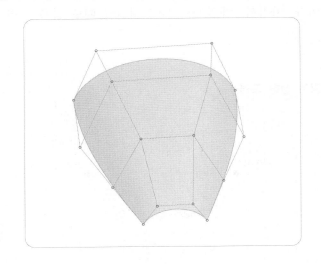

2.3. 점 구름

점 구름(point cloud)은 3차원 공간에 구름처럼 흩어져 있는 무수히 많은 점의 집합이다. 이 점들은 주로 실물을 3차원 스캐너로 측정해서 얻어진 데이터이다. 여러 개의 점을 곡선으로 근사하듯이 점 구름을 곡면으로 근사할 수 있다. 그런데 곡선과 달리 점의 순서를 알기 어렵고, 대개는 점이 너무 많아서 데이터 상황에 따라 근사의 방법이 다양하다. 점 구름으로 곧장 곡면을 생성하는 기능을 가진 CAD 시스템도 있지만, 대개는 점 구름으로 삼각망

(triangular mesh)을 먼저 생성한다. 삼각망은 단순히 근처의 세 점으로 삼각형을 구성하고, 수많은 삼각형으로 곡면을 형성하므로 어떤 형상도 표현할 수 있다. 그러나 삼각망 곡면은 데이터의 양이 많고, 점 데이터의 노이즈를 그대로 갖고 있어서 곡면이 부드럽지 않다.

그림 7-5 점 구름으로 삼각망 곡면을 만든 예

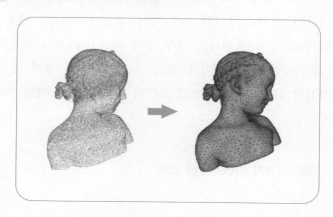

부드러운 곡면은 B-스플라인 등의 자유곡면식으로 표현하므로 삼각망으로 표현된 곡면을 자유곡면으로 변환해야 한다. 그런데 앞에서 설명했듯이 자유곡면은 대부분 사각형 위상이고, 표현하는 식의 차수 혹은 정의역의 구간에 따라 표현할 수 있는 형상에 한계가 있다. 따라서 복잡한 곡면을 하나의 자유곡면으로 변환하기 쉽지 않다. 하나의 곡면식으로 표현하기 쉽도록 곡면의 특징과 크기, 위상 등을 고려해 삼각망으로 표현된 곡면을 여러 개의 작은 조각 곡면으로 나누고, 나누어진 조각 곡면을 다시 자유곡면으로 근사한다. 삼각망을 자유곡면으로 근사할 때도 근사 공차를 줘서 자유곡면의 차수와 곡면 조각의 개수를 적절히 조절한다.

점 구름에서 곡선을 근사한 후 그 곡선으로 곡면을 생성하는 방법도 있다. 이때도 곡선으로 근사할 점들을 적절히 골라내는 어려움이 있다. 근사 오차보다 대략의 곡면 형태가 중요한 경우는 점 구름에서 아주 소수의 점을 골라낸 후 그 점들을 곡면의 제어점으로 사용해서 곡면을 만들기도 한다.

3. 곡선으로 곡면 만들기

3.1. 닫힌 평면 곡선

모든 곡선이 같은 평면에 놓이고, 그 곡선들이 하나의 영역을 정의한다면 닫힌 평면(bounded plane)을 정의할 수 있다. 일반적인 평면은 그 경계가 무한하지만, CAD 시스템에서 생성할 수 있는 평면은 하나의 유한한 영역으로 정의된다. 하나의 영역은 〈그림 7-6〉에서 보듯이 하나의 바깥 경계(outer boundary) 곡선과 구멍을 표현하는 내부 경계(inner boundary) 곡선으로 구성된다. 내부 경계 곡선은 없거나 여러 개일 수 있다. 이때 경계 곡선들은 꼬임 혹은 서로 겹침이 없어야 한다. 만일 영역이 여러 개라면 여러 개의 평면 객체로 정의한다.

그림 7-6   내부 경계가 2개인 닫힌 영역

3.2. 2개의 곡선

〈그림 7-7〉에서 보듯이 양쪽에 2개의 곡선이 주어지면, 그 곡선 사이를 직선으로 잇는 곡면을 생성할 수 있다. 2개의 양쪽 곡선 사이를 선형으로 보간하는(가운데를 채우는) 곡면이 룰드 곡면(ruled surface)[1]이다. 양쪽 곡선을 이

---

1) 'ruled'는 자로 선을 그은 듯이 직선으로 연결한다는 의미이다.

을 때 대응점 기준에 따라 생성된 곡면의 품질이 달라진다. 곡선의 길이를 기준으로 일정한 비율로 대응을 할 수도 있고, 곡선식의 매개변수를 기준으로 대응할 수도 있다. 대응할 위치를 수동으로 정해 줄 수도 있다. 옵션을 변경하면서 생성되는 곡면을 확인해 보자.

그림 7-7 **룰드 곡면의 예**

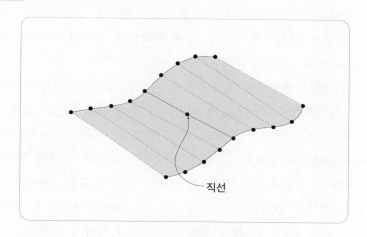

직선

　주어진 2개의 곡선이 곡면의 경계라면 그 곡면과 자연스럽게 연결하는 것이 바람직하다. G^1 연속 혹은 G^2 연속을 만족하는 곡면을 생성할 수 있다. 연속 조건을 만족하려면 경계에서 연속 조건을 제어할 수 있어야 하므로 요구되는 최소 차수 이상의 곡면식을 사용해야 한다. 즉 G^1 연속을 만족하는 곡면을 생성하려면 연결 방향으로 적어도 3차 식의 곡면이 필요하며, G^2 연속을 만족하려면 5차 이상의 곡면이 필요하다. 그리고 연결할 곡면의 모서리를 CAD 시스템에 알려줘야 필요한 접선과 곡률을 계산할 수 있어서 연속 조건을 만족하는 곡면을 생성할 수 있다.

3.3. 4개의 경계 곡선

4개의 경계 곡선으로도 곡면을 생성할 수 있다. 이때 서로 마주 보는 곡선 쌍의 곡선식 차수와 구간의 수를 일치시켜야 한다. 대개의 CAD 시스템은 그러한 작업을 자동으로 수행한다. 곡선의 차수와 구간의 수가 늘면 생성된 곡면의 품질이 나빠지므로 차수와 구간을 일치하는 것이 좋다.

주변이 곡면으로 둘러싸인 경우는 연속성을 고려해서 곡면을 생성해야 전체적으로 자연스러운 곡면을 생성할 수 있다. 주변과 연속 조건을 만족하면서 원하는 곡면을 생성하기 어려운 경우는 각지게 연결한 후 연결된 모서리를 모깎기(round, blend)로 둥글게 생성할 수도 있다.

CAD 시스템에서 생성하는 자유곡면이 저절로 부드러워지거나 자연스러워지지는 않는다. 주변과 자연스럽게 어울리기 위해서는 주변의 접선 혹은 곡률을 고려해야 한다. 접선과 곡률을 고려하려면 연결되는 방향으로 최소 3차 혹은 5차의 곡면식이 필요하다. 연결부가 아닌 내부의 모양을 원하는 대로 조절하기 위해서 차수(degree) 혹은 곡면 조각의 수를 증가시켜야 한다. 사용자가 충분한 정보를 입력하지 않으면 CAD 시스템은 사용자가 입력한 곡선 혹은 점으로 접선 혹은 곡률을 추정한다는 것을 기억하기 바란다.

그림 7-8 4개의 경계 곡선으로 생성하는 곡면의 예

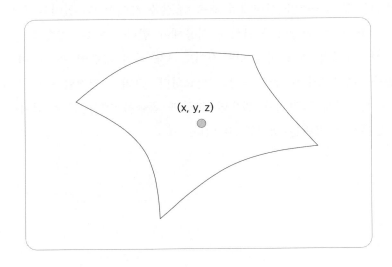

(x, y, z)

4. 곡선의 스위핑

복잡하거나 자유로운 3차원 형상을 곧장 설명하기 어려워 단면으로 형상을 설명하는 경우가 많다. 스위핑(sweeping)[2]은 어떤 경로를 따라 단면을 이동할 때 생기는 궤적으로 복잡한 형상을 표현한다. 스위핑은 컴퓨터가 없던 시기에도 사용하던 전통적이며 기본적인 형상 모델링 방법이며, CHAPTER 03에서 배운 돌출과 회전 형상도 스위핑의 특별한 예이다. 〈그림 7-9〉에서 보듯이 일반적인 스위핑은 곡선을 이동시켜 그 궤적으로 곡면을 생성하는데, 평면 곡선만이 아니라 3차원 공간에 정의된 공간 곡선과 곡면 그리고 입체를 이동시켜 그 궤적을 생성할 수도 있다.

그림 7-9 스위핑의 예

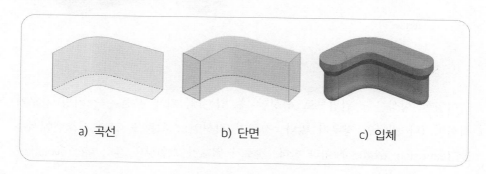

a) 곡선   b) 단면   c) 입체

스위핑으로 형상 모델을 생성하려면 〈그림 7-10〉에서 보듯이 움직이면서 궤적을 생성하는 단면(section)[3]과 그 단면이 쓸고 지나갈 길을 안내하는 경로(guide path)[4]가 필요하다. 스위핑으로 생성되는 형상 모델은 부피를 가진 입체이거나 곡면이다. 1차원 도형인 곡선으로 단면을 정의하면 그 이동 궤적은 2차원 도형인 곡면이다. 그러나 이동할 단면이 2차원 도형인 면으로 정의되

---

2) 스위핑(sweeping)은 '(방이나 마루를 빗자루로) 쓸기'라는 의미이다.
3) 단면은 윤곽(profile), 생성자(generator) 혹은 이동 곡선이라고도 한다.
4) 안내 경로는 안내 곡선(director) 혹은 기준 곡선이라고도 한다.

면 그 이동 궤적은 3차원 입체를 표현한다. 평면에서는 닫힌 곡선으로 닫힌 영역을 정의할 수 있고, 그 평면 영역이 곧 단면이다. 단면을 스위핑(이동)해서 만들어지는 곡면 혹은 입체를 스윕 곡면(sweep surface) 혹은 스윕 부피(sweep volume)[5]라 부르기도 한다.

그림 7-10 스위핑 – 단면과 경로, 스윕 부피

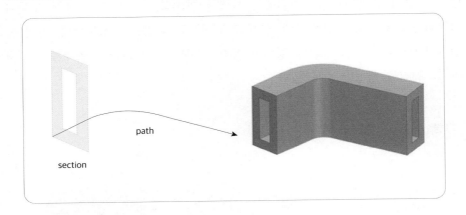

다양한 형상을 스위핑으로 생성할 수 있는데, 기계 부품은 스위핑 경로가 직선이거나 원호인 경우가 많다. 경로가 직선인 스위핑을 CAD 시스템에서는 돌출(extrusion, extrude)[6]이라 한다. 경로가 원호인 스위핑은 흔히 회전(revolution, revolve)[7]이라 한다.

4.1. 단면의 위치와 방향

돌출 혹은 회전과 달리 단면을 쓸고 지나갈 경로가 직선 혹은 원호가 아닌 임의의 공간 곡선이면 더 다양한 형상을 생성할 수 있다. 그런데 단면이 곡선의 경로를 따라갈 때 단면이 어떻게 움직여야 할까? 빗자루로 마루를 쓸

---

5) 혹은 스웹트 곡면(swept surface), 스웹트 부피(swept volume)라고 한다.
6) 혹은 직진 스위핑(translational sweeping)이라고 한다.
7) 혹은 회전 스위핑(rotational sweeping)이라고 한다.

때를 상상해 보자. 손이 일정한 경로를 따라 움직여도 빗자루의 각도에 따라 청소 결과는 다르다. 제대로 청소하려면 움직이는 방향과 빗자루 면을 수직으로 유지해야 한다. 일반적인 스위핑은 단면을 정의하는 평면이 이동하면서 경로 곡선과 계속 수직을 이룬다. 그런데 경로 곡선이 꺾어진 곳은 단면이 어떻게 움직여야 할까? 경로 곡선이 부드럽지 않은 곳은 단면을 수직으로 정의할 수 없다. 그래서 스위핑으로 좋은 곡면을 생성하려면 부드러운 접선 연속의 경로 곡선을 사용해야 한다. 그리고 접선 연속인 경우에도 단면과 비교해 경로의 굽은 구간이 좁으면 단면의 회전이 급격히 이루어져 곡면을 생성하지 못하거나 꼬인 곡면을 생성한다. 달리 설명하면 단면의 궤적이 꼬이지 않도록 경로 곡선을 완만하게 정의해야 좋은 스위핑 곡면을 생성할 수 있다.

그림 7-11 단면은 경로와 수직으로 스위핑

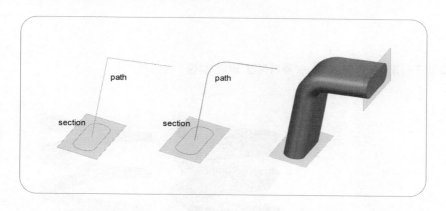

단면의 방향을 의도적으로 비틀어서 희망하는 곡면을 생성할 수도 있다. CAD 시스템마다 다르지만, 경로를 따라 단면을 이동하면서도 원래의 단면과 평행하게 유지하거나, 특정한 점을 기준으로 일정한 각도를 유지할 수도 있다. 그리고 단면의 방향을 제어하는 별도의 곡선(spine)을 사용하기도 한다. 〈그림 7-12〉의 a)는 가장 일반적인 스위핑으로 경로와 수직을 유지하면서 단면을 이동한 결과이고, b)는 단면을 평행하게 이동한 결과이다. 〈그림 7-13〉에서 보듯이 스위핑에서 단면의 방향을 적절히 제어하지 않으면 전혀 다른

형상을 생성한다. 〈그림 7-13〉의 b)는 일반적인 스위핑을 적용한 결과인데, 단면이 경로와 수직으로 이동하면서 의도하지 않은 회전이 발생했다. c)는 추가로 헬리컬 축과 단면의 수직축을 일치하도록 지정한 결과이다.

그림 7-12   단면의 방향 - 수직과 평행

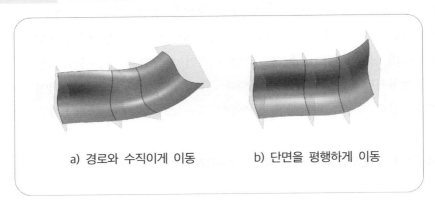

a) 경로와 수직이게 이동   b) 단면을 평행하게 이동

그림 7-13   단면의 방향 - 추가적인 방향 설정

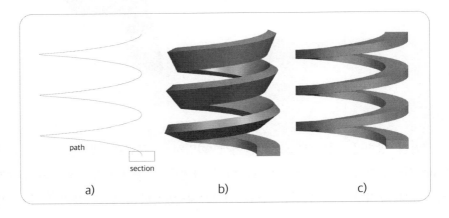

path

section

a)   b)   c)

빗자루로 쓸어서 청소할 때 빗자루를 잡는 위치도 매우 중요하다. 너무 낮은 곳을 잡으면 빗자루가 바닥을 쓸지 못한다. 경로를 따라 스위핑할 때 단면의 어느 부분을 잡고 움직이는 걸까? 경로의 시작점이 단면의 어느 위치에

해당하는지 지정할 수도 있지만, 〈그림 7-14〉의 b)처럼 3차원 공간에 놓인 단면과 경로의 절대 좌푯값을 그대로 이용하는 경우가 많다. 즉 경로의 시작점에 놓인 가상의 팔이 단면을 잡고 있다고 가정하고, 팔이 경로를 따라 움직이면 손에 잡힌 단면이 그대로 따라 움직인다. 결과적으로 단면과 경로를 정의할 때 3차원 공간에서 그 위치 관계와 방향을 고려해야 원하는 형상의 곡면을 원하는 위치에 생성할 수 있다.

그림 7-14 단면과 경로의 상대위치

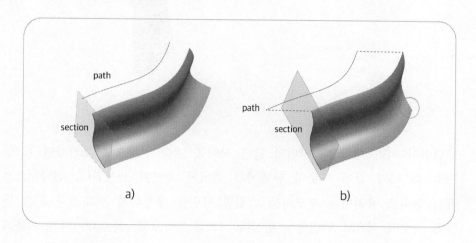

4.2. 단면이 여러 개인 스위핑

빗자루를 움직여 청소하는 중에 빗자루의 모양이 바뀐다면 그 궤적은 어떻게 될까? 〈그림 7-15〉는 경로 시작점의 단면과 경로 끝점의 단면이 다른 예이다. 시작점의 단면이 서서히 바뀌어 마지막에는 끝점의 단면으로 완전히 바뀐다. 결국 경로 가운데는 시작과 끝의 단면을 적당히 혼합한 단면이다. 두 개의 단면을 혼합하는 가장 간단한 방법은 거리 비례로 두 단면을 섞는다. 거리 비례로 혼합하는 방법을 흔히 '선형 보간' 혹은 '선형 혼합'이라 한다. 이때 보간(interpolation)이란 양쪽의 정보를 혼합(blending)해서 가운

데를 채운다는 뜻이다. 그리고 선형이란 혼합하는 식의 차수가 1이고 직선
적이란 뜻이다.[8]

그림 7-15   스위핑: 두 단면의 선형 보간

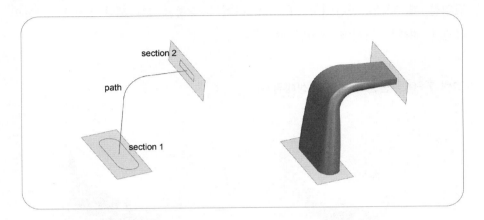

단면이 여러 개일 때 단면과 단면 사이를 계속 선형으로 보간하면 〈그림
7-16〉의 b)와 같이 가운데 단면에서 꺾어진 곡면이 생성된다. 전체적으로
접선 연속을 유지하는 부드러운 스위핑 곡면을 생성하기 위해 3차 혹은 더
높은 차수의 식으로 단면을 혼합한다. 〈그림 7-17〉의 c)는 3차 식을 이용해
가운데 단면을 부드럽게 혼합한 결과이다. 3차 식으로 사용하는 보간을 흔히
큐빅(cubic) 보간이라 한다. 단면을 보간할 때 단면의 모양과 그 단면이 놓인
경로의 접선 정보를 함께 이용한다. 스위핑으로 부드러운 곡면을 얻으려면
경로는 물론이고 연속되는 단면의 변화가 급격하지 않아야 한다.

---

8) 다항식에서 가장 큰 거듭제곱의 지수를 차수라 한다. 0차 식은 가장 큰 거듭제곱의 지수가 0이므
로 상수(constant)식이다. 영어로 1차 식은 linear(선형), 2차 식은 quadratic, 3차 식은 cubic,
4차 식은 quartic, 5차 식은 quintic이라 부른다.

그림 7-16   단면이 여러 개인 스위핑

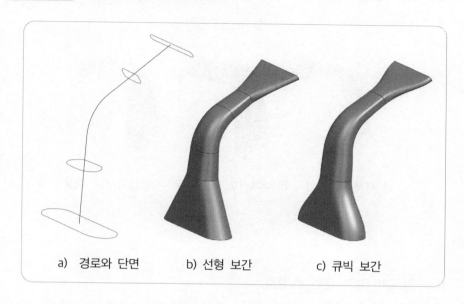

a) 경로와 단면   b) 선형 보간   c) 큐빅 보간

두 개의 단면 사이를 혼합할 때 두 단면의 점들을 대응시키는 방법도 다양한데, 흔히 시작점끼리 혹은 끝점끼리 대응시킨다. 〈그림 7-17〉의 a)와 b)는 서로 같은 경로와 단면을 사용하지만 두 단면을 서로 대응하는 방법이 달라 a)는 이상한 모양이다. 시작점 위치가 같아도 곡선의 방향이 다르면 엉뚱한 결과를 얻게 되므로 곡선의 방향도 주의 깊게 살펴야 한다. 단면 곡선의 시작점과 방향뿐만 아니라 단면 곡선의 다른 특징들도 올바르게 대응해야 원하는 모양을 얻을 수 있다. 각진 모서리를 가진 단면을 혼합할 때는 각진 점들을 서로 대응하는 방법에 따라 최종 형상이 다르다. 〈그림 7-17〉과 같이 단면의 모양이 서로 다른 경우 단면을 이루는 곡선의 길이(arc length)를 기준으로 대응하기도 한다. 예를 들면, 전체 길이의 10%에 해당하는 점을 서로 대응하고, 20%에 해당하는 점을 또 대응하는 방법이다. 그러나 이 예의 경우 사각형의 짧은 모서리와 다른 쪽 단면의 원호 대응이 자연스러우므로 특징점 혹은 곡선의 매개변수를 기준으로 대응하면 더 좋은 결과를 얻을 수 있다.

그림 7-17 단면의 점 대응 방법

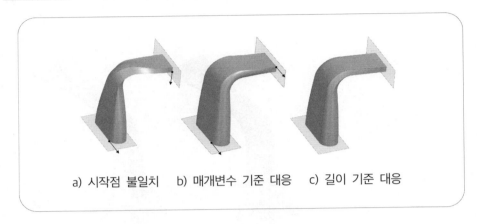

a) 시작점 불일치   b) 매개변수 기준 대응   c) 길이 기준 대응

4.3. 경로가 여러 개인 스위핑

스위핑의 안내 경로가 여러 개일 수도 있는데, 〈그림 7-18〉과 〈그림 7-19〉에서 보듯이 여러 개의 경로를 사용하면 단면의 크기가 경로를 따라가며 조절된다. 그리고 〈그림 7-19〉에서 보듯이 곡선의 시작과 끝이 따라가는 경로는 스위핑 곡면의 경계가 된다.

그림 7-18   경로가 2개인 스위핑(입체)

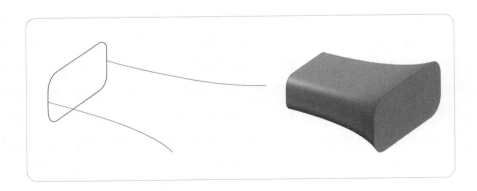

그림 7-19 경로가 2개인 스위핑(곡면)

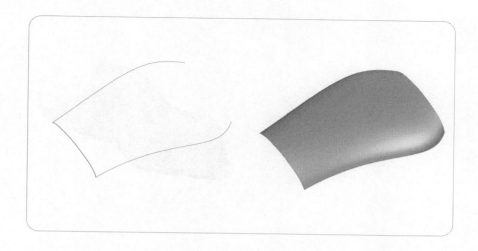

4.4. 단면과 경로가 여러 개인 곡면

경로 없이 단면 여러 개로 곡면을 생성할 수도 있다. 경로 없이 단면만 여러 개 주어지면 CAD 시스템은 주어진 정보를 이용해 경로 곡선을 추정한다. 여러 개의 단면 곡선으로 곡면을 생성하는 방식은 뼈대에 피부(skin)를 입히는 듯해서 스키닝(skinning)이라고 부르기도 한다. 그리고 과거에 배 혹은 비행기를 제작할 때 '로프트(loft, 다락)'라는 별도의 공간에서 실물 크기의 곡선으로 곡면을 제작했다. 그래서 여러 개의 곡선으로 유선형의 날렵한 곡면을 만드는 과정을 로프팅(lofting)이라 부르기도 한다.

여러 개의 곡선으로 곡면을 생성할 때는 곡선을 선택할 때 순서와 방향에 주의해야 한다. 곡선의 시작 혹은 끝 쪽을 일관되게 선택해야 생성된 곡면이 꼬이지 않는다. 곡선과 곡선 사이를 메꿔서 곡면을 생성하므로 곡선의 개수 혹은 간격의 조절은 물론이고, 생성되는 곡면의 차수도 조절이 필요하다.

그림 7-20 여러 개의 경로와 단면

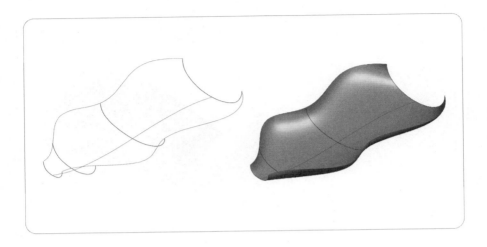

CAD 시스템이 생성하는 곡면이 마음에 들지 않으면 사용자 의도를 반영할 수 있도록 더 많은 단면을 입력하거나, 희망하는 경로를 입력해야 한다. 단면과 경로가 많아지면 단면의 변형과 경로를 따라가는 방법 등이 복잡해 스위핑의 결과를 예측하기 어렵다. 그러나 여러 개의 단면과 경로가 서로 만나 그물망(mesh, net)을 형성하면 주어진 그물망과 흡사한 곡면을 생성할 수 있다. 흔히 곡선 그물망(curve-net, curve-mesh)이라고 하는데 경로 곡선과 단면 곡선의 시작과 끝점은 서로 다른 곡선 위에 놓이고, 교차할 때는 서로 만난다. 그런데 단면과 경로가 자유곡선이면 정확히 교차하기가 어려워 별도의 공차를 입력해서 교차를 판별하게 하기도 한다. 공차를 크게 주면 주어진 곡선과 생성되는 곡면의 차이도 벌어지므로 공차를 적절히 증가시키면서 생성되는 곡면을 확인하는 것이 좋다.

스키닝 혹은 로프팅은 물론이고 곡선 그물망으로 곡면을 생성하는 방식은 스위핑으로 분류하지 않는 경우도 많다. CAD 시스템 내부의 곡면 계산 방법은 앞에서 설명한 스위핑과 다른 경우가 많기 때문이다. 그러나 사용자 관점에서 곡선을 이동하거나 양쪽의 곡선을 보간 해서 빈 곳을 채운다는 개념은 다르지 않다.

4.5. 스위핑 곡면 생성 오류

스위핑으로 곡면을 생성할 때 흔히 발생하는 오류는 단면 혹은 경로에 꼬임(self-intersection)이 있거나 결과 곡면에 꼬임이 있는 경우이다. 대부분 CAD 시스템이 출력하는 오류 메시지를 차근히 읽어보면 알 수 있다. 경로 곡선에 꼬임이 없어도 단면 크기에 비해 작은 구간에서 급하게 곡선 모양이 변하면 생성된 곡면이 꼬일 수 있다. 그리고 경로 곡선은 중간에 꺾어진 곳 없이 부드러운 곡선만을 허용하는 시스템도 있다.

입체(solid body)가 아니라 면체(sheet body)가 생성되는 경우는 결과물 선택 항목이 면체이거나 단면 곡선이 닫힌 영역을 형성하지 못한 경우이다. 단면 곡선의 시작점과 끝점이 제대로 붙어서 영역을 형성하는지 확인해야 한다.

끝으로 단면을 옆(단면의 법선과 수직)으로 움직여 생성된 스위핑 궤적이 비정상적인 경우이다. 닫힌 영역의 단면을 스위핑하면 CAD 시스템은 3차원 입체를 기대한다. 그런데 단면을 옆으로 이동하면 그 궤적이 부피가 없고 납작해서 3차원 입체가 아니다. 생성된 궤적 일부가 부피가 없는 경우도 오류를 발생한다. 그리고 단면이 곡선일 때도 스위핑 궤적이 면을 생성하지 못하면 오류가 발생한다.

5. 곡면의 수정과 변형

5.1. 제어점으로 수정

곡면을 정의하는 제어점(그림 7-4 참조)을 이동하면 곡면의 모양을 쉽게 변경할 수 있다. 그런데 곡면은 곡선과 달리 제어점의 수가 많고, 모두 3차원 공간에 있어서 마음대로 조작하기 쉽지 않다. 특히 마우스로 제어점을 자유자재로 조작하기는 더욱 어렵다. 편리하게 제어점 조작할 수 있도록 CAD 시스템은 다양한 기능을 제공하는데, 특정한 행 혹은 열의 제어점을 한꺼번에 움직이거나, 같은 평면에 놓이도록 제한할 수 있다. 또 마우스로 조작할 때 제어점이 정해진 방향 혹은 평면에서 움직이도록 제한할 수 있다.

5.2. 자르기(trim), 나누기(divide), 연장하기(extend)

〈그림 7-21〉에서 보듯이 다른 곡면 혹은 곡면 위를 지나는 곡선으로 곡면을 자를 수 있다. 다른 곡면으로 자를 때는 CAD 시스템이 두 곡면의 교선(intersection curve)을 구한 후에 자르는데, 두 곡면의 교선은 곡면 위를 지나는 곡선과 같다. 곡면 위를 지나는 곡선이 아니라 임의의 곡선으로 곡면을 자를 때는 그 곡선을 곡면에 투영해서 곡면 위를 지나는 곡선을 얻은 후에 자를 수 있다. CAD 시스템에 따라 제공하는 기능이 조금씩 다를 수는 있지만 대부분 내부적으로 곡면 위를 지나는 곡선을 계산하고, 그 곡선으로 곡면을 자른다. 따라서 곡면 위에 놓이는 곡선(교선, 투영 곡선 등)이 열린 곡선이면 곡면의 경계에 닿거나 지나쳐야 곡면을 완전히 자를 수 있다. 〈그림 7-21〉처럼 두 곡면의 교선이 곡면을 완전히 가로지르지 못하는 경우에는 칼에 해당하는 곡면을 연장해서 잘라야 하는데, CAD 시스템에 따라 별도의 옵션을 선택하면 자동으로 연장한 후에 자를 수 있다. '자르기'를 할 때 남길 곡면 혹은 버릴 곡면도 주의해서 선택해야 한다. CAD 시스템에 따라 남길 영역을 별도로 선택하기도 하지만, 자를 곡면을 선택할 때 마우스 포인터로 선택된 영역을 남기거나 버리는 방식이 적용되기도 한다. 그리고 교선 혹은 투영 곡선을 계산하더라도 계산 오차로 인해 곡선이 정밀하게 곡면 위에 놓이지 않을 수 있다. 곡선이 곡면 위에 놓이는 정도를 공차로 지정할 수 있는데, 그 공차를 조절하면 곡면을 자르지 못하는 오류를 해결하거나 곡면을 자른 경계의 정밀도를 향상할 수 있다.

그림 7-21 **곡면 자르기의 예**

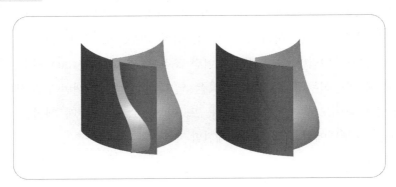

'자르기'는 자른 후 일부분을 버리지만 '나누기(divide)'는 입체 혹은 면체의 면(face)을 여러 개로 분리한다. 즉 모양, 크기 등의 형상 속성은 그대로 두고, 면의 위상을 바꿔 모서리와 구멍 등의 개수를 바꾼다. 나누기도 자르기와 마찬가지로 다른 곡면 혹은 투영 곡선을 면의 경계로 사용할 수 있다. 〈그림 7-22〉는 평면 곡선을 곡면에 투영하고, 투영 곡선을 면의 경계로 면 나누기를 한 예이다. 〈그림 7-22〉를 보면 면이 하나인 면체를 면이 두 개인 면체로 변경했는데, 면체의 형상은 변화가 없다. 면 나누기를 사용해 면을 분리하면 원하는 영역에만 구배, 엠보싱 등을 적용할 수 있다. 또, 구조 분석[9] 등에서 해당 영역에 힘을 가하거나 해당 영역의 분석 정밀도를 조절할 수 있다. 〈그림 7-22〉에서 d)는 바깥 면을 제거해 곡면 자르기를 한 결과와 같다. CAD 시스템에서 '자르기'는 형상 객체인 면체(sheet body) 혹은 입체(solid body) 단위로 수행하고, '나누기'는 위상 객체인 물체의 면(face) 단위로 수행하는 경우가 많다.

그림 7-22 면 나누기와 곡면 자르기

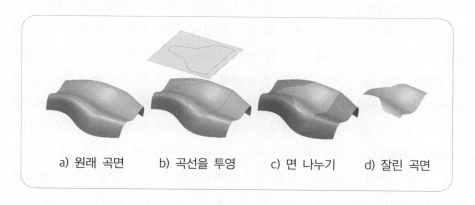

a) 원래 곡면   b) 곡선을 투영   c) 면 나누기   d) 잘린 곡면

---

9) CHAPTER 09 '평가와 최적화'에서 배운다.

자르기와 반대로 잘린 곡면의 경계를 제거해서 잘리지 않은 사각형 위상의 원래 곡면으로 되돌릴 수 있다. 흔히 '언트림(un-trim)'이라는 메뉴로 제공되는데, 곡면을 자르는 연산과 비교해 매우 안정적이다. 특정한 모서리 방향으로 곡면을 연장(extend)할 수 있는데, 일반적으로 정의역을 늘려 곡면을 연장하므로 모서리에서 곡면의 연속성을 만족한다. 하지만 일부 곡면은 모서리에서 제어점 중첩으로 인해 접선이 비정상적일 수 있고, 연장된 곡면이 자연스럽지 않을 수 있다. 연장된 곡면이 예상과 다르다면 원래 곡면의 제어점과 모서리의 곡률을 살펴보고 모서리 부근의 조건을 수정해야 한다.

5.3. 곡면 꿰매기(sew, stitch, knit)

앞에서 복잡한 형상은 사각형 위상의 곡면으로 만들 수 없고, 사각형 위상 곡면을 잘라 사용한다고 설명했다. 그러나 우리가 주변에서 흔히 보는 제품 형상은 매우 복잡해 곡면 하나를 잘라서 만들 수 없고 여러 개의 잘린 곡면을 이어 붙여야 한다. 여러 개의 곡면을 이어 붙여 물체 하나로 만드는 기능이 '꿰매기'이다. 서로 연결된 곡면을 꿰맨 결과는 일반적으로 면체(sheet body)이며, 3차원 공간의 일정한 부피를 완전히 감싸면 입체(solid body)이다. 즉 육면체를 이루는 5개의 면을 별도로 생성해 서로 꿰매면 면체를 하나 생성할 수 있고, 다시 6번째 면을 꿰매면 입체를 생성할 수 있다. 그런데 꿰맬 때 상대가 없는 두 모서리끼리만 가능하며 이미 서로 꿰맨 모서리 혹은 곡면 중앙에 다른 곡면을 꿰맬 수 없다. 예를 들어, T자 모양은 하나의 면체로 생성할 수 없으며, 물체 하나로 생성하려면 두께를 주어 입체로 만들어야 한다.

단순히 외양을 설계한다면 굳이 곡면을 꿰매 물체를 하나로 생성할 필요가 없다. 그러나 물리적인 분석, 실험 등을 수행하려면 반드시 입체 모델을 생성해야 하고, 꿰매어 닫힌 부피의 입체를 생성할 수 없을 때도 하나의 면체를 만들 필요가 있다. 면체에 두께 속성을 부여해 물리적 특성을 갖는 하나의 물체 모델로 취급할 수도 있고, 실제로 면체에 두께를 주어 입체로 만들 수도 있다.

꿰매기와 반대로 입체를 면체 혹은 여러 개의 곡면으로 분리할 때도 있다. 우리가 일상에서 흔히 보는 제품의 외장 덮개(housing)는 플라스틱 사출 제품이 많은데, 이들 제품은 형상이 복잡해도 대부분 두께가 얇고 일정하다. 불리언 연산 등이 편리한 입체(solid body)로 복잡한 형상을 생성하고, 필요한 부분을 입체에서 면체로 분리한 후 두께가 일정한 입체를 다시 생성한다.

6. 스타일링 - 분할 곡면

앞에서 점 혹은 곡선으로 곡면을 생성했고, 여러 개의 곡면을 조합하면 입체를 생성할 수 있었다. 즉 작은 공간에서 점, 선, 면, 덩어리로 공간을 키워가는 개념이다. 이러한 방법은 대강의 아이디어를 점점 더 구체적으로 발전시키는 방법과는 다르다. 복잡한 제품의 외양을 처음 설계할 때 나무를 조각하듯이 부피가 있는 덩어리에서 시작하면 더 직관적이고 편리할 것이다. 처음에는 자세한 모양을 알 수 없으므로 대강의 크기와 모양을 정하고 점점 자세하고 세부적인 외양을 발전시키면 좋을 것이다. 분할 곡면[10]은 대강의 다면체 메쉬에서 부드러운 곡면을 만드는 기법이다. 일정한 규칙으로 모서리 혹은 면을 반복적으로 분할하는 방식으로 부드러운 곡면을 표현한다. 흔히 제어 상자(control cage) 혹은 제어 메쉬로 곡면의 모양과 크기를 조절할 수 있다. 사용자가 〈그림 7-23〉의 a)처럼 대강의 메쉬를 생성하면 CAD 시스템이 내부적으로 메쉬를 반복적으로 분할해서 d)와 같은 부드러운 곡면을 생성한다.

---

10) 분할 곡면(subdivision surface)의 경우 CAD 시스템에 따라 다양한 이름으로 이 기능을 제공한다.

그림 7-23 반복적 분할로 부드러운 곡면 표현

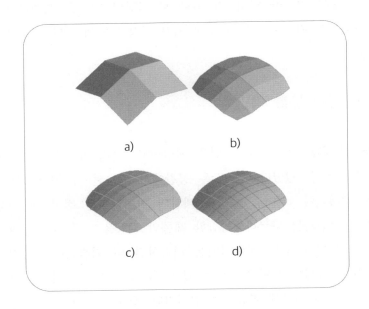

분할 곡면으로 어떤 형상을 정의하려면 먼저 직육면체 같은 기본 수준의 다면체 메쉬로 모델링을 시작한다. 메쉬 모델의 모서리 혹은 면을 분할하면 새로운 모서리와 정점을 만들 수 있고, 좀 더 구체적이고 복잡한 모양을 얻을 수 있다. 원하는 모양과 크기에 가깝도록 모서리와 정점을 움직인다. 이러한 작업을 반복하면 원하는 복잡한 모양의 입체를 생성할 수 있으며, 생성된 입체의 모든 페이스는 기본적으로 곡률 연속성을 만족한다.

〈그림 7-24〉는 간단한 병 모양을 만드는 예이다. a)에서 원통형의 메쉬를 만들고 길이 방향으로 3개로 나누었다. b)에서 맨 위쪽의 면을 분할하고 안쪽 면을 위로 옮겼다. c)는 새로 생성된 맨 위쪽 면을 돌출하고, d)에서 몸통 쪽 정점을 움직여 볼록하고 납작하게 만들고, 어깨 쪽 모서리의 연속성을 부드럽게 변경했다. e)에서 어깨 쪽 면을 분할하고 반대쪽 면과 연결해 구멍을 만들었다.

그림 7-24　분할 곡면을 이용한 형상 모델 생성 예

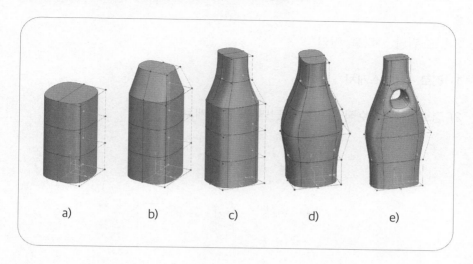

a)　　　　b)　　　　c)　　　　d)　　　　e)

7. 연습 문제

1) 서로 마주 보는 두 곡선 사이를 직선으로 보간하는 곡면의 이름은 무엇인가?

2) 생성된 B-스플라인 곡면의 내부 모양을 조금 변경하고 싶다면 어떻게 해야 하는가?

3) 다면체 메쉬로 대강의 형상을 표현하면, CAD 시스템이 메쉬의 모서리 혹은 면을 일정한 규칙으로 반복적으로 나누어 부드러운 곡면을 생성할 수 있다. 그 곡면의 이름은 무엇인가?

4) 물체에 구멍을 뚫거나, 찢거나, 다른 물체를 붙이지 않는 한, 잡아 늘이고 비틀어도 변하지 않는 성질을 무엇이라 부르는가?

5) 어떤 경로를 따라 단면을 이동할 때 생기는 궤적으로 복잡한 형상을 표현할 수 있다. 이런 방법으로 생성한 곡면을 무슨 곡면이라 부르는가?

8. 실습

8.1. 스위핑 - 다중 단면

1) 경로 곡선 스케치

2) 경로 곡선과 수직인 평면에 단면 곡선 스케치

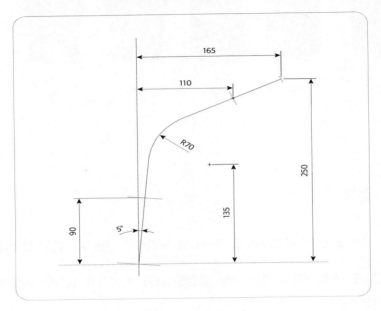

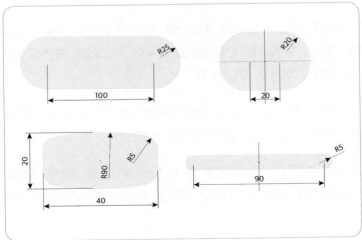

3) 스위핑으로 곡면 생성

　① 곡선의 방향, 시작점 선택에 주의하시오.

　② 단면을 혼합하는 방법을 달리해 차이를 살펴보시오.

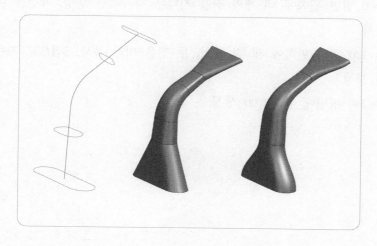

8.2. 스위핑 - 헬리컬

1) 헬리컬(지름 200, 피치 80, 바퀴 3) 곡선 생성

2) 헬리컬 곡선 시작점에 사각형(50×20) 단면 생성

3) 스위핑

　① 헬리컬 곡선을 스위핑 경로로 사용해 스위핑 형상을 생성하시오.

　② 단면 방향 지정을 달리해 차이를 살펴보시오.

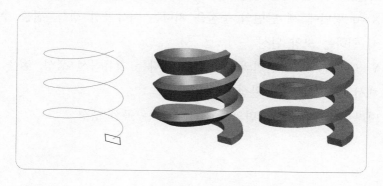

8.3. 스위핑 - 유리병

1) 자유곡선(spline curve) 생성

　① Z=0 평면 왼쪽에 네 개의 점을 지나는 자유곡선 생성, 곡선을 미러 복사

　② Z=120 평면 왼쪽에 세 점 생성, 두 점을 미러 복사, 5점으로 자유곡선 생성

　③ Z=240 평면에 원호(R12) 생성

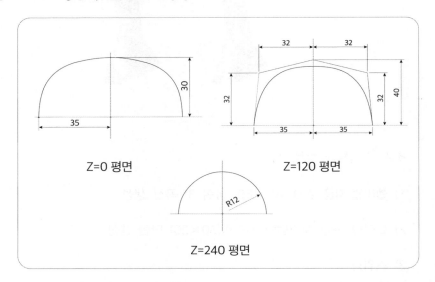

2) 세 곡선을 지나는 곡면 생성

　① X=0 평면에 세 단면의 중점을 지나는 자유곡선 생성, 점을 추가해서 원하는 모양 완성

　② Y=0 평면에 세 단면의 시작점을 지나는 자유곡선 생성, 점을 추가해서 원 하는 모양 완성

　③ 미러 대칭 복사로 단면의 끝점을 지나는 곡선 생성

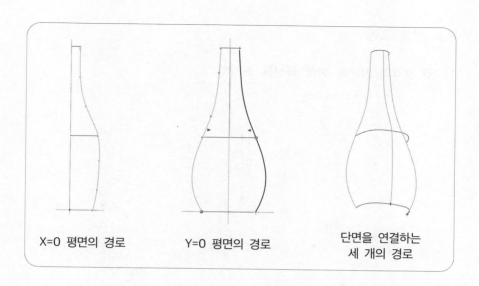

X=0 평면의 경로   Y=0 평면의 경로   단면을 연결하는
세 개의 경로

3) 세 개의 단면과 세 개의 경로로 곡면 생성
경로 없이 세 개의 단면만으로 생성한 곡면과 비교

4) 곡면을 미러 대칭으로 복사하고 결합

5) 바닥에 평면 곡면 생성하고, 모든 곡면을 연결해서 하나의 면체 생성

6) 바닥 모서리를 라운딩(R5)

7) 두께 주기(2)로 입체 생성

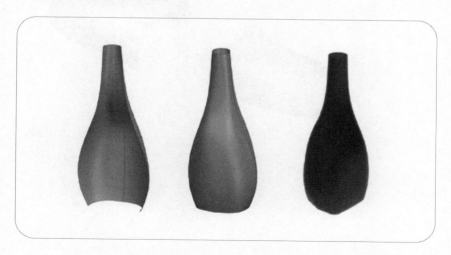

8.4. 연결 곡면

1) 50 간격의 평면에 아래 곡선을 스케치

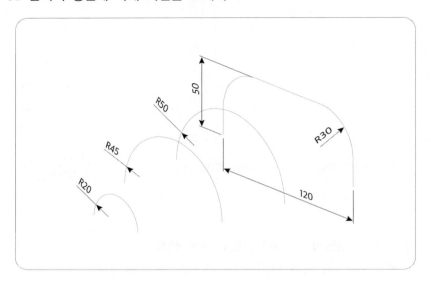

2) 4개의 곡선으로 곡면 만들기

3) 마지막 평면에서 50 떨어진 평면을 기준으로 미러 복사

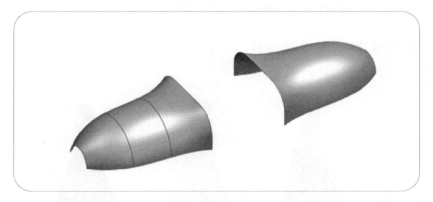

4) 다양한 방법으로 두 곡면을 잇는 곡면 생성. 곡면의 반사선(reflection line) 을 분석(왼쪽 G^2, 오른쪽 G^1로 연결한 예)

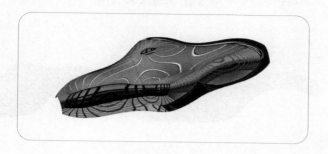

8.5. 분할 곡면 - 소형 진공청소기

1) 평면에 사각형 뼈대(cage, frame 등) 생성 - 전체 크기 약 500×200

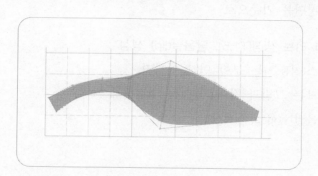

2) 돌출(50)로 부피를 갖는 뼈대 생성
3) 뼈대의 모서리(edge)와 면(face)을 움직여 적절한 형상으로 변형

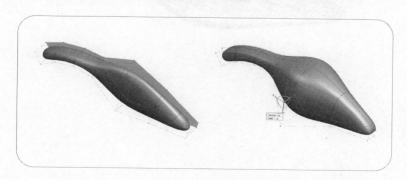

4) 손잡이 쪽 면을 분할(Subdivide)하고, 반대쪽으로 연결(Bridge)해서 구멍 생성

   면과 모서리를 움직여 적절한 모양으로 변형

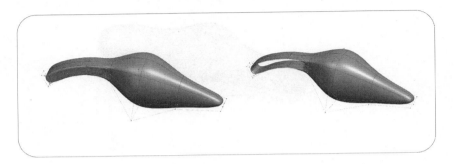

5) 입체(solid body)를 분할(split body)하고, 속을 비우기(shell) – T2.0

   대칭 평면을 기준으로

6) 보스와 리브 생성(T1.5), 닫음날(lip) 생성

   ① 보스(지름 7)는 분할 면 높이까지

   ② 리브는 그림과 같이, 높이는 적절하게

   ③ 닫음날(높이 2, 너비 1)

9. 실습 과제

9.1. 자유 곡면

다음 도면에 제시된 부품은 단면 곡선의 치수는 주어지고, 경로 곡선의 치수는 없다.

1) 두 개의 단면 곡선으로 부드럽고 자연스러운 곡면을 생성하시오.

2) 생성된 곡면 양 끝쪽의 접선이 단면이 놓인 평면과 수직이게 곡면을 수정하시오.[11]

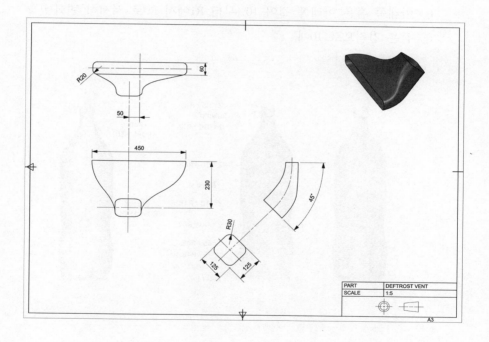

---

11) 3.2. '2개의 곡선'으로 곡면을 만드는 방법을 참조한다.

9.2. 페트병

1) 기본 곡면 – 자연스러운 형상

4개 곡면(룰드면 2개, 자유곡면 2개)으로 생성, 연결부는 모두 접선 연속

2) 옆면 – 오프셋과 홈 파기

① 가운데 룰드면을 안쪽으로 1.2 오프셋[12]

② 홈(groove)의 높이(H)는 중심축 방향 거리이며, 홈의 단면은 반원(half circle)[13]

③ 위쪽 홈의 단면은 R1에서 R0으로 서서히 변화

④ 아래쪽 홈은 아래쪽 길이 10%부터 R1에서 R0로 서서히 변화[14]

⑤ 같은 간격으로 10개

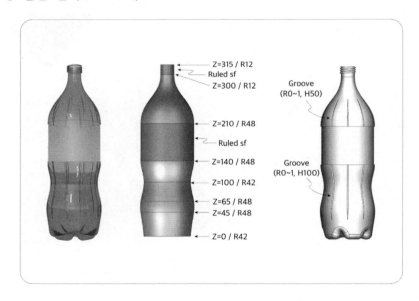

---

12) 개념적으로 오프셋 혹은 디보스(de-boss)이고, 회전 스위핑 등으로 형상을 제거한다.

13) 직선을 곡면에 투영한 경로를 따라 홈(groove)을 생성하고, 홈이 없으면 스윕면으로 빼기를 한다.

14) 일반 스위핑으로 구현하기 어려우면, 양쪽 단면 곡선(R1.0, R0.1)과 경로 곡선으로 곡면을 생성하고, 연결되는 쪽은 접선 연속(G^1)한다.

3) 바닥면

① 바닥면은 구면(R100). 바닥면 모서리 라운딩(R10)

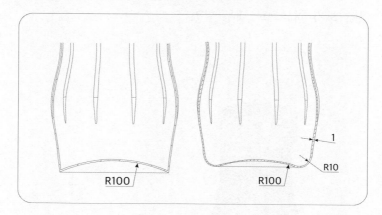

② 중심축과 Z=0 평면이 만나는 점에서 30도 방향으로 V-자(내부 각도 50도) 노치(notch) 5개

③ 노치의 바닥 모서리 R2, 양쪽 모서리 R10으로 라운딩

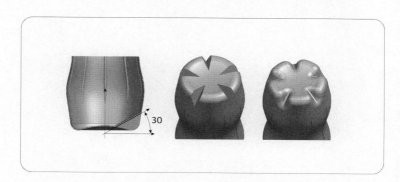

4) 입구에 나사

① 나사산: 높이 2, 간격(pitch) 4, 3회전

② 나사산의 단면 상세는 그림 참조

5) 완성

　① 병의 두께는 1이며, 하나의 입체 모델(solid body model)로 완성

　② 단면 보기 기능으로 내부 확인

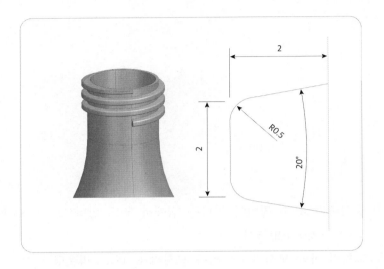

CHAPTER 08   조립체 모델

하나의 부품이 아니라 여러 개의 부품으로 구성되는 제품의 형상
모델은 어떻게 생성할 수 있을까?

1. 조립체 모델이란?

공학 설계의 주요 대상물은 하나의 입체가 아니라 여러 개의 입체를 서로
연결한 조립체가 많다. 조립은 여러 개의 부품을 하나의 완전한 단위 물건(기
계, 제품 혹은 부품)으로 맞추는 과정이며, 조립체 혹은 조립품(assembly)은 조립
으로 맞추어진 부품의 조합을 일컫는다. CAD 시스템에서 조립체 모델
(assembly model)은 조립체 실물을 컴퓨터에 표현한 모델이며, CAD 시스템에
서는 모든 물체가 실물의 모델이므로 그냥 조립체라고도 한다. 조립체를 이루
는 여러 부품을 조립의 단위로 지칭할 때는 조립 구성품(assembly component)
이라 부른다. 하나의 독립된 입체가 조립체의 구성품이 될 수도 있고, 하나의
완전한 조립체가 다른 조립체의 구성품이 될 수도 있기 때문이다. 즉 간단한
부품들로 간단한 조립체를 만들고, 간단한 조립체로 더 복잡한 조립체를 만들
수 있다. 자동차는 차체, 엔진, 바퀴 등으로 이루어진 조립체인데, 차체와 엔
진, 바퀴 등도 여러 부품으로 이루어진 조립체이다.

그림 8-1 조립품과 구성품의 예

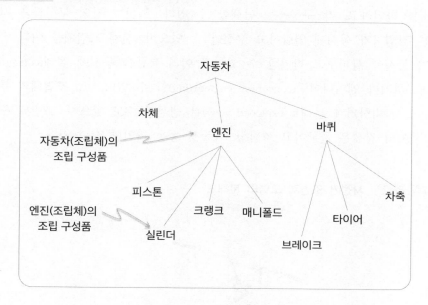

　　CAD 시스템에서 조립체 모델은 조립체 형상의 표현은 물론이고 조립 구성품의 논리적 결합 관계를 표현한다. 조립체 모델은 현실 세계와 마찬가지로 간단한 부품을 결합해서 복잡한 형상을 표현할 수 있도록 한다. 그리고 조립체 모델은 복잡한 기계 혹은 제품을 구성하는 수많은 부품의 논리적 관계를 표현한다. 우리가 기계 혹은 제품을 보고 그 제품의 제조 혹은 조립 방법을 상상하기 어려운 경우가 종종 있다. 복잡한 조립식 가구 혹은 제품은 완성품의 형상을 아무리 정확하게 묘사하더라도 조립 순서도 없이 조립하기 어렵다. 그래서 CAD 시스템에서도 조립체 모델은 형상의 표현만이 아니라 각 구성품의 논리적 결합 관계가 매우 중요하다. 여러 부품을 정확한 위치와 자세로 가져다 놓아서 그럴듯한 조립체처럼 보이더라도 논리적 결합 관계가 없으면 올바른 조립체 모델이 아니다. 다시 강조하면 조립체 모델은 각 구성품의 형상과 구성품들의 결합 관계를 표현한다. 각 구성품의 결합 관계를 올바르게 지정해서 조립을 완성해야 제대로 된 조립체 모델이다.

　　조립체 모델이 형상뿐만 아니라 논리적 결합 관계를 저장하고 있어서 우리가 쉽게 조립체를 살펴보거나 관리할 수 있다. 조립의 계층 구조(assembly tree)를 확인하고, 각 구성품을 탐색할 수 있다. 특히 각각의 구성품을 서로 다른 작업자가 동시에 열람하고 수정할 수 있으며, 전체 조립체를 여러 작업자가 동시에 살펴보고 작업할 수 있어서 여러 부품을 동시에 설계(concurrent design)하거나 엔지니어링(concurrent engineering)할 수 있다. 또, 조립체의 부품 목록을 출력하거나 분해도(exploded view)를 생성할 수도 있으며, 조립된 구성품 사이의 간섭은 물론이고 조립성, 작동성 등을 확인할 수도 있다.

그림 8-2   자전거 조립체 모델의 분해도

2. 조립체 모델 생성 방법

CAD 시스템에서 조립체 모델을 생성하는 방법은 크게 두 가지가 있다. 하나는 기존에 존재하는 부품을 사용하거나 새로운 부품을 설계한 후 그 부품들을 조립해서 조립체를 완성하는 방법이다. 다른 하나는 조립체의 전체적인 구조를 설계하고, 그에 맞는 각각의 구성품을 설계하면서 최종 조립체를 완성하는 방법이다. 앞의 방법을 상향식 모델링(bottom-up modeling), 뒤의 방법을 하향식 모델링(top-down modeling)이라 한다. 결과적으로 상향식 모델링은 구성품을 조립해서 조립체 모델을 생성하고, 하향식 모델링은 조립체를 분할해서 구성품을 생성한다. 그래서 상향식 모델링은 조립으로 조립체의 완성도를 높이고, 하향식 모델링은 분할로 조립체와 구성품의 완성도를 높인다.

2.1. 하향식 조립체 모델링

하향식 모델링은 다시 두 가지 방법으로 나뉜다. 조립체의 대강을 개념적으로 표현하는 뼈대(skeleton) 모델을 먼저 생성하는 방법과 전체적인 형상 모델을 먼저 생성하는 방법이다. 뼈대 모델을 먼저 생성하는 방법은 주로 점과 선으로 조립체의 기능과 동작을 개념적으로 표현한다. 따라서 조립체를 표현하는 뼈대 모델은 세부 형태는 최소화하고 위치와 방향 등을 상세히 표시한다. 뼈대 모델을 바탕으로 전체 제품을 여러 부품으로 나누고(configuration), 각 부품의 배치(layout)를 결정한다. 각 부품 혹은 구성품의 기능과 배치 등이 정해지면 부품을 하나씩 설계하면서 부품과 조립체의 완성도를 높인다. 즉 조립체 모델에서 각 구성품의 기능과 주요 치수가 결정되며, 새로운 구성품은 다른 구성품을 고려해서 생성된다. 그래서 전체적인 설계 정보가 하나의 파일에 쌓이고, 한 곳에서 전체적인 설계를 제어할 수 있다. 복잡한 조립체의 오류를 최소화할 수 있어 많은 부품으로 구성되는 복잡한 조립체를 개념 설계부터 시작할 때 적합하다. 이 방법은 제품의 다양한 개념을 시도하기 적합하므로 요구사항이 유동적이고 개념의 변경이 빈번한 제품 개발 초기에 사용하기 적절하다. 그리고 조립체에서 복잡한 상황을 간단한 개념으로 표현해서 분석하므로 부품 혹은 구성품이 많거나 부품 간의 상호작용이 복잡한 경우에 적합한 방법이다. 이 방법은 설계의 변경이 조립체 모델에서 이루어진 후 구성품으로 파급되므로 개념 설계에 치밀한 계획과 많은 분석이 요구된다.

전체적인 형상 모델을 조립체 모델로 먼저 생성하는 방법은 복잡한 곡면으로 구성되는 사출 제품 혹은 주조 제품에 적용할 수 있다. 이 방법은 제품의 전체적인 외형을 하나의 형상 모델로 생성하고, 제조와 조립을 고려해 전체 형상을 적절히 나누어 여러 개의 구성품을 생성한다. 전체 형상을 나누는 선 혹은 면을 흔히 분할선(parting line), 분할면(parting surface)이라 한다. 각 부품의 내부와 결합 부위 등의 상세한 형상은 구성품에서 생성된다. 구성품이 완성되면서 조립체 모델의 완성도가 높아진다.

그림 8-3　하향식 조립체 모델링의 예(기능 분할)

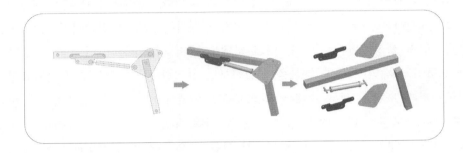

그림 8-4　하향식 조립체 모델링의 예(형상 분할)

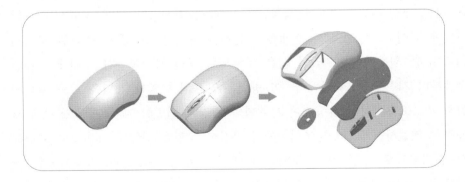

2.2. 상향식 조립체 모델링

상향식 모델링은 조립체를 구성하는 구성품을 만든 후 그 구성품을 조립해서 조립체를 완성한다. 구성품을 조립할 때 조립 부위 혹은 조립 방법 등이 검토되며, 설계의 변경은 구성품별로 이루어진다. 이 방법은 기존 부품을 사용하기 쉽고, 개별 부품 설계에 더 많은 재량권을 가진다. 그러나 조립체가 주로 조립 관계만 저장하기 때문에 개별 부품의 변경이 전체 조립체 혹은 다른 부품에 영향을 주는 경우는 구성품 혹은 조립체의 변경이 매우 어려워진다. 이 방법은 기존 제품을 수정, 보완하거나 기존 부품을 많이 사용하는 제품 설계에 적절하다. 특히 부품 수준의 변경에 적합한 방법이다.

그림 8-5　상향식 조립체 모델링의 예

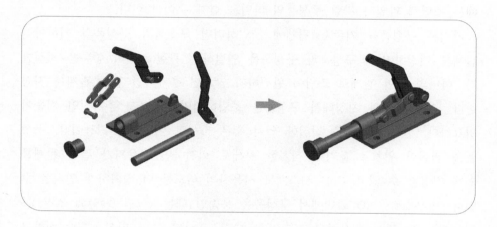

3. 구성품을 조립하는 방법

현실 세계는 어떤 부품이 다른 부품과 겹칠 수 없으며, 중력으로 인해 부품이 공중에 떠다니지 않는다. 구멍에 막대를 끝까지 밀어 넣거나 어떤 부품 위에 다른 부품을 올려놓는 일이 전혀 어렵지 않다. 일상에서는 누구나 쉽게 할 수 있는 조립이 CAD 시스템에서는 쉽지 않을 수 있다. 상향식 조립체 모델링에서 구성품을 조립하는 절차와 방법을 알아보자.

3.1. 조립 절차

CAD 시스템에서 구성품을 조립하려면 먼저 구성품을 조립체 모델로 가져와야 한다. 대개 부품 혹은 구성품은 조립체와 다른 파일로 저장되므로 구성품을 조립체로 가져와야 조립체 모델에서 그 구성품을 볼 수 있고, 조립할 수 있다. 조립체 모델에 구성품을 가져오면 그 구성품이 조립체로 복사되는 것이 아니라 연결 관계가 조립체에 저장된다. 그래서 구성품을 변경하면 조립체가 변경된다. 그리고 조립체 파일은 구성품과 연결 관계만 저장하므로 구성품의 형상 정보는 없다. 따라서 조립체 모델을 다른 사람에게 복사해 줄 때는 조립체 파일과 관련 구성품의 파일을 함께 주어야 한다.

가져온 구성품을 기존 조립체에 조립하려면 구성품과 구성품의 기하학적 관계를 지정하거나, 구성품과 구성품을 연결하는 관절(joint)의 종류를 지정한다. 하나의 결합 관계로 조립이 완전하지 않으면 추가적인 결합 관계를 지정한다. 결합 관계를 지정해서 구성품을 조립하려면 두 가지 추가적인 기능이 필요하다. 먼저 구성품을 적절한 위치 혹은 자세로 이동하는 기능이다. 구성품을 적절한 위치로 옮기고 적절한 자세로 회전하면 사용자가 결합 관계를 쉽게 지정할 수 있고, CAD 시스템도 사용자의 의도를 더 정확하게 인식할 수 있다. 마우스로 CAD 화면에서 구성품을 움직일 때는 〈그림 8-5〉와 같은 동적 좌푯축을 많이 이용한다. 〈그림 8-6〉에 표시된 ②의 화살표를 선택하고 마우스를 움직이면 물체가 그 방향을 따라 직선 운동만 한다. 또, ③을 선택하고 마우스를 움직이면 물체가 X축을 중심으로 회전한다. 좌푯축을 다른 곳으로 옮길 때는 ①을 선택하고 위치를 선택한다. 조립에 필요한 두 번째 기능은 구성품의 조립 상태 확인이다. 어느 부분이 어떻게 고정되었는지 확인해야 추가적인 고정 혹은 결합 조건을 지정할 수 있다. 구성품 조립에 사용된 결합 조건을 확인하거나, 구성품의 자유도(degree of freedom)를 확인하면 조립 상태를 알 수 있다. 마우스로 구성품을 선택한 후 움직여 결합 상태를 확인할 수도 있다.

그림 8-6 구성품의 이동과 회전을 위한 좌푯축

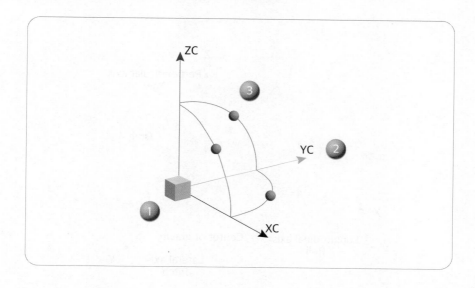

3.2. 구성품의 자유도

완벽한 2차원 도형의 스케치를 위해 도형의 자유도(Degree of Freedom, DoF) 개념을 활용했었다. 구성품의 조립 상태를 확인하는데도 도형의 자유도가 사용된다. 어떤 물체의 자유도는 그 물체에 허용되는 독립적인 동작의 수이며, 그 물체의 위치와 자세를 표현하는 데 필요한 숫자의 최소 개수이기도 하다. 3차원 공간에 자유롭게 놓인 물체의 총 자유도는 6이다. X, Y, Z 방향으로 자유롭게 움직일 수 있어서 위치 자유도가 3이고, X, Y, Z축 혹은 그 축과 평행한 축으로 회전할 수 있어서 회전 자유도가 3이다. 이동과 회전을 완전히 구속해서 자유도를 0으로 만드는 조립도 있지만, 일부 자유를 허용해 제한된 운동이 가능하도록 구성품을 조립할 수도 있다. 구성품의 자유도를 확인하면 어느 방향으로 이동할 수 있는지, 어느 축으로 회전할 수 있는지 등을 알 수 있어서 조립 상태를 알 수 있다.

그림 8-7   3차원 공간에 놓인 물체의 자유도

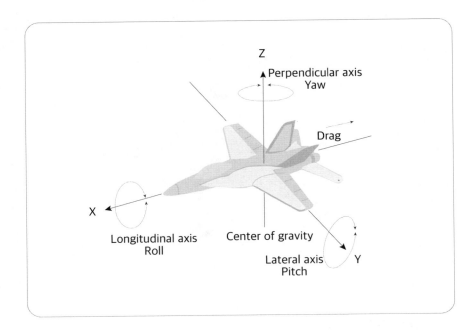

3.3. 관절 결합

관절(joint)은 결합한 두 물체의 움직임을 제한적으로 허용한다. 〈그림 8-8〉은 다양한 관절의 예를 개념적으로 보여준다. 쉽게 볼 수 있는 회전 관절은 여닫이문의 경첩 혹은 둥근 핀으로 구성품을 조립하거나 베어링으로 두 구성품을 결합할 때 사용된다. 회전 관절(revolute joint)은 자유도가 1이고, 한 개의 공통 축을 중심으로 회전하도록 구성품의 운동을 제한한다. 또 다른 흔한 관절은 미끄럼 관절(sliding or prismatic joint)인데, 조립된 구성품이 한 방향으로 선형 운동할 수 있어서 자유도가 1이다. 미닫이문, 서랍 등이 대표적인 미끄럼 관절 결합이다. 그리고 회전과 선형 운동이 가능한 원기둥 관절(cylindrical joint), 위치는 고정이지만 회전은 모든 방향으로 가능한 구형 관절(spherical joint), 2차원 평면에서 운동이 자유로운 평면 관절(planar joint) 등이 있다. 구성품을 조립할 때 관절을 사용하면 쉽게 구성품의 결합 관계를 지정할 수 있다.

그림 8-8   다양한 관절의 예

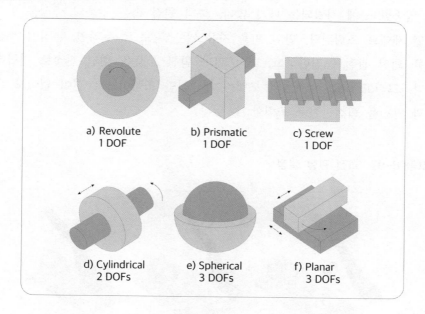

a) Revolute
1 DOF

b) Prismatic
1 DOF

c) Screw
1 DOF

d) Cylindrical
2 DOFs

e) Spherical
3 DOFs

f) Planar
3 DOFs

관절 결합을 지정할 때는 두 부품의 축 혹은 위치를 일치시켜야 한다. 회전 관절, 미끄럼 관절, 원기둥 관절 등은 운동의 축을 지정하고, 구형 관절은 운동의 중심점을 지정한다. 단순한 부품들은 관절 결합 조건을 지정하면 자동으로 운동 축과 위치를 찾아 결합하기도 하지만, 많은 경우 사용자가 직접 서로 일치하는 중심축 혹은 중심점 등을 지정해야 한다.

회전 관절은 조립에 자주 쓰이지만 제대로 입력값을 지정하기 쉽지 않다. 〈그림 8-9〉은 흔히 볼 수 있는 회전 관절 결합의 예이다. 이러한 조립품은 흔히 a)에서 보듯이 3개의 부품을 사용하는데 손잡이와 받침을 연결하는 핀의 운동은 큰 관심거리가 아니다. 따라서 핀을 손잡이 부품에 완전히 결합해서 자유도가 없도록 하면 구성품[1]은 2개가 되고, 두 구성품을 회전 관절로 쉽게 결합할 수 있다. 회전 관절은 공통의 회전축을 요구한다. 핀의 중심축

---

1) 기구학에서는 서로 단단히 고정되어 하나처럼 움직이는 덩어리를 '링크'라고 한다. 기구학은 CHAPTER 09 '설계 모델의 평가와 최적화'에서 배운다.

과 받침의 구멍 중심축을 각각 지정하면 올바르게 조립될 수도 있지만, b)처럼 엉뚱한 곳에 정렬되는 때가 많다. 축의 원점 혹은 부품의 중심을 일치시키면 제대로 조립된다. 만일 핀을 자유로운 부품으로 두려면, 손잡이 부품과 핀을 회전 관절로 결합하고, 다시 핀과 받침 부품을 회전 관절로 결합해야 한다. 그리고 CAD 시스템의 모델은 개념적인 조립이므로 핀이 없어도 손잡이와 받침을 회전관절로 조립할 수 있다.

그림 8-9 회전 관절 설정

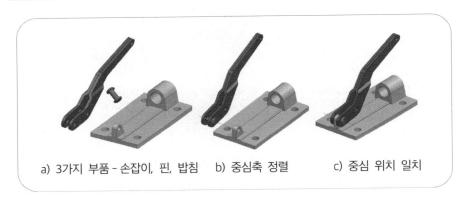

a) 3가지 부품 - 손잡이, 핀, 밥침   b) 중심축 정렬   c) 중심 위치 일치

자전거처럼 조립 후에 동작하는 제품도 조립체 모델로 생성할 수 있는데, 페달을 밟아 앞쪽 크랭크를 회전하면 체인이 뒤쪽 바퀴를 회전하도록 조립할 수 있다. 그런데 실제 자전거는 크랭크의 톱니가 물리적으로 체인을 당기고, 체인이 다시 뒤쪽 톱니를 회전시켜 바퀴가 회전한다. 물리적 운동성을 전문적으로 분석하는 도구가 아닌 시스템에서 조립체 모델에 이런 물리적 법칙을 그대로 적용하기는 매우 어렵다. 자전거는 개념적으로 앞쪽 크랭크와 뒤쪽 바퀴가 기어로 맞물린 특수 관절로 연결하면 조립체 모델을 생성하고 활용하기 쉽다. 즉 형상 혹은 물리적 법칙보다 개념적 관계를 고려하면 복잡한 결합과 운동을 포함하는 관절 결합도 쉬워진다.

3.4. 기하학적 결합

기하학적 결합은 관절 결합보다 더 다양한 결합 방법을 제공한다. 두 구성품의 꼭짓점, 모서리, 면 등의 관계를 지정해서 자유도를 제한하면서 결합하는 방법이다. CAD 시스템이 제공하는 대표적인 결합 조건들은 아래와 같다.

1) 짝(mate) 혹은 일치(coincident): 두 면(혹은 모서리, 꼭짓점)이 서로 같게 한다. 면과 모서리는 평면이거나 직선인 경우만 가능할 수 있다. 짝(mate)은 대개 면을 서로 마주 보도록 지정한다. 간혹 결합할 도형을 무한한 크기로 가정하고 방향만 맞추는 CAD 시스템이 있는데, 이때는 적절한 위치로 결합할 물체를 옮겨야 한다.

2) 정렬(align, co-linear): 두 중심축(혹은 모서리)이 같은 직선에 놓는다. 모서리는 직선일 때 가능하고, 중심축의 아래위를 바꿔야 할 수도 있다. 정렬(align)은 두 면이 같은 평면에 놓여 같은 쪽을 향하게 지정하기도 한다.

3) 평행(parallel): 두 면(혹은 모서리)이 서로 평행하게 한다. 주로 직선 혹은 평면일 때 적용한다.

4) 직교(perpendicular): 두 면(혹은 모서리)이 서로 직각이 되게 한다. 주로 직선 혹은 평면일 때 적용한다.

5) 고정(fix, ground, lock): 현재 위치에 해당 구성품을 고정한다. 최초의 부품을 바닥에 고정할 때 사용한다.

6) 접함(tangent): 두 평면 혹은 곡면이 서로 접하게 한다. 곡면은 위치에 따라 법선의 방향이 달라 특정한 위치에 접하도록 하려면 추가적인 조건을 입력해야 할 때가 많다.

3.5. 정리

CAD 시스템에서 구성품을 조립할 때 조립이 물리적 현실과 같지 않음을 명심해야 한다. 관절 결합 혹은 기구학적 결합 조건을 사용하면 중심축만 정렬되어 겹치거나 엉뚱한 위치에 놓일 수 있다. 항상 부품의 자유도를 살피면서 운동을 제약하고, 남은 자유도가 원하는 조립과 일치하는지 확인해야 한다. 빈 조립체 모델에 첫 구성품을 가져왔을 때는 먼저 그 구성품을 적절한 위치에 고정하자. 그렇지 않으면 해당 구성품이 자유롭게 움직여 다른 구성품을 조립하기 힘들다. 〈그림 8-9〉에서 받침 부품을 먼저 특정 위치에 고정한 후 다른 구성품을 조립한다.

조립을 처음 배우면 평면이 아닌 두 개의 곡면을 짝(mate) 혹은 정렬(align) 조건으로 결합하거나 접하도록 결합하는 경우가 많다. 그런데 곡면 혹은 곡선끼리의 결합은 쉽지 않다. 현실처럼 두 면을 맞닿게 혹은 구멍에 막대를 미끄러지게 넣는 개념은 CAD 시스템에서 적절하지 않다. 구성품의 바깥 형상은 조립의 기준이 아니라 조립 후에 간섭이 없는지 확인할 대상이기 때문이다. 중심축을 정렬하거나 기준면을 일치시키는 개념으로 조립해야 한다. 다시 강조하면 구성품의 모양이 아니라 구성품의 기준이 되는 축과 면 등을 중심으로 결합해서 조립체 모델을 생성해야 조립체 모델을 제대로 활용할 수 있다.

현실과 대응하는 계층 구조의 조립체를 생성해야 한다. 평면적인 구조로 조립하면 같은 조립을 여러 번 반복해야 하고, 구성품을 찾기도 어렵다. 예를 들어 자동차를 조립할 때, 바퀴를 한 구성품으로 모두 조립한 후 다시 자동차에 조립하면 바퀴 구성품 조립을 네 번 반복하지 않아도 된다. 그리고 현실에서는 조립품을 분해하지 않고 하위 구성품을 다시 조립할 수 없지만, CAD 시스템에서는 상위 계층의 구성품을 조립하다가 하위 계층의 구성품을 조립할 수 있다. 즉 자동차의 차체, 엔진, 바퀴를 모두 조립한 후 바퀴의 브레이크를 다시 조립할 수도 있다. 따라서 조립 중인 계층 혹은 구성품을 혼동하지 않아야 한다. 그렇지 않으면 바퀴의 브레이크를 바퀴 구성품이 아니라 자동차에 직접 조립하게 되고, 한쪽 바퀴에만 브레이크가 조립된다.

4. 조립체 모델의 활용

4.1. 일반적 활용

실물은 조립체 내부를 보기가 어려운데 CAD 시스템의 조립체 모델은 절단면 혹은 내부를 살펴볼 수 있다. 컴퓨터 그래픽 기술의 발전으로 사실적인 외관 평가는 물론이고, 가상현실(Virtual Reality, VR) 등의 기술로 실물을 사용하는 것처럼 사용성을 평가할 수도 있다. 조립 구성품 개개의 형상은 물론이고 또, 각 부품의 조립 관계를 확인할 수 있는 분해도(exploded view)를 생성할 수 있으며, 필요한 부품의 종류와 개수 등도 쉽게 확인할 수 있다. 이를 토대로 조립체를 구성하는 특정 부품을 확인하거나, 모든 부품의 명세(Bill Of Materials, BOM)를 출력하고, 제조와 조립 계획을 수립할 수 있다. 나아가 사용 설명서 혹은 정비 설명서를 작성할 수도 있다.

4.2. 간섭 확인

조립체 모델에서 간섭 확인(interference check) 기능으로 구성품의 조립성을 검토할 수 있다. 실제 부품들을 끼워 맞춤으로 조립할 때 적절한 틈새와 죔새가 요구되는데, CAD 시스템에서도 틈새와 죔새를 고려하여 간섭을 확인할 수 있다. 조립되는 두 구성품 사이에 틈새(clearance)를 지정하면, 조립체 모델에서 틈새를 고려해서 간섭 여부를 확인한다. 즉 틈새를 0보다 크게 설정하면 두 구성품이 실제 간섭하지 않아도 지정한 값보다 작은 틈새 부위를 찾을 수 있다.

그림 8-10 끼워 맞춤의 틈새와 죔새

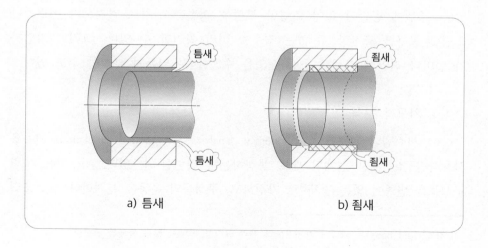

a) 틈새   b) 죔새

간섭 부위를 단면으로 잘라서 보거나, 간섭 깊이와 면적, 부피를 계산할 수도 있고, 간섭 부피를 별도의 입체로 생성할 수도 있다. 그런데 간섭 깊이는 측정 기준(방향)에 따라 다르므로 주의해야 한다. 서로 접하는 부품의 간섭을 CAD 시스템이 잘못 계산하거나 의도된 간섭일 수도 있으므로 항상 단면과 그 깊이를 직접 확인하고 그 결과를 기록해 두면 좋다. 〈그림 8-11〉은 여러 개 부품의 조립체인데 손잡이와 받침에 간섭을 확인하고, 그 부분의 단면을 확대한 모습과 간섭 부피를 입체로 생성한 결과이다.

그림 8-11　간섭 확인

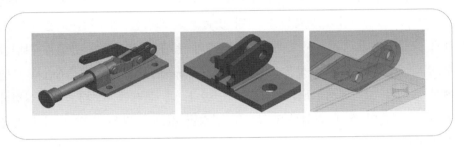

조립 동작을 시뮬레이션할 수 있는 CAD 시스템은 조립 상태가 아니라 조립 동작이 실제로 가능한지 혹은 조립 동작이 얼마나 편리한지 평가할 수도 있다. 주변에 공간이 없어 조립할 부품을 적절한 위치로 가져오기 어렵거나 조립할 공구를 조작할 수 없는 경우를 미리 확인할 수 있다. 그리고 작업자가 얼마나 편안한 자세로 조립 작업을 수행할 수 있는지 분석할 수도 있다.

4.3. 기구학 분석

CAD 시스템의 기구학 분석(kinematic analysis 혹은 motion simulation) 기능을 사용하면 조립체가 설계된 대로 동작하는지 확인할 수 있다. 기구학은 조립 구성품을 변형이 없는 강체[2]로 가정하고, 구성품의 운동을 분석한다. 즉, 조립

---

2) 강체(rigid body)는 외력이 가해져도 모양과 크기가 변하지 않는 물체를 말한다.

체가 움직일 수 있는지 혹은 어떻게 움직이는지 알 수 있다. 기구학을 분석하려면 각 구성품의 관절 결합은 물론이고 각 구성품의 초기 위치와 속력, 가속도 등도 지정해야 한다. 특히 관절의 공통 축, 원점 등을 제대로 지정해야 원하는 동작을 얻을 수 있다. 기구학 분석의 자세한 방법은 CHAPTER 09에서 설명한다.

4.4. 디지털 목업

앞에서 설명했듯이 조립체 모델은 조립 구성품의 논리적 결합 관계를 표현한다. 조립체 각 구성품의 재질, 물성 등의 물리적 속성을 입력하거나, 제조 공차와 제작 방법 등을 입력하면 더 다양한 실험과 테스트를 수행할 수 있다. 일반적으로 목업(mock-up)은 실제 크기(1:1)의 실물 모형으로 제품의 일부 기능을 테스트하거나 외관을 평가할 수 있다. 신제품을 개발할 때는 항상 목업을 만들어 미리 설계를 검증하거나 사용자의 반응을 살피기도 한다. 그런데 목업을 제작하는데 시간과 비용이 많이 들고, 설계 변경에 빠르게 대응하기가 쉽지 않아 컴퓨터 모델로 목업을 대신하는 경우가 많아졌다. 실제 목업을 대신하는 컴퓨터 모델을 디지털 목업(Digital Mock-Up, DMU)이라 하는데, 조립체 모델을 디지털 목업으로 활용할 수 있다.

조립체 각 구성품의 재질과 물리적 속성, 제작 방법, 제조 공차 등을 입력하면, 실물 목업 혹은 시작품(prototype)으로 수행하던 다양한 실험과 테스트를 디지털 목업으로 할 수 있다. 재료의 물성을 고려한 다양한 시뮬레이션으로 원하는 기능 혹은 성능과 수명을 평가할 수 있으며, 제품을 제작하고 조립하기 쉬우며 어려움은 없는지 확인할 수 있다. 최근에 디지털 목업은 설계의 모든 정보를 갖는 마스터 모델의 역할을 담당하기도 한다.

그림 8-12 디지털 목업 - 시뮬레이션의 예

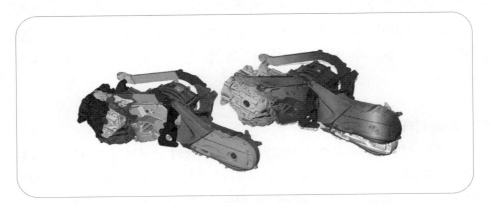

출처: Exnovo(https://resources.sw.siemens.com/en-US/case-study-exnovosiemens.com)

5. 연습 문제

1) 조립체 모델을 생성하는 방법은 크게 두 가지로 나뉜다. 두 가지 방법을 나열하고, 설명하시오.

2) 3차원 공간에 자유롭게 놓인 물체의 총 자유도는 얼마인가? 고정된 구성품에 회전 관절로 조립한 구성품의 자유도는 얼마인가?

3) 자전거 프레임에 자전거 핸들 구성품을 조립하려 한다. 어떤 종류의 관절 연결을 사용하면 좋겠는가?

6. 실습

6.1. 볼트와 너트

1) 바닥판, 평판 생성 – 두께 5T

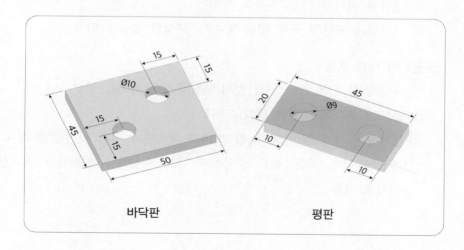

바닥판   평판

2) 볼트 - 지름 10, 길이 30, 육각 머리의 높이 5, 반지름 8

3) 너트 - 15×15×5, 구멍의 지름 10

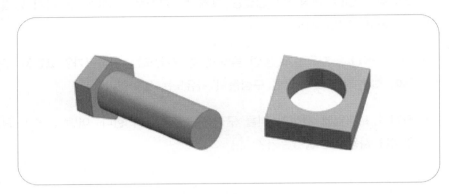

4) 바닥판과 평판 조립
   ① 바닥판 고정: 모든 자유도 제한
   ② 바닥판에 평판 올려놓기: 바닥판 윗면과 평판 아랫면을 접촉(혹은 짝, 일치)
   ③ 평판을 움직여 보기: 자유도 확인
   ④ 바닥판과 평판의 구멍 중심 맞추기: 구멍의 중심을 일치

5) 볼트와 너트 조립
   ① 구멍에 볼트 끼우기: 구멍 중심축과 볼트 중심축을 정렬
   ② 볼트를 움직여 적절한 위치로 이동
   ③ 볼트를 끝까지 밀어 넣기: 볼트 머리 아랫면과 평판 윗면을 접촉
   ④ 볼트에 너트 조립: 볼트 중심축과 너트 중심축을 정렬하고 적절한 위치로 이동

6) 다른 쪽 구멍에 볼트와 너트 조립 – 위와 같은 방법으로

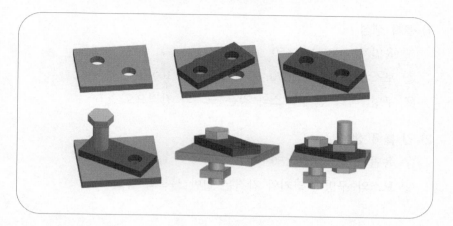

7) 간섭 확인
    ① 간섭이 발생하는 부품 쌍 찾기
    ② 간섭 부위 단면 확인
    ③ 간섭 깊이 계산

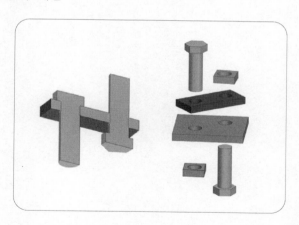

8) 분해도 생성

6.2. 레고 블록 조립

1) 블록 생성

① 육면체: $200 \times 100 \times 50$

② 보스: 윗면에 지름 70, 높이 30, 간격 100

③ 구멍: 바닥 면에 보스와 같은 크기와 간격으로

2) 긴 블록 생성

① 육면체: $400 \times 100 \times 50$

② 보스와 구멍의 크기와 간격은 일반 블록과 동일

3) 블록 조립
  ① 블록 2개, 4개 등으로 기본 구성품을 만들고, 그 구성품으로 더 복잡한 조립체 생성
  ② 기린 혹은 다양한 조립체 생성
  ③ 간섭 확인 및 분해도 생성

7. 실습 과제

7.1. '멈춤 걸쇠'의 조립체 모델과 분해도 생성

1) 분해도와 도면을 참고해 조립체를 생성하고, 분해도를 작성하시오.

2) 간섭을 확인하시오.

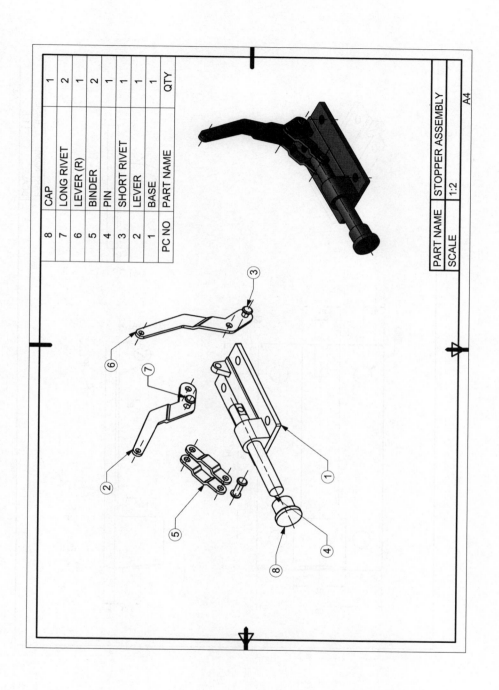

PC NO	PART NAME	QTY
8	CAP	1
7	LONG RIVET	2
6	LEVER (R)	1
5	BINDER	2
4	PIN	1
3	SHORT RIVET	1
2	LEVER	1
1	BASE	1

PART NAME	STOPPER ASSEMBLY
SCALE	1:2

A4

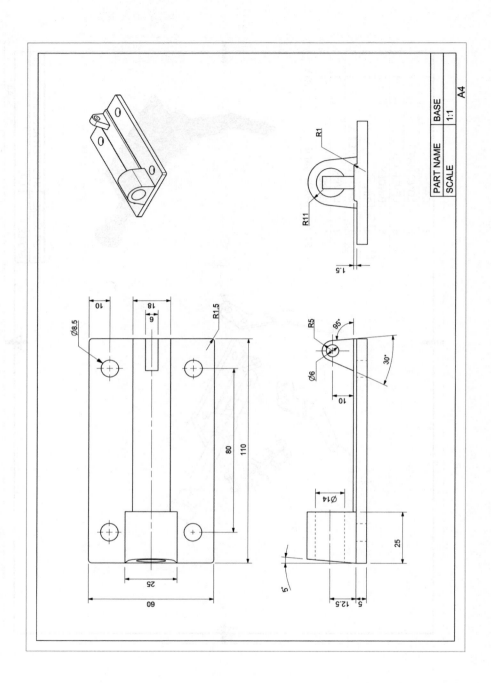

PART NAME | BASE
SCALE | 1:1
A4

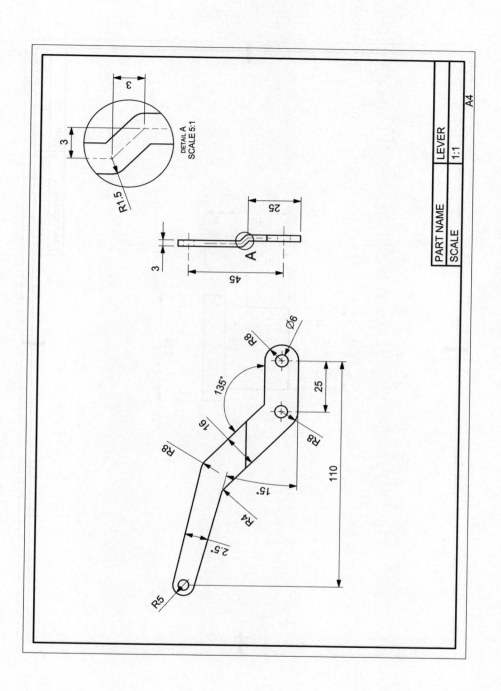

DETAIL A
SCALE 5:1

3

R1.5

3

25

A

3

45

R8

Ø6

135°

16

R8

25

R8

15°

R4

110

2.5°

R5

PART NAME	LEVER
SCALE	1:1

A4

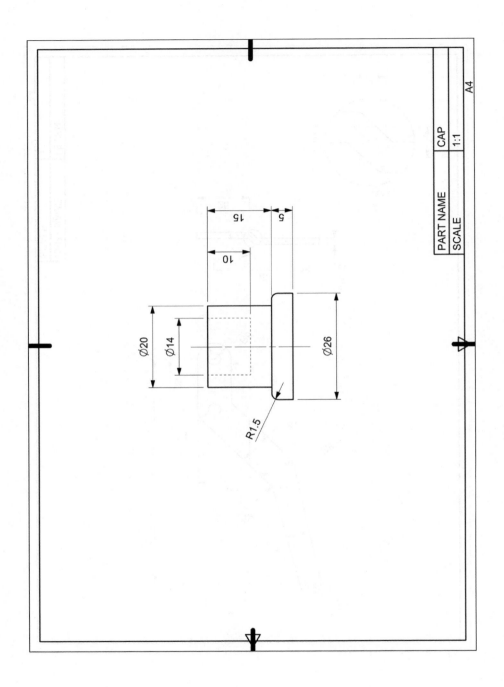

PART NAME | CAP
SCALE | 1:1

A4

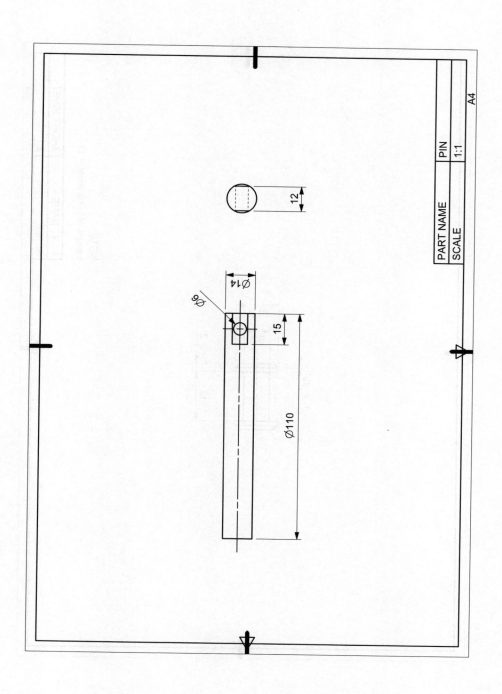

PART NAME PIN
SCALE 1:1

A4

Ø14
Ø6
15
Ø110
12

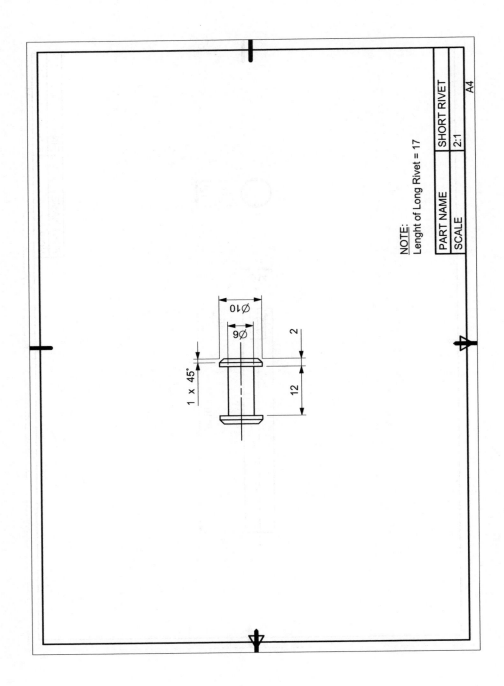

NOTE:
Lenght of Long Rivet = 17

PART NAME	SHORT RIVET
SCALE	2:1

A4

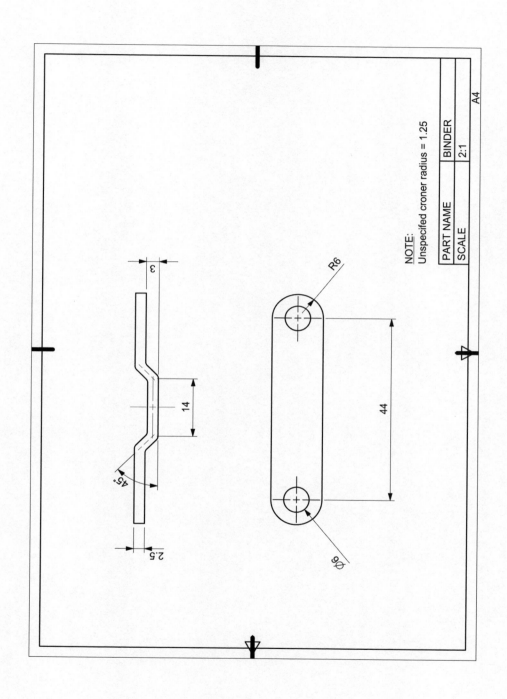

NOTE:
Unspecifed croner radius = 1.25

PART NAME	BINDER
SCALE	2:1

A4

CHAPTER 09   평가와 최적화

1. 개요

설계는 생각을 모델로 표현하고, 표현된 모델을 다양한 측면에서 평가하는
과정을 반복한다. 사용자가 좋아할 멋진 모습일지, 사용하기에 무게는 적절
할지, 제대로 작동은 할지, 거칠게 다루어도 부서지지 않고 튼튼할지 등의
평가를 통해 생각을 다듬을 수 있고, 더 나은 설계를 할 수 있다. 크기와 무
게 등은 간단한 측정으로 쉽게 그 값을 알 수 있고, 적절한 값인지 쉽게 평
가할 수 있다. 그러나 작동 여부와 사용성, 내구성 혹은 상품성 등은 다양한
실험과 분석을 거쳐야 평가할 수 있다.

물리적인 실물 모델(모형) 혹은 시제품은 직접 보거나 만질 수 있으며, 다양
한 물리적인 실험도 가능하다. 그러나 실물 모델은 일반적으로 제작이 어렵
고 시간과 비용이 많이 들어 반복적인 설계 과정에서 매번 실물 모델을 만들
기는 쉽지 않다. 실물과 다른 수학적 혹은 논리적 모델은 초기 개념 설계 단
계에서는 매우 유용하다. 그러나 설계의 구체성이 높아지면 구체적인 조건을
모두 반영한 모델을 만들기 어렵고, 설령 모델을 만들어도 주어진 시간에 해
를 찾기 어렵다.

최근 컴퓨터 성능과 CAD 기술의 발전으로 다양한 물리적 실험을 컴퓨터에
서 수행하고, 그 결과를 분석할 수 있다. 예를 들면, 설계된 제품을 일정 높
이에서 바닥으로 떨어뜨릴 때 부서질지 혹은 어디가 어떻게 부서질지를 컴퓨

터로 계산할 수 있게 되었다. 실제 존재하는 물리적 물체가 아니라 컴퓨터에서 계산 모델로 수행하는 실험을 모의 실험(가짜 실험, simulation)이라 부른다. CAD 모델을 어떻게 측정하고, 실험, 분석, 평가할 수 있는지 알아보자.

2. 측정

설계된 모델의 크기와 무게는 어떻게 측정할 수 있을까? 대부분의 CAD 시스템은 형상 모델의 길이, 면적, 부피, 무게 등을 측정하는 기능을 제공한다. 길이의 변형량인 깊이, 너비, 각도, 경사도 등도 측정할 수 있으며, 제조성을 평가할 수 있는 최대 경사도와 최소 반지름 등도 확인할 수 있다. 최소 반지름을 확인하면 밀링 가공에 사용할 절삭 공구의 크기를 정할 수 있고, 최대 경사도는 성형, 절삭 등의 용이성을 평가할 수 있다.

그림 9-1 CAD 시스템의 측정, 분석 예

a) 경사도 분석   b) 반지름 분석

제작에 필요한 재료의 양을 예측하려면 제품의 면적, 부피 등이 필요한데, 모양이 복잡한 경우에도 쉽게 모델의 면적, 부피 등을 계산할 수 있다. 각 부품의 재료 종류를 지정하거나 재료의 밀도를 지정하면 제품의 무게를 계산할 수 있으며, 복잡한 조립체라도 제품의 무게 중심을 계산할 수 있다.

길이 혹은 경사도를 측정할 때는 측정 방향에 주의가 필요하다. 면적, 부피, 무게 등을 측정할 때는 해당 물체가 올바른 하나의 입체 혹은 조립체인지 확인해야 한다. 보기에는 그럴듯해도 의도하지 않은 겹침이나 분리가 있을 때 올바른 측정이 곤란하다. 단일 물체는 불리안 연산을 적용해 하나의 입체 모델로 생성하는 습관을 들이는 것이 좋다.

3. 외관 평가 - 시각화

3.1. 개요

컴퓨터 모니터와 컴퓨터 그래픽 기술의 발전으로 CAD 모델을 실물처럼 시각화할 수 있으며, 개발하는 제품의 사실적인 외관을 설계 단계에서 평가할 수 있다. 화면에 그려지는 그래픽 이미지는 CAD 모델에 다양한 그래픽 속성을 더한 것으로, 적용하는 그래픽 속성과 기술에 따라 화면에 그려지는 이미지의 사실감과 느낌이 다르다. 다양한 요소가 그래픽 이미지의 사실감에 영향을 주는데, 그릴 대상물의 형태와 색깔, 재질은 물론이고 빛과 보는 방향, 주변 환경 등도 중요하다. 그리고 형상 모델을 그래픽 이미지로 그려주는 렌더링 기술도 중요한데, CAD 시스템들은 여러 가지 종류의 렌더링 기술을 제공하므로 목적에 맞게 골라서 사용해야 한다.

그림 9-2   모델과 이미지의 관계

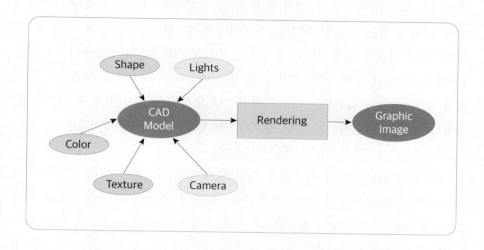

컴퓨터 화면에 입체 형상을 표시할 때 물체의 표면을 명암(shading)[1] 처리하거나, 물체의 모서리를 와이어프레임(wire-frame)으로 표시하는 방법이 일반적이다. 그런데 물체의 형상 특징을 잘 표현하는 방법은 사실적인 표현과 다르다. 물체의 모서리를 와이어프레임(wire-frame)으로 표시하는 방법이 전체적인 윤곽을 파악할 때 더 적합할 수도 있고, 자세한 형상을 간략하게 표시하거나 특정한 형상을 별도의 색깔로 표시해 강조할 수도 있다. 명암법과 와이어프레임 기법을 함께 사용하면 사실감에 더해 모서리가 강조되어 물체의 형상 특징을 더 쉽게 알아볼 수 있다.

3.2. 숨은 선과 숨은 면

명암법 혹은 와이어프레임 기법으로 입체 형상을 표시할 때 다른 면에 가리어 보이지 않는 선 혹은 면을 표시하지 않아야 한다. 다른 면에 가리어 숨

---

[1] '음영' 혹은 '음영법'을 shading의 번역으로 많이 사용하지만, 음영(陰影)은 그늘(陰)과 그림자(影)를 의미한다. Shade가 '그늘'의 의미도 있지만 shading은 그늘을 만드는 것이 아니라 물체 표면의 밝고 어두움을 표현한다. 따라서 '명암(明暗, 밝고 어두움)'이 더 적합하며, 미술과 사진 등의 다른 분야에도 널리 쓰이는 일반 용어이다.

은 선과 면은 현실에서는 당연히 볼 수 없는데, 컴퓨터 그래픽에서는 복잡한 알고리즘으로 물체의 숨은 선과 숨은 면을 판별한다. 숨은 선, 숨은 면을 보이지 않도록 하는 간단한 방법은 시점에서 멀리 있는 것을 먼저 그린 후 가까운 것을 덧칠해 숨은 면을 제거하는 '화가의 기법(painter's algorithm)'이다. 〈그림 9-3〉에서 물체 A를 먼저 그린 후 물체 B를 덧칠하면 자연스럽게 가려진 면은 보이지 않는다. 그러나 체인처럼 형상이 복잡하면 물체 단위로 가려지는 물체를 판별할 수 없고, 물체의 면 단위로도 판별이 어려울 수 있어 최근의 CAD 시스템에서는 사용하지 않는다.

CAD 시스템은 화면의 픽셀별로 시점과 물체의 거리를 비교하는 'z-버퍼 기법(z-buffer algorithm)'을 주로 사용한다. 화가의 기법은 물체별(그림 9-3에서 물체 A와 B)로 거리를 비교했는데, z-버퍼 기법은 픽셀별로 거리를 비교한다. z-버퍼[2]는 그래픽 렌더링을 위한 별도의 메모리이며, 컴퓨터 화면의 픽셀별로 깊이(시점에서 물체까지의 거리)를 저장할 수 있다. z-버퍼 기법은 z-버퍼에 저장된 깊이 값을 비교해 그 픽셀에 그릴 물체를 결정한다. 〈그림 9-3〉에 표시된 점 a와 b는 화면의 같은 픽셀에 해당하는 점인데, 물체 A를 그릴 때 a의 깊이를 z-버퍼에 저장한다. 나중에 물체 B를 그릴 때 b의 깊이가 a보다 더 가까우므로 b를 그리고 z-버퍼의 깊이 값을 갱신한다. 물체 B를 먼저 그린 후 A를 그린다면 저장된 b의 깊이가 더 가까우므로 a를 그리지 않는다. 최근의 컴퓨터 그래픽 카드는 대부분 z-버퍼를 지원하고 있어 빠른 렌더링이 가능하다.

---

2) 그래픽 화면은 수평(horizontal) 방향이 X축이고, 수직(vertical) 방향이 Y축이다. 화면 좌표계는 왼손 좌표계를 사용하며, Z축이 화면을 뚫고 들어가는 방향이다. 화면 좌표계의 Z값을 저장하는 버퍼이므로 'z-버퍼'라 한다. Z값이 화면에서 물체에 이르는 깊이이므로 '깊이(depth)-버퍼'라고도 한다.

그림 9-3 숨은 면 제거 기법

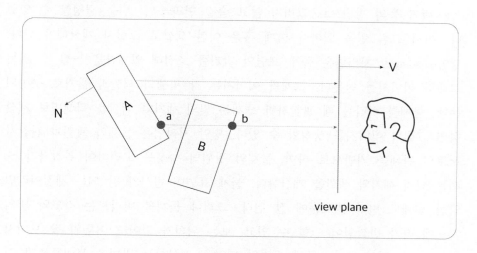

view plane

　컴퓨터 화면의 물체를 회전하거나 확대할 때 화면이 껌뻑거리지 않고 자연스럽게 보이려면 1초에 24번[3] 이상 다시 그려야 한다. z-버퍼를 사용하더라도 화면에 그릴 물체가 많고, 그 물체를 구성하는 면이 복잡하다면 계산량이 많아 화면이 껌벅거리는 현상(flickering)이 발생한다. CAD 시스템은 빠른 연산을 위해 시선과 반대쪽으로 향하는 면을 그리지 않는 '후향면 제거(back face culling) 기법'을 z-버퍼 기법과 함께 사용한다. 〈그림 9-3〉에서 보듯이 면의 법선(N)과 시선 벡터(V)의 내적이 0보다 작으면 뒤쪽을 향하는 면이므로 그릴 필요가 없다. 그러나 곡면 모델 혹은 불완전한 입체 모델로 표현된 물체는 안팎 구분이 없거나 면의 법선 방향이 정확하지 않아 후향면 제거 기법을 적용했을 때 잘못된 이미지가 생성될 수 있다. 이때는 렌더링 시간이 다소 더 걸리더라도 후향면 제거 기능을 꺼야 올바른 그래픽 이미지를 얻을 수 있다.

---

3) 1초에 화면(frame)을 다시 그리는 횟수의 단위가 fps(frame per second)이다. 영화는 24fps가 보편적이며, 빠른 동작의 스포츠, 다큐멘터리 등은 60fps를 사용하기도 한다.

3.3. 명암 처리법

z-버퍼 등의 방법으로 그리지 않고 숨길 면과 그릴 면을 결정할 수 있었다. 이제 그릴 면을 얼마나 밝게 혹은 어떤 색깔로 그릴지 계산해야 한다. 명암(shading)[4] 처리법은 물체 표면의 밝기를 조절해 입체감을 느낄 수 있는 그래픽 이미지를 만든다. 그래픽 이미지는 각 픽셀의 색깔과 밝기로 구성되는데, 물체를 바라볼 때 관찰자가 느끼는 빛의 세기와 색깔을 픽셀별로 계산하면 그래픽 이미지를 생성할 수 있다. 명암 처리법은 물체와 광원과 관찰자 서로의 관계를 기반으로 하며, 물체와 광원의 속성을 고려하여 관찰자가 느끼는 빛의 세기와 색깔을 계산한다. 물체 표면이 반사가 잘 되는 재질이라면 약한 빛에도 반짝이며 눈에 잘 띈다. 그러나 물체를 바라보는 각도와 빛의 각도에 따라 반짝임이 덜할 수 있고, 보는 위치가 멀어도 어두워 잘 보이지 않는다. 〈그림 9-4〉는 물체 표면의 명암을 계산하는 방법을 보여주는데 시선 방향이 반사광 방향과 일치한다면 빛이 세게 느껴져 물체의 해당 부위가 아주 밝게 보일 것이다. 반사광의 방향은 관찰자와 무관하고 입사광과 면의 법선이 이루는 각도에 의해 결정된다. 결과적으로 물체의 자세가 달라지거나, 빛의 위치가 바뀌면 관찰자가 느끼는 빛의 세기가 달라진다.

---

4) 물체 표면의 밝고 어두움을 표시하는 명암(shading)은 물체가 만드는 그림자(shadow)와 다른 개념이다. 명암(shade)과 그림자(shadow)는 다른데, 명암은 물체 표면의 '밝고 어두움'을 의미하며, 그림자는 물체가 빛을 가려 생기는 '부분적인 공간의 어두움'이다.

그림 9-4 관찰자가 느끼는 빛의 세기에 영향을 미치는 요소

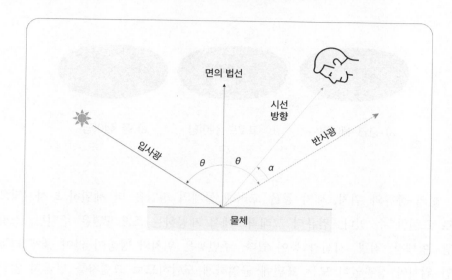

명암 처리법으로 CAD 모델을 그래픽 이미지를 표시할 때 형상의 표면을 주로 삼각형으로 구성된 다면체 모델로 변형해서 명암을 계산한다. 이때 삼각형의 크기가 작고 많으면 부드러운 곡면을 표현할 수 있지만 그래픽 계산에 시간이 오래 걸리므로 적절한 개수의 큰 삼각형으로 형상을 표시한다. 그런데 삼각형 단위로 법선이 결정되고, 그 법선으로 반사광의 방향이 결정되므로 인접한 삼각형의 반사광이 연속적이지 않고 급격히 변한다. 반사광의 방향이 급격히 변하면 〈그림 9-5〉의 a)에서 보듯이 명암도 급격히 변해 삼각형 면이 드러나 부드러운 곡면이 각져 보이기도 한다. 평면 쉐이딩(flat shading) 기법은 각 삼각형의 명암을 그대로 표시하지만 고로드(Gouraud) 기법, 퐁(Phong) 기법 등은 곡면을 부드럽게 보이도록 만든다. 사용하는 컴퓨터의 그래픽 성능이 충분하다면 삼각형의 크기를 줄이고 개수를 늘리거나 더 우수한 렌더링 기법으로 변경해서 곡면을 부드럽게 표시할 수 있다.[5]

---

5) 평면 쉐이딩은 각진 면이 그대로 표시되지만 가장 처리 속도가 빠른 명암 표시 기법이다. 그래서 그래픽 성능이 나쁜 컴퓨터라면 평면 쉐이딩을 선택해야 한다. 최근의 CAD 시스템은 컴퓨터 성능을 고려해 자동으로 렌더링 기법을 적용하기도 한다.

그림 9-5　세 가지 명암 처리법

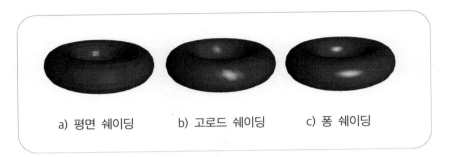

a) 평면 쉐이딩　　　b) 고로드 쉐이딩　　　c) 퐁 쉐이딩

　빛의 종류와 위치, 세기 등을 고려해 물체의 명암을 더 세밀하고 사실적으로 표현할 수 있다. 컴퓨터 그래픽스에서 제공하는 조명 모델은 주변광, 스팟광, 평행광, 점광, 시선광 등이 있다. 주변광은 위치와 방향이 없어 물체가 놓인 위치와 상관없이 모든 표면에 균일하게 도달하므로 그림자를 만들지 않는다. 스팟광과 점광은 특정한 위치에 광원이 있어 물체와 가까울수록 강한 빛이 물체 표면에 도달한다. 점광은 사방으로 퍼져 나가지만 스팟광은 지정된 각도만 비추므로 특정 부분을 강조할 때 유용하다. 평행광은 태양광처럼 한 방향으로 평행하게 뻗어나가며 거리에 따른 밝기 변화가 없다. 시선광은 관찰자의 시점에서 나아가는 조명 모델로 항상 물체의 밝은 면을 관찰할 수 있다.

　멋진 제품 사진은 빛과 배경을 적절히 제어하는 전문 스튜디오에서 주로 촬영하는데, 전문 촬영 스튜디오는 적어도 3개 이상의 조명을 사용하며, 조명의 종류와 위치, 세기 등을 조절한다. 조명을 조절할 수 있는 다양한 기능을 CAD 시스템이 제공하지만 표시하려는 대상물에 맞는 전문적인 조명을 직접 설정하기가 쉽지 않다. 그래서 CAD 시스템은 전문적인 조명이 설정된 다양한 스튜디오를 제공한다. 대상물에 맞는 적절한 스튜디오를 고르면 그에 맞는 최적의 그래픽 이미지를 생성할 수 있다. 그리고 주어진 사진 이미지와 비슷한 느낌이 나도록 조명을 설정하거나, 주어진 배경 이미지에 어울리는 밝기와 대비를 지정하는 기능들도 있다.

3.4. 사실적(realistic) 렌더링

그래픽 이미지의 사실감을 높이기 위해서는 사용자가 형상의 재질 혹은 표면 질감을 정확히 지정해야 한다. 물체의 재질과 표면 질감 등은 빛이 그 물체를 통과하거나 반사되는 양과 방향을 결정한다. 빛이 통과하거나 산란, 반사하는 양을 직접 제어할 수도 있지만 전문가가 아닌 경우 매우 어려운 일이므로 CAD 시스템에 준비된 다양한 재질과 질감을 적용하는 것이 적절한 방법이다. 이때 설계된 제품의 실제 재질과 같은 재질을 선택할 필요는 없다. 우리가 보는 물체는 페인팅과 코팅 등으로 전혀 다른 색감과 질감을 가지며, 같은 재질의 표면도 거칠게 마감하거나 연마 등으로 매끈하게 마감하면 전혀 다른 느낌이 든다.

적절한 조명과 재질을 선정했다면 올바른 렌더링 기법을 선택해야 한다. 조명 아래 있는 물체는 항상 그림자가 생기고, 빛에 따라 그림자의 위치와 진하기도 달라지는데 현실감 있는 그림자를 계산하는 일은 복잡하고 많은 연산이 필요하다. 유리 혹은 물처럼 빛 일부가 투과되는 재료와 거울처럼 다른 이미지가 비치는 반짝이는 표면을 사실적으로 표현하려면 많은 계산이 필요하다. 사실감이 높은 이미지를 생성하는 렌더링 기법들은 계산량이 많아 일반적인 컴퓨터 성능으로는 실시간으로 이미지를 생성하기 어렵다. 형상을 회전하거나 확대하면서 빠르게 그려볼 때는 사실감이 부족하지만 1초에 수십 번 이미지를 생성할 수 있는 빠른 렌더링 기법을 사용해야 한다. 빠른 렌더링 기법은 그림자를 그리지 않거나 간략하게 표시하며, 투명한 재질과 반사 이미지 등을 사실적으로 표시하지 않는다. 이미지의 크기 혹은 해상도를 낮추어 계산 시간을 줄이기도 한다.

앞에서 설명한 고로드, 퐁 등의 명암법은 그림자와 투명한 재질 등을 표현할 수 없다. 세밀한 명암과 그림자, 투명한 재질, 반사 등을 사실적으로 표현할 때는 광선 추적법(ray tracing 혹은 ray casting)과 같은 별도의 고품질 렌더링 기법을 사용해야 한다. 광선 추적법은 픽셀 단위로 관찰자 시선부터 시작해 빛을 추적한다. 〈그림 9-6〉에서 관찰자 눈에서 출발한 시선은 물체 A에 닿아 일부는 투과해 광원에 도달하고, 일부는 반사되어 B에 닿은 후 다시 반사되어 광원에 도달한다. 이 과정을 따라 빛의 세기를 계산하면 해당 픽셀의 밝기와 색깔을 결정할 수 있다. 광선 추적법은 계산량이 많아 최근의 컴퓨터를 사용하더라도 실시간으로 이미지를 계산할 수 없다. 광선 추적법을 사용할 때는 대부분 별도의 고정된 자세로 이미지를 생성한다.

그림 9-6 　광선 추적법의 개념

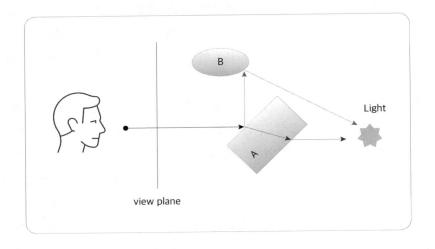

그림 9-7 　광선 추적법으로 생성한 이미지

a) 투명 페트병　　　b) 플라스틱 제품

단순히 사진 같은 이미지가 아니라 사람의 시각적 인식 체계에 기반한 시각화 방법들도 있다. 사람의 시각적 인식도 2차원 망막으로 인지한 이미지에 기초하는데, 사람이 2차원 이미지를 3차원 입체로 느끼는 사실감은 원근감, 크기, 배경 등과 관계가 있다. 양쪽 눈에 보이는 물체의 모습을 조금 달리해서 원근감과 입체감을 느끼게 하는 3차원 입체 영상 기술이 대표적이다. 작은 화면보다 대형 화면을 사용하면 크기의 사실감을 제공할 수 있으며, 익숙한 물체와 크기 비례를 맞추고 시점과 물체의 거리를 적당히 조절하는 것도 매우 중요하다. 데칼(decal) 기능으로 물체의 표면에 상표와 자연스러운 흠결 등을 넣어 사실감을 높이기도 한다. 멀리 있는 물체를 흐리게 표시하거나, 자연스러운 배경을 두는 것도 사실감을 높이는 방법이다.

4. 곡면 품질 분석

대부분의 제품 외관은 여러 개의 곡면으로 구성되는데, 단순한 기계 부품이 아니라 소비재 제품이면 각각의 곡면이 부드러운지 그리고 얼마나 자연스럽게 연결되었는지 평가한다. 실제 생산품은 여러 개의 평행한 선 광원을 제품 표면에 비추면서 곡면의 부드러움과 자연스러움을 검사하는데, 컴퓨터에서는 곡면의 곡률을 얼룩무늬(zebra pattern) 혹은 등고선으로 시각화해서 살펴볼 수 있다. 곡률 무늬가 갑자기 변화하거나 곡면 연결 부위에서 부드럽게 이어지지 않는다면 실제 생산된 제품의 외관 품질도 만족스럽지 않을 것이다.

그림 9-8 곡률 시각화의 예

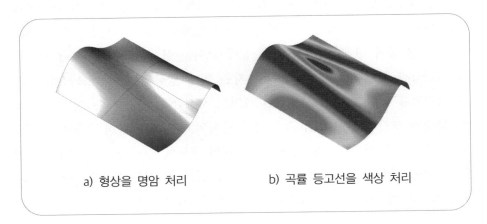

a) 형상을 명암 처리   b) 곡률 등고선을 색상 처리

그림 9-9 얼룩무늬로 곡면 연속성 품질 검사

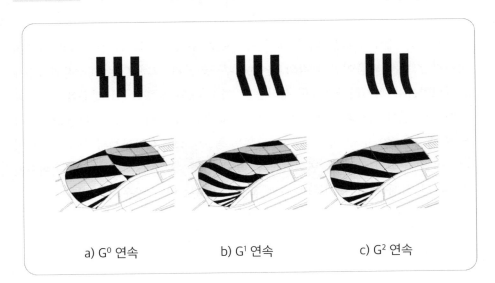

a) G^0 연속   b) G^1 연속   c) G^2 연속

5. 기구학 분석

설계된 조립체가 의도한 대로 움직이는지 CAD 시스템에서 평가하려면 기구학 분석(kinematic analysis) 혹은 운동 모의 실험(motion simulation) 등의 기능을 사용한다. 기구학은 물체의 움직임을 분석하는데, 물체가 움직이는 궤적, 속도, 가속도 등을 분석한다. 기구학의 '기구(機構, mechanism)'는 운동을 전달, 통제 혹은 제한하도록 물체를 배열하고 연결한 시스템이며, 기계와 도구를 통틀어 이르는 '기구(器具)'와 다른 용어이다. 기구학에서는 물체의 질량 혹은 힘은 고려하지 않으며, 물체를 모양과 크기가 변하지 않는 강체(rigid body)로 가정한다.

설계한 조립체의 움직임을 분석하려면 조립 구성품을 강체 링크로 분류하고, 링크와 링크를 연결하는 관절을 지정한 후 초기 운동을 설정해야 한다. 간단한 조립체는 CAD 시스템이 자동으로 링크를 분류하고, 관절을 지정할 수도 있다. 그러나 복잡한 조립체는 물론이고 간단한 경우에도 CAD 시스템이 설정한 값들이 적절한지 확인하고, 실험과 분석을 효율적으로 수행하려면 기구학 관련 용어와 개념을 공부할 필요가 있다. 본책에서는 CAD 시스템에서 기구학 분석 기능을 사용하는데 필요한 최소한의 개념을 소개한다.

5.1. 운동과 자유도

기구학에서 다루는 물체의 운동[6]은 크게 회전 운동과 병진 운동으로 나눈다. 병진 운동은 물체 내부의 모든 점이 직선으로 이동하는 운동이며, 회전 운동은 물체 내부의 모든 점이 임의의 어떤 점을 기준으로 원을 그리는 운동이다. 물체의 모든 운동은 회전 운동과 병진 운동으로 표현할 수 있으며, 회전과 병진 운동이 동시에 일어날 수도 있다.

어떤 물체의 자유도(Degree Of Freedom, DOF)는 그 물체에 허용되는 독립적인 운동의 개수이며, 그 물체의 위치와 자세를 정확히 나타내는 데 필요한

---

6) 기구학에서 다루는 물체의 운동은 힘을 고려하지 않는 움직임을 의미한다.

숫자의 최소 개수이다. 2차원 평면 공간에서 모양을 가진 물체는 X와 Y 두 방향의 직선 운동으로 위치를 바꿀 수 있고, 특정 위치에서 회전 운동으로 자세를 바꿀 수 있어서 자유도는 3이다. 3차원 입체 공간에서는 X, Y, Z의 세 방향으로 직선 운동[7]할 수 있고, 각각의 축을 중심으로 회전 운동할 수 있어서 자유도는 6이다.

자유도 개념을 이해하기 위해 〈그림 9-10〉을 살펴보자. 2차원 평면에 자유롭게 놓인 막대의 자유도는 3이다. 또 다른 자유로운 막대의 자유도도 3이고, 자유도의 합은 6이다(a). 이제 오른쪽 막대를 왼쪽 막대 끝에 단단히 고정(-3)하자. 막대가 두 개지만 하나로 합쳐진 것과 같으므로 전체 자유도는 3이다(b). 연결 부위가 회전(+1)할 수 있다면 자유도가 추가되어 전체 자유도는 4이다(c). 이제 막대의 한쪽 끝을 바닥에 고정(-3)하여 회전(+1)할 수 있으면 전체 자유도는 2이다(d). 긴 막대는 바닥에 놓인 점을 중심으로 회전 운동하고, 짧은 막대는 긴 막대 끝에서 회전 운동한다. 어느 막대도 직선 운동할 수는 없다.

그림 9-10   막대의 자유도

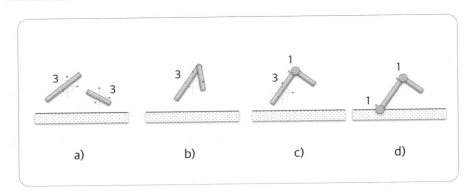

a)　　　　　b)　　　　　c)　　　　　d)

---

7) 직선 운동(linear motion, translation)은 병진(竝進, 함께 나아감) 운동이라고도 한다. 한 위치에서 다른 위치로 물체의 모든 부분이 같은 거리, 같은 방향으로 동시에 움직이는 운동을 말한다.

5.2. 링크와 관절

기구학의 링크(link)는 기구를 이루는 기본 물체로 움직이는 요소이다. 기구학의 링크는 크기와 모양이 변하지 않는 강체를 가정하며, 힘을 전달한다. 흔히 조립체를 이루는 부품 혹은 구성품을 링크로 혼동하는데, 여러 개의 입체 부품으로 구성된 조립체도 서로 움직이지 않도록 단단히 고정되어, 하나처럼 움직이는 한 덩어리의 뭉치라면 하나의 링크이다. 〈그림 9-11〉에서 보듯이 회전판에 기다란 막대가 볼트로 조립된 조립체도 하나처럼 움직인다면 하나의 링크로 지정해야 한다.

그림 9-11 링크와 관절

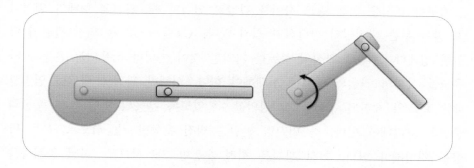

기구학의 관절(joint)은 링크와 링크를 연결하는데, 단단히 고정하는 것이 아니라 연결된 링크가 상대적인 운동이 가능하도록 연결한다. 링크는 형태가 있는 구체적 물체이지만 관절은 링크 쌍(pair)의 운동을 제한하는 구속 조건(constraint)이며, 개념이다.[8] 기구학의 구속 조건은 자유도와 반대의 개념으로 구속이 늘면 링크 쌍의 상대 운동을 제한해서 자유도를 줄인다. [표 9-1]은 대표적인 관절의 종류와 해당 관절로 연결된 링크의 자유도를 나타낸다. 회전 관절로 연결된 링크는 회전 운동만 가능하며, 다른 모든 운동이 구속되어 자유도는 1이다.

---

8) 기구학의 관절(joint)과 쌍(짝 혹은 대우, pair)은 모두 기구학의 구속(kinematic constraint)을 일컫는다.

표 9-1 관절의 종류와 구속조건의 수

관절의 종류	자유도
회전(revolute)	1
미끄럼(prismatic, slider)	1
원통(cylindrical)	2
나사(helical, screw)	1
평면(planar)	3
구(spherical, ball)	3

　기구학 분석을 위해 링크 사이를 관절로 연결할 때, 관절의 형태가 일정하지 않아 무슨 관절인지 판단하기 쉽지 않다. 〈그림 9-12〉는 회전 관절의 다양한 형태다. 형태로 관절의 종류를 파악할 것이 아니라 허용되는 운동과 자유도를 살펴서 관절의 종류를 선택해야 한다. 선택한 관절로 링크를 연결할 때는 링크의 제한된 운동을 잘 정의할 수 있도록 운동의 방향 혹은 운동의 중심을 고려해야 한다. 즉 미끄럼 관절은 병진 운동만 가능하므로, 운동 방향을 지정해야 한다. 회전 관절은 회전 운동만 가능하므로, 회전 중심축을 지정해야 한다. 회전 중심축은 위치와 방향으로 정의되므로, 회전 중심점의 위치와 축의 방향을 각각 지정할 수 있다. 원통 관절과 나사 관절도 회전 중심축을 지정하며, 나사 관절은 1회전 할 때 이동하는 거리를 지정한다. CAD 기술의 발전으로 조립체의 경우 관절의 선택과 설정이 자동으로 이루어지기도 하지만 그 결과를 꼭 확인해야 한다.

그림 9-12 다양한 회전 관절

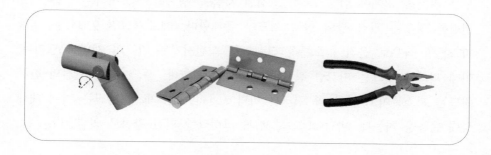

한 쌍의 기어가 맞물려서 움직이거나, 체인 혹은 케이블이 바퀴를 회전하는 것도 기구학의 링크와 관절로 표현할 수 있다. 대부분의 CAD 시스템은 기구학 분석을 위해 '기어 쌍', '랙과 피니언', '케이블과 바퀴' 등과 같이 특수한 기구학적 관절(구속 조건)을 제공하거나, 링크의 운동을 구속하는 다양한 구속 조건 요소를 제공한다. 이러한 특수 관절로 링크를 연결할 때 물리 법칙이 아니라, 한쪽 링크가 일정한 양을 움직일 때 다른 쪽 링크가 움직일 양을 개념적으로 생각하면 쉽다. 즉, 기어비를 입력하거나 서로 맞닿는 점을 지정하면 원하는 연결과 동작 분석이 가능하다.

그림 9-13 특수한 기구학적 관절의 예

a) 기어쌍   b) 랙과 피니언   c) 체인과 체인 바퀴

실제 기계는 대부분 바닥에 놓여 있고, 바닥과 닿은 부품은 움직이지 않는다. 기구학 분석에서 바닥에 고정된 링크를 제대로 지정하지 못해 어려움을

겪는 경우가 많다. 움직이지 않는 링크들은 바닥(ground)에 고정(fix)해서 자유도를 완전히 없애야 한다. 특히 고정된 부품을 생략하고 움직이는 부품만 모델링한 경우는 관절 쌍의 한쪽 링크만 존재한다. 예로 〈그림 9-14〉는 왼쪽 피스톤이 좌우로 움직여 오른쪽 크랭크를 회전시키는 기구의 개념 모델이다. 이때 피스톤 링크는 미끄럼 관절로 바닥과 연결한다. 즉, 미끄럼 관절의 한쪽 링크는 피스톤이고 다른 쪽 링크는 바닥(ground)이다. 또, 크랭크는 벽에 대해 상대 운동을 하는데, 바닥(실제로는 벽)과 크랭크를 회전 관절로 연결한다.

그림 9-14 피스톤 운동 개념 모델

5.3. 구동장치

기구학 분석을 위해 마지막으로 지정할 내용은 구동장치(driver)이다. 특정 링크를 움직여야 연결된 링크들이 어떻게 움직이는 분석할 수 있다. 수동으로 링크를 움직여 볼 수도 있지만 대개의 시스템은 링크의 운동을 숫자나 함수로 입력할 수 있다. 먼저 움직일 링크 혹은 관절을 선택하고, 병진 운동의 경우 움직일 거리와 속도, 초기 위치 등을 입력할 수 있다. 회전 운동의 경우는 움직일 각도와 각속도, 초기 각도 등을 입력한다. 반복적인 운동은 별도의 함수를 지정하거나, 삼각함수의 사인 곡선으로 움직일 거리와 주기를 지정할 수 있다.

5.4. 실행과 분석

링크와 관절, 구동장치 등의 설정이 완료되면 기구학 분석 프로그램을 실행(solve)해서 해(solution)를 얻고, 기구의 움직임을 분석할 수 있다. 그러나 대부분 실행 버튼을 누르면 알 수 없는 오류 메시지를 받게 된다. 무엇이 잘못되었을까? 복잡한 기구를 한 번에 분석하려고 시도하지 말고 링크와 관절을 하나씩 추가하면서 단계적으로 분석하는 것이 좋다. 바닥과 연결된 링크 하나가 단독으로 잘 움직이면, 그다음 링크를 연결해서 제대로 움직이는지 확인한다. 지정된 링크 혹은 관절을 활성화, 비활성화하면서 단계적으로 분석하면 기구를 이해하기 쉽고, 오류를 찾기도 쉽다.

연결된 링크가 원하는 대로 움직이지 않거나 오류 메시지를 받으면, 기구의 자유도를 확인해 보자. 자유도가 남거나, 부족하면 기구가 원하는 대로 움직이지 않는다. CAD 시스템에서 각 링크 혹은 전체 기구의 자유도를 확인할 수 있다. 모든 물체의 운동이 서로 평행한 평면에서 이루어지는 평면 기구라면 기구의 자유도는 아래 식[9]과 같이 계산한다.

$$M = 3(N - 1 - J) + SUM(Fi)$$

식에서,

M = 자유도 혹은 이동성

N = 링크의 수(바닥 링크 포함)

J = 관절의 수

Fi = i번째 관절의 자유도

기구가 바닥과 연결되지 않은 때도 무조건 바닥 링크를 N에 포함한다. 그리고 여러 개의 링크가 바닥과 연결된 때도 하나의 큰 바닥 링크로 생각하므로, 포함할 바닥 링크의 수는 항상 1이다. 〈그림 9-15〉의 평면 기구는 바닥을 포함해서 링크가 4개며, 관절은 모두 회전 관절이고 4개(A, B, C, D)이다. 회전 관절의 자유도는 1이므로, $M = 3 \times (4-1-4) + 4$이며, 전체 자유도는 1이다. 즉, 이 기구는 어느 부분을 어떻게 움직이든 같은 동작의 한 가지 운동만 가능하다.

---

9) Grubler의 식을 확장한 Kutzbach의 식이다.

그림 9-15 바닥과 연결된 기구

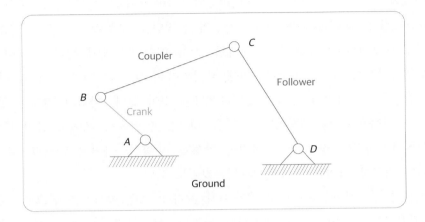

관절이나 링크가 서로 평행한 평면에 놓이지 않는 3차원 공간 기구의 자유도는 다음 식과 같다.

$$M = 6(N - 1 - J) + SUM(Fi)$$

〈그림 9-15〉의 기구가 3차원 공간에 놓인 기구라고 가정하고 자유도를 계산하면 -2가 된다.[10] 과도하게 구속된 움직일 수 없는 기구이다. 왜 그럴까? 평면 기구가 아니라 공간 기구로 가정했으므로 관절과 링크가 평행하지 않은 평면에 놓일 수 있다. 즉, 회전 관절의 회전축이 평행하지 않아 움직일 수 없다. 2개의 관절을 구 관절(ball joint)로 변경하면, 관절 자유도의 합은 8(=1+3+3+1)이고, 기구의 자유도는 2가 된다.

실행에 성공해서 해를 얻으면 다양한 분석이 가능하다. CAD 시스템에 따라 제공하는 분석 기능은 다르지만, 각각의 링크가 움직이는 궤적과 속도, 가속도 등을 확인할 수 있다. 또 작업 영역을 계산하고, 링크의 간섭을 확인하기도 한다. 분석 후 결과가 만족스럽지 않으면 형상을 변경하거나 새로운 기구를 설계하고 분석을 반복해야 한다.

---

10) $M = 6(4 - 1 - 4) + (1 + 1 + 1 + 1) = -2$

6. 구조 해석

설계된 제품이 얼마나 튼튼한지 확인해 보자. 설계된 제품에 힘을 가했을 때 어디가 얼마나 변형되고, 가장 먼저 부러지는 부분은 어디이며, 설계된 제품의 수명은 얼마일지 등을 알면 더 적절한 구조의 제품을 설계할 수 있다. 제품의 구조는 제품의 강도는 물론이고, 열특성, 진동특성 등에도 영향을 준다. CAD 시스템은 부품 혹은 조립체에 가상의 힘과 진동, 열 등을 가하고 물체의 변화를 관찰하는 실험을 수행할 수 있는 구조 해석(structural analysis) 혹은 구조 모의 실험(structural simulation) 기능을 제공한다. CAD 시스템에서 구조 해석은 주로 유한요소법(Finite Element Method, FEM)을 사용하는데, 유한요소법을 사용하는 해석을 유한요소해석(Finite Element Analysis, FEA)이라고도 한다. 다양한 종류의 구조 해석 중에 강도 해석(strength analysis)은 모든 구조 해석의 기본으로 외부에서 가해지는 힘에 의한 구조물의 변형과 강도적 안정성을 검토한다. 본책은 CAD 시스템에서 유한요소법을 사용하는 강도 해석을 중심으로 구조 해석을 소개한다.

구조 해석을 위해 먼저 각각의 부품 혹은 조립체에 재료를 지정해야 한다. 재료의 물리적 성질이 구조의 변형과 강도 계산에 사용된다. 구조를 분석할 모든 물체의 형상을 메쉬 형태로 변환하고, 하중조건과 구속조건을 설정하면 구조를 해석할 수 있다.

6.1. 메쉬(mesh) 생성

현실 세계의 모든 물체는 작은 입자인 분자로 구성되고, 분자들의 상호 작용으로 힘과 열 등이 전달되고 물체가 변형된다. 유한요소법은 물체를 작고 간단한 입자의 합으로 가정하고, 그 입자들의 물리적 상호 작용을 계산한다. 그런데 우리가 일상에 사용하는 크기의 물체는 거의 무한한 개수의 분자[11]로 구성된다. 입자의 수가 너무 많으면 계산이 어려워, 유한요소법은 분자와 비

---

11) 500cc의 물에 몇 개의 물 분자가 있는지 확인해 보자.

교해 아주 크지만, 물체와 비교해 작고 단순한 형태로 물체가 차지하는 공간을 분할한다. 단순한 형태의 작은 요소를 유한 요소 혹은 메쉬 요소라 하고, 분석할 물체를 메쉬 요소로 표현하는 것을 메쉬 생성이라 한다.

메쉬 생성에 흔히 사용하는 요소는 〈그림 9-16〉과 같은 사면체, 오면체, 육면체 등의 3차원 요소인데, 두께가 얇은 부품은 입체가 아니라 삼각형, 사각형 같은 2차원 요소를 사용하며, 가늘고 긴 막대와 같은 부품은 1차원 요소로 형태를 표현하기도 한다. 입체로 잘 모델링된 CAD 모델을 3차원 요소로 메쉬를 생성하는 일은 어렵지 않다. 그러나 요소의 개수가 많으면 프로그램이 구조를 해석하는데 많은 메모리가 필요하고, 계산에 시간이 오래 걸린다. 요소의 수가 지나치게 많으면 아예 계산을 할 수 없다. 반면에 요소의 수를 줄이고, 요소의 크기가 커지면 정밀한 분석이 어렵다.

그림 9-16 메쉬 요소의 종류

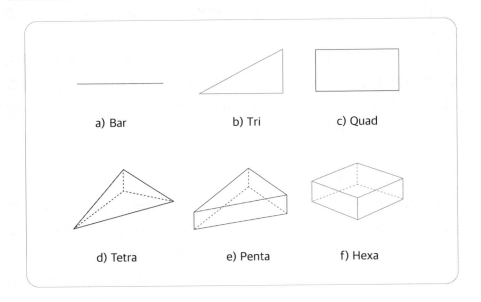

a) Bar   b) Tri   c) Quad

d) Tetra   e) Penta   f) Hexa

형상이 작고, 정밀한 분석이 요구되는 부품 혹은 영역은 메쉬의 크기를 줄여야 한다. 메쉬의 크기와 개수를 적절히 조절하는 것이 메쉬 생성의 기술이다. 메쉬를 생성할 때 메쉬의 크기와 개수를 조절하는 다양한 방법이 있는 데, 메쉬의 최대 혹은 최소 크기를 제한하거나, 형상의 곡률을 고려할 수도 있다. 정밀한 관찰이 요구되는 모서리 혹은 면만 메쉬 요소의 크기를 별도로 지정할 수도 있다.

그림 9-17 메쉬 크기 조절

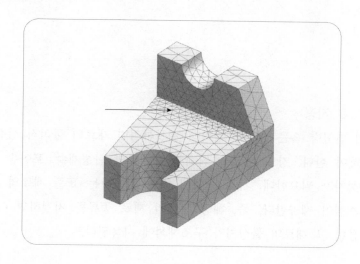

　작은 형상을 표현하려면 메쉬의 크기가 작아지고 요소의 개수가 많아져 계 산이 어려워진다. 작은 반지름의 모깎기 형상과 작은 지름의 구멍 등이 대표 적이다. 그래서 구조해석에 불필요한 작은 형상을 제거해서 전체 형상을 간 략화하기도 한다. 〈그림 9-18〉의 작은 모따기를 무시해도 전체적인 해석 결 과에 큰 영향을 미치지 않을 것이다. 불필요한 형상들을 제거할 때는 설계 형상을 그대로 보존하면서, 메쉬를 생성할 때만 그 형상을 무시하는 기능을 사용한다. 컴퓨터 성능의 비약적 발전과 해석 프로그램의 기능 개선으로 이 러한 작업의 중요성이 낮아지고 있다. 간단한 형상의 경우 기본적인 메쉬 작 업으로도 좋은 결과를 얻을 수 있다.

그림 9-18 형상 간략화 - 모따기 제거

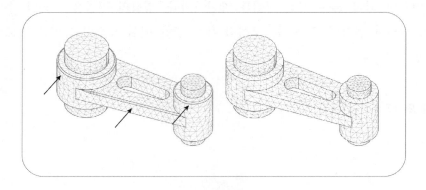

6.2. 재료 지정

구조의 변형량 혹은 강도를 정확히 계산하려면 재료의 물리적 성질을 정확히 입력해야 한다. 강도 해석을 위해서는 재료의 탄성계수, 포아송 비, 밀도 등의 물성치가 필요한데, 기계 설계에 많이 사용하는 표준 재료의 물성치는 CAD 시스템이 제공한다. 즉, 해당 부품의 재료 종류를 지정하면 CAD 시스템에 저장된 그 재료의 물성치가 구조해석에 사용된다.

6.3. 하중과 구속 조건 설정

우리가 일상에서 제품의 튼튼함을 실험한다면, 제품을 잡고(구속) 특정 부위를 누르거나(하중) 강하게 당겨볼 것이다. CAD 시스템에서도 실제 실험과 같은 조건을 설정하는데, 힘을 가하는 하중 조건과 특정 부위를 고정하는 구속 조건을 설정한다. 하중 조건은 힘을 어느 부위에 얼마만큼, 어느 방향으로 가할지 지정한다. 중력의 방향과 토크(torque, 돌림힘) 등도 지정할 수 있다. 하중 조건을 설정할 때는 힘과 토크, 길이 등의 단위를 잘 확인해야 하며, 중력의 방향이 −Z 방향으로 자동 설정되는 경우가 있으므로 주의해야 한다. 힘을 가하는 부위가 면 전체가 아니라 특정한 영역 혹은 곡선이라면 그 부위에 해당하는 형상을 미리 생성하면 편리하다. 면(face)을 자르거나 곡선을 투영해서 영역을 지정하면 된다.

여러 부품을 조립하거나 기구학을 분석할 때는 부품(혹은 구성품)의 자유도를 제약했는데, 구조 해석의 구속 조건은 메쉬 요소의 자유도를 제약한다. 물체를 강체로 가정하는 기구학과 달리 구조 해석은 물체가 늘어나고, 비틀리고, 압축된다고 가정하므로 물체의 자유도를 구속할 때 물체의 구속 부위를 면 혹은 모서리 단위로 지정한다. 〈그림 9-19〉에서 물체의 오른쪽 면을 고정한 a)와 오른쪽 면의 아래 모서리를 고정한 b)의 차이를 볼 수 있다. 구속 조건이 없으면 물체가 중력 방향 혹은 힘을 가하는 방향으로 한없이 움직일 것이다. 강도 해석의 경우 구속 조건이 없으면 분석이 불가하다. 운동의 종류와 방향을 직접 구속할 수도 있지만, 조립체인 경우는 연결된 부품의 관절 종류로 운동을 구속할 수 있다.

그림 9-19 면 구속과 모서리 구속의 차이

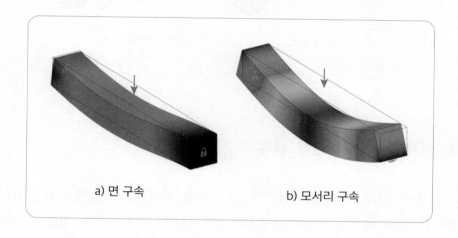

a) 면 구속   b) 모서리 구속

6.4. 해석 결과의 분석

구조 해석의 기본은 제품의 구조가 어떻게 변형되고, 그 변형되는 양(변위)이 얼마나 되는지 확인하는 것이다. 이때 물체의 크기 혹은 예상과 비교할 때 과도한 변형이 있다면, 하중과 모델 혹은 재료 물성의 단위를 확인하는 것이 좋다. 그리고 동영상을 통해 분석된 변형이 논리적인지 확인해야 한다.

응력(stress)과 변형률(strain) 등의 분포를 확인할 수 있는데, 세밀한 분석이 어렵다면 해당 부분에 메쉬를 추가로 생성하고 다시 분석해야 한다. 분석 결과를 토대로 강도가 부족한 부분은 형상을 변경하거나 보강 구조를 추가하고 다시 분석과 평가 과정을 반복해야 한다.

그림 9-20 응력과 변형률 분포

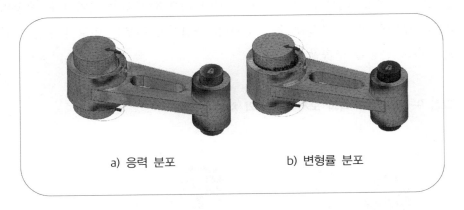

a) 응력 분포   b) 변형률 분포

7. 설계 최적화와 생성 설계

설계는 생각을 모델로 표현하고, 그 모델을 평가하는 반복적인 과정이다. 반복을 많이 할수록 설계의 완성도가 높아지는데, 반복은 많은 시간과 노력이 소모된다. 특히 그 과정의 변화가 크지 않으면 인간은 싫증을 느끼고, 실수가 잦아져, 설계 오류를 발생시킬 수 있다. 모델을 분석하고 평가한 결과를 토대로 다양한 대안을 생성하고, 생성한 대안을 모델로 표현한 후 다시 분석, 평가하는 일련의 설계 절차를 컴퓨터로 자동화하는 노력이 많은 결실을 이루었다.

설계 최적화(design optimization) 기능은 CAD 시스템이 대안을 생성하고 분석, 평가한 후 최적 혹은 몇 개의 좋은 대안을 제시한다. 그런데 '최적'이란 결국 어떤 기준으로 평가되었음을 의미한다. 따라서 최종 설계 결과물을 평가하는 기준을 사람이 입력하면, CAD 시스템은 다양한 대안을 생성하고 분석, 평가해서 그 기준에 맞는 대안을 사람에게 제시한다.

입력하는 평가 기준 혹은 조건과 최적화의 결과는 설계 목적에 따라 다양하다. 기능과 형태에 가장 적합한 최적의 재료를 찾을 수도 있고, 주어진 재료와 기능에 가장 적합한 최적의 형상을 찾을 수도 있다. 주어진 기능과 제조 방법을 만족하는 제품의 형태를 설계할 수도 있다. 즉, 특정 부품의 하중 조건과 구속 조건, 재료와 제조 방법 등을 입력하면 그 조건을 만족하는 형상을 시스템이 제안한다.

설계 최적화는 크기 최적화(size optimization), 모양 최적화(shape optimization), 위상 최적화(topology optimization) 등으로 구분할 수 있는데, 크기 최적화는 설계된 부품의 모양 특징은 그대로 두고, 두께, 혹은 길이 등을 변화시켜 최적의 크기를 제안한다. 모양 최적화는 최적 크기와 모양을 제안하는데, 설계 부품의 위상은 변경하지 않는다. 위상 최적화는 주로 설계된 부품의 무게를 줄이는 용도로 사용되며, 부품의 전체적인 모양 혹은 크기 변화 없이 무게를 줄이기 위해 위상을 변화시킨다. 이때 위상 변화는 〈그림 9-21〉에서 보듯이 격자 구조 생성 혹은 구멍의 개수 변화로 생각할 수 있다. 참고로 늘리거나, 비틀고, 굽히는 등의 연속적 변형에도 변함이 없는 물체의 성질을 위상이라 하는데, 자르고, 뚫고, 붙이는 등의 비연속적 변형이 없는 한 어떤 물체의 구멍 개수는 변하지 않는다. 〈그림 9-22〉는 위상 최적화의 예인데, 초기 형상과 하중 및 구속 조건, 재료의 물성 등이 주어지면, 기준(응력, 변형력 등)에 맞는 구조를 제안한다.

그림 9-21 크기, 모양, 위상 최적화

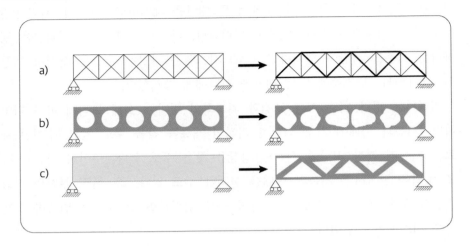

그림 9-22 위상 최적화의 예

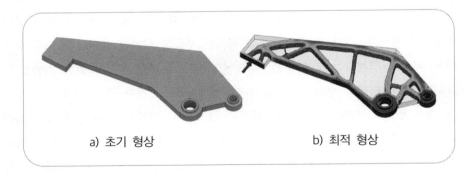

a) 초기 형상   b) 최적 형상

설계 최적화는 일반적으로 초기 설계를 바탕으로 하나의 최적 대안을 찾지
만, 생성 설계(generative design)는 목표를 만족하는 다양한 초기 대안을 생성
한다. 특히 설계 최적화의 가장 발전된 수준인 위상 최적화가 주어진 설계의
재료 사용을 줄여 무게를 줄이는 데 초점이 있다면, 생성 설계는 다양한 대
안을 통해 재료와 제작 방법, 비용 등을 고려하면서 무게를 줄이거나, 강성
을 높이는 가능성을 검토할 수 있다. 생성 설계는 대개 위상 최적화 기술을

바탕으로 구현된다. 〈그림 9-23〉은 입력 형상 a)를 토대로 생성된 다양한 대안 중 3가지이다. 각 대안은 제작 방법이 다른데, b)는 밀링 절삭, c)는 다이캐스팅, d)는 3D 적층으로 제작할 수 있다.

그림 9-23 생성 설계의 예

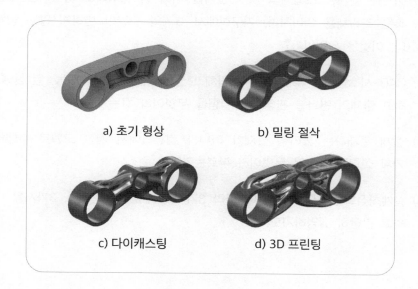

a) 초기 형상 b) 밀링 절삭

c) 다이캐스팅 d) 3D 프린팅

설계의 평가 기준이 불명확하거나, 사람도 그 기준을 잘 모르지만, 결과를 보면 좋고 나쁨을 분별할 수 있을 때가 있다. 사람이 옷을 고르는 기준은 대부분 명확하지 않지만, 마음에 드는 옷과 마음에 들지 않는 옷을 구분할 수는 있다. 이러한 경우 수많은 모범 답안을 컴퓨터에 입력하고, 학습시켜 평가 기준을 세울 수 있다. 모양, 크기, 재료, 하중 등을 명시적으로 입력하지 않아도 좋은 결과물을 많이 입력하면 CAD 시스템이 스스로 최적의 설계 대안을 제시하는 날이 다가오고 있다.

8. 연습 문제

1) 세밀한 명암과 그림자, 투명한 재질 등을 사실적으로 표현할 수 있는 시각화(rendering) 기법은 무엇인가?

2) 이것은 설계된 조립체의 기구 분석을 위해 한 덩어리로 움직이는 구성품 혹은 조립체를 의미하며, 기구학에서 크기와 모양이 변하지 않는 강체이다. 이것은 무엇인가?

3) CAD 시스템에서 부품 혹은 조립체 모델에 가상의 힘과 진동, 열 등을 가하고 물체의 변화를 관찰하는 실험을 무엇이라 하는가?

4) 실제 존재하는 물리적 물체가 아니라 컴퓨터에서 계산 모델로 수행하는 가짜 실험을 영어로 무엇이라 부르는가?

5) 설계최적화는 최적화 내용에 따라 3가지로 구분할 수 있다. 3가지를 나열하고 간단히 설명하시오.

9. 실습

9.1. 시각화

1) 몸통
① XZ-평면에 스케치
② 회전 곡면: Z축을 중심으로 안쪽 곡선 회전
③ 두께 주기: 바깥쪽으로(T5)

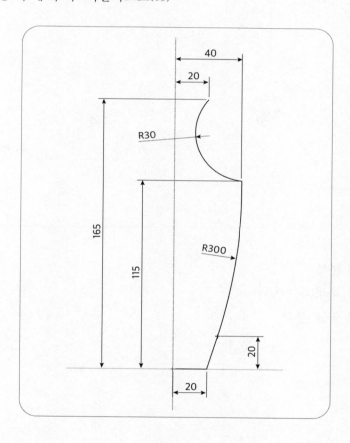

2) 손잡이

　① XZ-평면에 스케치

　② 곡선과 수직인 평면에 단면 스케치

　③ 손잡이 곡선을 따라 스윕

　④ 반대쪽에 미러 복제

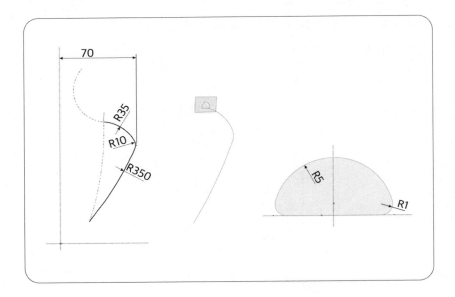

3) 측정 및 분석

　① 부피 측정(약 199,000mm^3)

　② 곡면 곡률 분석

4) 시각화

① 재질(1): Ceramic porcelain

② 재질(2): Bronze, Plastic pin seal green, Plastic red

③ 렌더링 방법 – 광선추적법, Photo-real

9.2. 운동 시뮬레이션

1) 부품 생성 – 모든 부품 두께 5

① 평판: 70×30 – 오른쪽에 연결 구멍(∅5)

② 막대: 110×10, 50×10 – 양 끝 쪽에 연결 구멍(∅5)

③ 바퀴: 지름 30, 지름 20 – 회전을 쉽게 알 수 있도록 구멍 등으로 표시

2) 조립체 생성

접촉: (평판의 바닥 + 큰 바퀴), (평판의 바닥 + 작은 바퀴), (큰 바퀴, 작은 바퀴)

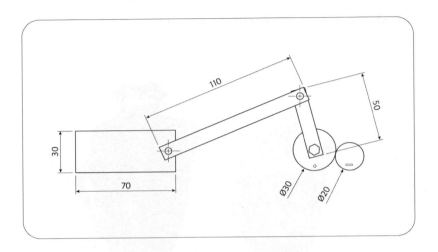

3) 링크 생성

링크 4개: (평판), (긴 막대), (짧은 막대 + 큰 바퀴), (작은 바퀴)

4) 관절 생성

① 슬라이딩 관절 1개: 평판

② 회전 관절 4개: (평판 + 긴 막대), (긴 막대 + 짧은 막대), (큰 바퀴 + 바닥),
(작은 바퀴 + 바닥)

③ 특수 관절(기어) 1개: (큰 바퀴 + 작은 바퀴), 기어비 = 15:10

5) 구동 장치

작은 바퀴 회전(v = 10도/초, a = 0)

6) 계산 및 결과 보기

① 36초 동안 0.1초 단위로 계산

② 동영상 저장

9.3. 강도 분석 - 클램프

1) 형상 모델링, 위면 모서리 모따기(C1)

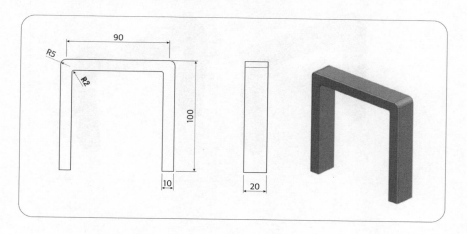

2) 시뮬레이션 모드로 변경: 강도 해석(structural analysis)

3) 재료 설정: Steel

4) 메쉬 생성: 3D 사면체(tetrahedral), 요소 크기(5mm)

5) 하중: 윗면에 500N, 아래 방향으로

6) 구속 조건: 바닥의 두 면을 고정

7) 풀기(solve), 결과 분석
   최대 변형량은?

8) 형상 간략화 후에 재해석: 모따기, 모깎기 제거

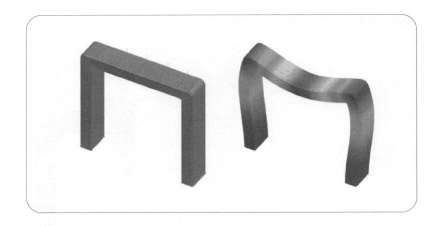

9.4. 강도 분석 - 선반

1) 형상 모델 생성

① 너비 400, 깊이 150, 지름 20인 봉으로 지지하는 선반
② 선반 윗면을 지름 80의 원으로 면 나누기

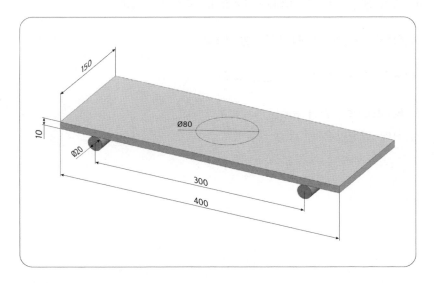

2) 시뮬레이션 모드로 변경: 강도 분석

3) 재료 설정: ABS

4) 메쉬 생성: 3D 사면체(tetrahedral), 요소 크기(5mm)

5) 하중: 윗면 원형 면에 200N, 아래 방향으로

6) 구속 조건
    ① 지름 20인 두 봉을 강체로 가정: 봉의 바깥 원통 면을 고정(fix)
    ② 봉과 평판이 붙은 것으로 가정: 평판의 아랫면과 봉의 면이 접착(glue)

7) 풀기(solve), 결과 분석
    최대 변형량은?

8) 구속 조건 변경하고 재해석: 새로운 해법(solution) 생성
    ① 벽에 고정된 봉으로 가정: 봉의 한쪽 원형 면을 고정
    ② 앞의 해와 비교

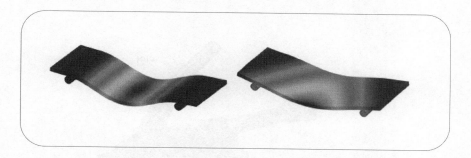

10. 실습 과제

10.1. 조립체 분석 및 평가

※ CHAPTER 08 '실습 과제'의 조립체(stopper assembly) 각 부품에 적절한
재질을 부여하고 다음을 수행하시오.

1) 8가지 부품의 부피와 질량을 계산하시오.

2) 사실적인 이미지를 생성하고 파일로 저장하시오.

3) 손잡이(lever)를 움직일 때 끝에 마개(cap)를 씌운 막대(pin)가 움직이도록
동작 시뮬레이션을 수행하고 동영상 파일로 저장하시오.

4) 손잡이 구멍에 힘을 가해 윗면과 수직인 방향으로 누를 때 손잡이 어
느 부위가 가장 많은 응력을 받는지 분석하고, 결과를 이미지로 저장하
시오.[12]

---

12) 조립체 전체가 아니라 손잡이가 분석 대상이다. 손잡이의 어느 부위가 고정되는지에 주의하
여 결정하시오.

CHAPTER 10 제품 제조 정보

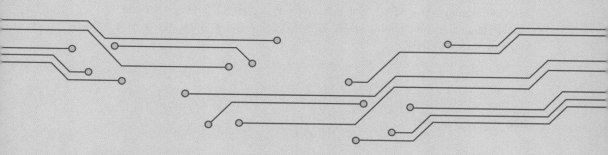

1. 개요

지금까지 CAD 시스템에서 제품의 형상을 입력하는 방법(형상 모델링 방법)
과 관련 기술을 설명했다. 그런데 제품을 설계하고 제조할 때 '형상'만으로
제품이 온전히 정의되지 않는다. 제품의 기능, 재질, 촉감 등은 형상으로 표
현되지 않는 경우가 많고, 형상이 아니라 만드는 방법을 설명해야 할 때도
있다. 예를 들어, 단조[1]와 절삭으로 만든 두 제품은 형태가 같더라도 금속의
내부 성질이 달라 제품의 강도가 다르므로 형상과 더불어 제조 방법을 설명
해야 한다. 나사, 스프링, 베어링 등의 일반적인 기계요소는 세부적인 특징을
형상으로 설명하기 어렵지만, 종류 혹은 규격으로 그 부품을 정확히 설명할
수 있다. 널링(knurling),[2] 부식 등의 표면 마감은 촉감 혹은 시각적인 느낌이
중요하며 일반적인 형상은 제시할 수 있지만 구체적인 형상을 규정하지 않는
다. 결국 제품을 설계하고 제조할 때 제품의 형상 정보뿐만 아니라 제품의
기능, 재료, 제조공정, 설계 혹은 제조 이력, 판매 정보 등 다양한 정보가 필
요하다. 과거에는 제품 제작에 필요한 다양한 정보를 2차원 도면에 써넣었거
나 별도의 문서를 생성했는데 최근에는 3차원 형상 모델에 관련 정보를 써넣

---

1) 단조(forging)는 금속 재료를 해머 등으로 여러 번 두들겨 형상을 만드는 방법이다.
2) 널링(knurling)은 미끄러지지 않도록 공구나 기계의 손잡이에 일정한 패턴을 새겨 깔쭉깔쭉
하게 만드는 공정이다.

고 CAD 데이터에 문서 정보도 같이 덧붙여 저장한다. CHAPTER 10에서는 제품 제조에 필요한 주요 정보의 종류와 그 정보를 써넣는 방법을 설명한다.

그림 10-1 3차원 형상 모델에 덧붙인 제품 제조 정보의 예

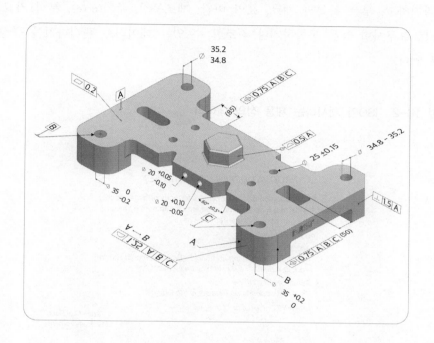

2. 제품 정의 데이터

2.1. 표준과 제품 제조 정보(PMI)

과거에는 제품의 설계와 제조에 필요한 다양한 관련 정보를 2차원 도면에 써넣거나 별도의 문서로 관리했다. 디지털 기술이 발전하면서 컴퓨터에서 모든 정보를 통합적이고, 일관된 정보를 보관하기 시작했다. 국제표준기구인 ISO는 효율적인 제품 정보 유통을 위해 제품을 정의하는 디지털 자료와 그

자료를 관리하는 방법의 표준[3]을 제시하고 있다. 해당 표준에서는 디지털 제품 정의 데이터를 형상 모델과 주석,[4] 속성으로 분류한다. 주석은 문자와 기호로 제품을 정의하고, 속성은 특정 요소의 이름과 아이디 등을 의미한다. 〈그림 10-2〉에서 보듯이 형상 모델과 더불어 변경 이력과 도면을 통합 데이터로 관리하고, 부품 목록과 재료, 표면 마감, 제조공정, 주기(note), 분석 자료, 테스트 요구사항 등은 통합하거나 참조할 수 있는 데이터로 관리하기를 규정하고 있다.

그림 10-2 ISO가 제시하는 제품 정의 데이터

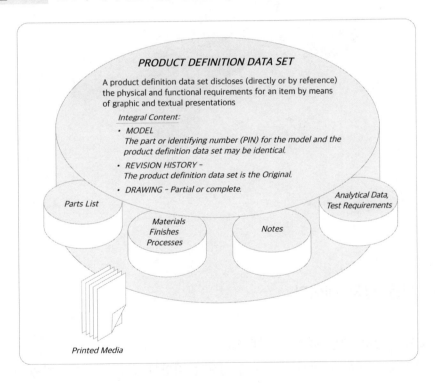

---

3) ISO 16792, Technical product documentation - Digital product definition data practices
4) 주석(annotation)과 주기(note)가 혼용되는 때가 많은데, 본책에서 '주석'은 문자와 기호로 된 모든 설명을 의미하며, 주기와 간단한 언급(comment)도 포함한다. 따라서 형상에 덧붙여진 모든 제품 정의 데이터가 주석이고, 주석의 일종인 주기는 관심을 끄는 특별한 언급이다.

ISO 표준에서 '제품 정의 데이터'의 범위를 설계 혹은 제조 관련 데이터로 한정하지 않지만, 구체적인 규정은 제품 제조와 관련된 내용이 많다. 일반적인 CAD 시스템은 제품 정의 데이터를 설계와 제조로 한정하고, 흔히 PMI (Product Manufacturing Information)라 부르는 '제품 제조 정보'를 주로 저장하고 관리한다. CAD 시스템의 PMI 기능은 제품 제조에 필요한 다양한 정보와 주석을 3차원 형상 모델에 첨부할 수 있으며, 형상 모델과 통합된 정보로 관리한다. 본책에서 설명하는 PMI는 3차원 형상 모델에 덧붙여 관리하는 주석과 속성 등의 제품 정의 데이터를 의미한다.

CAD 시스템의 PMI는 제품 제조 및 관리 정보를 포함하는 다양한 유형의 주석과 표기를 의미하며, 단면과 치수 등도 포함한다. PMI로 관리하는 데이터는 2차원 도면의 정보와 직접적으로 대응하는 것이 많다. 치수, 치수공차, 기하공차, 주기 등의 표기 방법과 내용은 도면 작성 방법과 같다.[5] PMI가 2차원 도면과 가장 큰 차이는 데이터를 3차원 형상 모델에 덧붙어 관리하고, 형상 정보와 연관성을 유지한다는 점이다. 치수와 형상이 서로 연관성을 유지하므로 치수를 선택하면 해당 치수와 연관된 형상을 쉽게 찾을 수 있고, 형상 모델의 해당 요소 크기가 변경되면 PMI의 치수 데이터가 자동으로 변경된다. 혹은 PMI의 치수를 수정해서 형상 모델을 변경할 수도 있다. 〈그림 10-3〉은 길이 치수(75)를 선택했을 때 치수와 연관된 구멍의 색깔이 바뀌어 쉽게 형상을 찾을 수 있음을 보여준다. 그림에서 평면도 공차를 선택하면 윗면의 색깔이 바뀔 것이다.

---

5) 최근 ISO와 KS 규격은 2차원 도면에 제품 정의 데이터를 기입하는 방법과 3차원 형상 모델에 제품 정의 데이터를 기입하는 방법에 차이를 두지 않는다.

그림 10-3 형상 정보와 연결된 치수

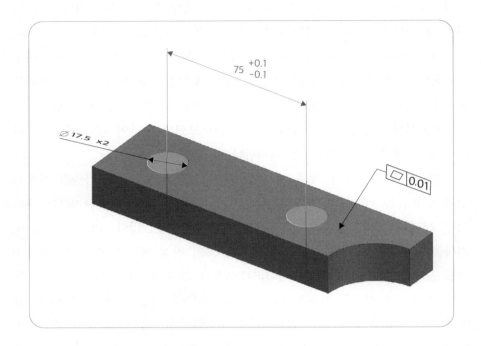

PMI와 도면의 또 다른 차이는 PMI의 모든 주석은 3차원 공간에 놓이고, 다양한 방향으로 돌려 볼 수 있다는 점이다. 2차원 도면은 투상도와 다양한 주석이 투상면에 함께 놓이지만, 일반적인 PMI의 주석은 3차원 공간에 정의되는 주석 평면에 표기된다. 주석 평면은 필요에 따라 여러 개 정의할 수 있고, 3차원으로 형상을 돌려 보며 주석을 확인할 수 있어 설계 정보를 보다 정확하고 효율적으로 확인할 수 있다.

2.2. PMI의 필요성

도면과 달리 CAD 시스템은 3차원 형상 모델에서 언제든 치수를 확인할 수 있고, 다양한 방향에서 살펴보거나 잘라서 단면을 확인할 수 있는데, 왜 PMI로 다시 치수와 단면을 추가하고 관리하며, 도면을 생성할까? 설계의 결과물이 사용되는 제조공정은 일반적으로 매우 길고 복잡해 다양하고 많은 작업자가 개입한다. 또 작업환경도 매우 다양하다. 구매 부서는 제품의 형상이 아니라 재료의 종류와 두께 혹은 부품 목록만 확인하고, 제작이 이루어지는 작업 현장은 CAD 시스템을 사용할 수 없는 환경일 수도 있다. 검사 부서는 제품 전체가 아니라 특정한 구멍의 크기와 위치를 확인하고 싶을 수 있다. 정확하고 온전한 형상 모델이 아니라 용도에 맞는 2차원 도면 혹은 서술적인 자료가 필요한 때가 많다.

CAD 시스템의 형상 모델링 기능은 제품의 형상을 정확히 묘사하고 표현 (representation)[6]하는 것이 중요하다. 반면에 PMI는 용도에 맞게 적절한 내용을 보여(presentation) 주고 설명하는 것이 주목적이다. 따라서 형상 표현을 위해 이미 기입한 치수이거나, 간단한 조작으로 확인할 수 있는 치수일지라도 특정한 상황에서 설명하고 보여 줄 필요가 있다면 별도의 PMI로 작성한다. 도면도 제품 정의 데이터의 일부인데, CAD 시스템은 PMI 기능으로 추가된 다양한 치수와 주석이 포함된 2차원 도면을 생성할 수 있다. CAD 시스템에서 많이 사용하는 PMI 주석은 치수와 치수공차, 데이텀과 기하공차, 표면 마감, 절단 평면과 평면도, 기타 기호와 주기 등이다.[7]

---

6) 형상 모델의 표현은 데이터를 저장하는 방식으로 이해하면 쉽다.
7) 사용하는 용어와 설명은 ISO의 GPS(Geometric Product Specification) 관련 표준을 기초로 변경된 한국산업표준(KS B ISO 129-1 등)을 따랐다.

그림 10-4 PMI 작성과 사용

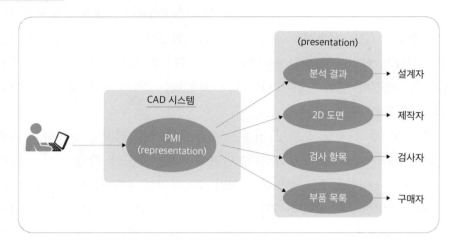

과거에는 처음부터 도면으로 제품을 설계하거나, 제품 형상 모델을 3D로 작성하더라도 별도로 도면을 작성한 후, 도면에 제조 관련 정보를 기입하는 경우가 많았다. 즉 도면이 제품의 모든 정보를 포함하고, 설계와 제조에 필요한 정보의 원본(master) 역할을 했다. 그러나 최근 3D 형상 모델이 일반화되면서, 2D 도면은 3D 형상 모델과 일치하지 않는 때도 있고, 중복된 형상 정보를 2D로 관리하는 어려움이 있다. 최근에는 많은 회사가 3D 형상 모델을 설계와 제조에 필요한 제품 정보의 원본(master)으로 사용한다. 제품의 형상 정보와 더불어 PMI를 사용하면 다음과 같은 장점이 있다.

 1) 정확성: 제품 정보를 정확히 전달할 수 있다. 기존의 2D 도면과 달리 3D 모델은 현실적인 제품의 모양과 구조를 더욱 정확하게 표현할 수 있다. PMI를 이용하면 설계자는 제품의 다양한 특성과 요구사항을 3D 모델에 넣어 설계 의도를 더욱 정확하게 전달할 수 있다. PMI는 제조 공정과 관련된 정보를 포함한다. 예를 들어, 부품의 허용 오차, 조립 방향, 절단면 위치 등을 3D 모델에 주석으로 첨부하면 구체적인 형상(모양, 위치, 방향, 크기 등)이 시각적으로 제시되어 관련 내용을 정확히 묘사할 수 있고, 잘못 이해될 가능성을 줄인다.

2) 효율성: 제품 정보를 효율적으로 관리할 수 있다. 기존의 2D 도면과 제조 정보 등은 여러 개의 파일로 분산되어 관리되지만, 형상 모델에 PMI를 포함하면 관련 정보를 한 곳에서 효과적으로 관리할 수 있다. 이는 문서 유실이나 오해를 줄여줄 뿐만 아니라 관리 비용을 절감한다.
3) 일관성: 실시간으로 공유하고 최신 정보로 수정해 일관된 정보를 유지할 수 있다. 3D 모델과 PMI는 원격 협업과 공유를 쉽게 만들고, 설계자, 제조자, 검사자 등 다양한 역할을 하는 사람들이 모델을 통해 실시간으로 정보를 확인하고 관리할 수 있다.

3. 제품 정의 데이터 작성

CAD 시스템의 PMI 기능으로 작성하는 주석과 치수 등은 3차원 공간에 놓인 평면에 정의되며, 흔히 주석 평면이라 부른다. 세 가지 종류의 평면이 쓰이는데, 설명하려는 도형과 평행한 평면 혹은 수직인 평면이 주로 쓰인다. 제품 전체에 적용되는 일반적 주기 등의 특별한 주석은 보는 방향과 수직인 평면, 즉 화면과 항상 평행한 평면에 작성할 수도 있다.

그림 10-5 주석(치수, 주기 등)이 놓이는 평면

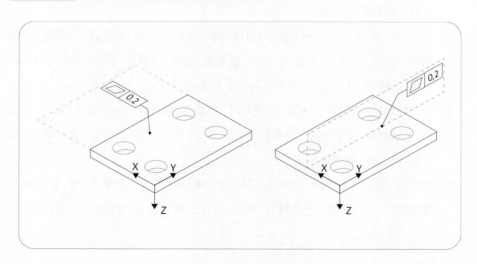

많은 CAD 시스템이 형상 모델을 바라보는 방향(view)을 여러 개 생성하고 관리할 수 있는데, 특정 방향에서만 PMI가 보이도록 지정할 수도 있다. 예를 들어, 정면도에서 보이는 치수와 주석, 평면도에서 보이는 치수와 주석을 달리할 수 있다. 또, PMI를 별도의 레이어(layer)에 저장한 후 보통 때는 보이지 않다가 필요할 때 레이어를 켜고 사용할 수도 있다.

PMI를 작성할 때 설명하려는 객체와 연관성이 부여된다. 연관성이 부여되는 객체는 다양한 종류의 정점과 모서리, 면, 특징 형상, 입체 등이며, 제품 전체에 대한 설명과 별도의 문서 등은 제품과 연관성을 갖는다. 객체와 연관성이 없는 PMI를 생성할 수도 있지만 적절한 연관성을 부여해서 형상 모델과 PMI가 일관된 정보를 갖도록 해야 한다. 일반적인 CAD 시스템은 작성된 PMI를 형상 모델과 함께 하나의 CAD 데이터로 관리한다.

CAD 시스템에서 형상 모델에 PMI를 써넣을 때 주의할 점은 다음과 같다. PMI의 정확성과 일관성을 보장하며, 제품의 설계 및 제조 과정에서 오류를 최소화하기 위한 것이다.

1) 정확성 확인: PMI가 제품의 정확한 정보를 포함하고 있는지 확인하는 것이 중요하다. 오차가 있는 PMI는 제품의 생산과정에서 문제를 일으킬 수 있으므로, 모든 정보를 정확하게 써넣었는지 반드시 확인해야 한다.

2) 일관성 유지: PMI가 형상 정보 및 다른 정보와 일관성을 유지해야 한다. 서로 다른 부분에서 같은 정보가 서로 다른 방식으로 표기되지 않도록 주의해야 한다.

3) 표준 및 규약 준수: PMI를 기입할 때 해당 산업의 표준과 규약을 준수해야 한다. 이는 제조업체 간의 협업과 정보 교환을 원활하게 하며, 제품의 품질과 무결성을 보장하는 데 도움이 된다.

4) 적절한 표현 사용: PMI를 이해하기 쉽게 표현하는 것이 중요하다. 기술적인 용어와 표기법을 사용할 때는 해당 분야 전문가들과 협력하여 적절한 표현을 선택해야 한다.

5) 레이어 및 색상 사용: PMI를 표시할 때 레이어와 색상을 잘 활용하여 정보를 시각적으로 구분해야 한다. 이는 복잡한 모델에서도 정보를 명

확하게 표시할 수 있게 도와준다.

6) 주석 충돌 방지: 여러 사용자가 형상 모델에 PMI를 추가할 때 주석이 충돌하지 않도록 관리해야 한다. 충돌이 발생하면 정보 손실이나 혼동을 유발할 수 있다.

4. 치수 및 치수공차

치수와 치수공차는 가장 기본적인 제품 정의 정보이다. CAD 시스템은 3차원 형상 모델에 치수와 치수공차를 쉽고 편리하게 정의할 수 있도록 다양한 기능을 제공한다. 관련 용어를 살펴보자. 먼저 '치수(dimension)'는 제품의 크기나 두 형상 요소 사이의 거리를 나타내는 숫자 값이다. 예를 들어, 제품 전체의 길이와 너비, 구멍의 지름, 형상과 형상의 간격 등이 치수이다. 치수는 제품의 형상을 정의하고, 제품의 기능과 품질을 결정하는 중요한 요소이다.

형상 모델은 수학적 표현이므로 정확한 치수를 갖지만, 실제 제품은 치수 그대로 정확히 제작할 수 없고 항상 오차를 포함한다. 재료를 절삭하거나 성형할 때 오차가 발생하고, 제작된 제품을 측정할 때도 오차가 발생한다. 이러한 오차는 주변 온도 등의 환경에도 영향을 받는다. 흔히 '공차'라 부르는 '치수공차(dimensional tolerance)'는 해당 치수가 허용하는 오차의 범위이다.

부품 제작 도면에서 치수와 치수공차는 매우 중요한데, 단순히 부품의 크기만이 아니라 치수와 공차가 부품이 제작되는 순서와 방법을 결정하기 때문이다. 공차가 작으면 작을수록 정밀한 부품이 되지만 제작이 어려워 제작 비용이 올라가고, 공차가 너무 크면 다른 부품과 결합이 어렵거나 너무 헐거워 진동, 소음 등의 원인이 된다. 치수공차는 제품의 경제성과 호환성을 고려하여 적절하게 설정해야 한다. 특히 치수를 기입하는 방법에 따라 공차가 누적되거나, 치수를 측정하는 기준이 달라질 수 있다.[8] 부품 제작 도면에서 치수

---

8) 연습 문제 8.2를 참조한다.

에 공차를 넣지 않으면 제작자는 보통공차[9]를 적용하므로, 설계자는 설계 의도에 맞는 공차를 꼭 기재해야 한다.

숫자와 문자로 표시되는 치수와 공차는 〈그림 10-6〉에서 보듯이 치수선(dimension line), 치수보조선(extension line), 지시선(leader line) 등을 사용해 표시한다. 표시하려는 치수와 연관된 도형 혹은 위치를 명확히 하기 위해 중심표식(center mark), 중심축(center axis), 중심선(center line) 등의 추가적인 도형을 사용하기도 한다. 따라서 사용하는 CAD 시스템으로 치수나 치수 관련 도형을 생성하는 방법은 물론이고, 치수 기입과 관련된 스타일을 설정하는 방법을 익혀야 한다. 치수와 공차를 써넣을 때 치수 뒤에 공차를 쓰는데, 〈그림 10-7〉의 a)처럼 한계편차를 위와 아래로 쓰거나, b)처럼 같은 줄에 빗금(/)을 넣고 쓸 수도 있다. c)에서 보듯이 양수(+) 기호는 생략할 수 있고, 같은 값은 d)처럼 하나로 쓸 수 있다. 치수공차에 사용되는 용어는 다음과 같다.

그림 10-6 치수 요소: (1) 치수선, (2) 치수값, (3) 치수공차, (4) 치수보조선, (5) 지시선, (6) 중심표식, (7) 치수보조선 틈새

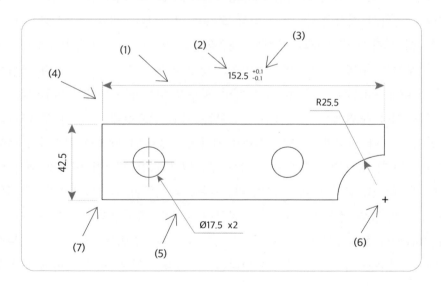

---

9) 보통공차는 공칭치수에 따라 그 크기가 정해져 있다.

그림 10-7 주석(치수, 주기 등)이 놓이는 평면

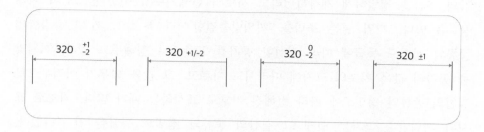

1) 공칭치수(nominal size)[10]: 치수공차를 정할 때 기준이 되는 치수로 도면에 표시된 치수이다. 〈그림 10-7〉의 320^{+1}_{-2}에서 320이 공칭치수이다.

2) 한계치수(limit of size)[11]: 허용하는 가장 큰 치수와 가장 작은 치수를 각각 '위 한계치수', '아래 한계치수'라 부른다. 320^{+1}_{-2}에서 321이 위 한계치수이고, 318이 아래 한계치수이다. 위 한계치수가 항상 아래 한계치수보다 크다.

3) 한계편차(limit deviations)[12]: 허용하는 치수의 최대 편차로 '위 한계편차'는 위 한계치수에서 공칭치수를 뺀 값이고, '아래 한계편차'는 아래 한계치수에서 공칭치수를 뺀 값이다. 320^{+1}_{-2}에서 위 한계편차는 1이고, 아래 한계편차는 -2이다. 한계편차는 0 혹은 부호가 있는 값이며, 위 한계편차와 아래 한계편차 모두 음수 혹은 양수일 수 있다.

4) 치수공차(dimensional tolerance): 위 한계치수와 아래 한계치수의 차이며, 허용하는 치수의 범위를 나타낸다. 흔히 '공차'라 부르며, 부호가 없는 절댓값이다. 320^{+1}_{-2}에서 3이 치수공차이다.

---

10) 과거의 '기준치수(basic size)'에 해당한다. '공칭'이란 공적으로 부르는 이름이란 뜻이다.
11) 과거의 '허용치수'에 해당한다. '위 한계치수(upper limit of size)', '아래 한계치수(lower limit of size)'는 각각 '최대허용치수', '최소허용치수'에 해당한다.
12) 과거의 '허용차'에 해당하며, '위 한계편차'와 '아래 한계편차'는 각각 '위 치수허용차', '아래 치수허용차'에 해당한다.

어떤 부품을 다른 부품에 끼워 넣어 조립할 때 특히 공차가 중요하다. 각각의 부품을 정밀하게 제작하더라도 서로의 한계치수가 어긋나 조립이 어려울 수 있다. 끼워 넣는 조립을 '끼워맞춤결합'이라 부르고, 끼워맞춤결합의 종류와 정밀도 등급에 따라 적절한 공차를 표준으로 정해두고 있다. 끼워맞춤 공차의 값은 치수의 크기에 따라서도 다르고, 그 값을 외우기 어려우므로 결합의 종류와 정밀도에 따라 정해진 기호로 표시하는 때가 많다. 기호로 표시된 끼워맞춤 공차는 쉽게 그 결합의 종류와 정밀도 등급을 알 수 있다. 〈그림 10-8〉은 치수공차를 표기하는 세 가지로 방식을 보여 준다. '공차 표기법'은 위와 아래 한계편차를 표기하고, '한계치수 표기법'은 위와 아래 한계치수를 표기한다. '기호 표기법'은 공차와 정밀도 등급을 각각 알파벳 문자와 숫자로 표기한다.

그림 10-8 치수공차 표기법

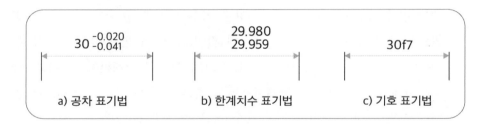

a) 공차 표기법   b) 한계치수 표기법   c) 기호 표기법

5. 기하공차

앞에서 설명했듯이 실제 제품의 형상은 항상 오차를 포함하고 있다. 그런데 오차가 포함되는 제품 형상을 치수와 치수공차만으로 완벽히 정의하기 어렵다. 예를 들어, 높은 탑을 쌓는 데 사용되는 사각형 부품을 생각해 보자. 높이 쌓아도 기울지 않으려면 아래와 윗면이 서로 평행해야 하는데, 두 면의 거리 공차가 작을수록 정밀하게 제작되어 두 면이 점점 평행에 가까워진다.

그런데 부품을 생산할 때 두 면의 거리가 정밀할수록 비싼 부품이 될 것이다. 두 면의 거리는 오차가 크더라도 두 면이 서로 평행하도록 제작을 지시할 수는 없을까? 〈그림 10-9〉의 부품은 모두 공차를 만족하지만 a)는 너무 기울어져 탑을 쌓기 적합하지 않고, b), c), d)는 모두 a)에 비해 더 적합한 부품이다. 공칭치수를 그대로 두고 치수공차를 작게 하면 b)만 양품으로 분류되고, c)와 d)는 불량품으로 분류된다. a)만 불량으로 분류하고, b), c), d)를 양품으로 분류하는 방법은 없을까? 기하공차는 치수와 치수공차로 정의할 수 없는 형상의 속성을 정의할 수 있다. CAD 시스템에는 형상 모델에 기하공차를 기입하는 다양한 기능이 있다. 간략히 기하공차의 의미와 사용 방법을 알아보자.

그림 10-9 치수공차의 한계

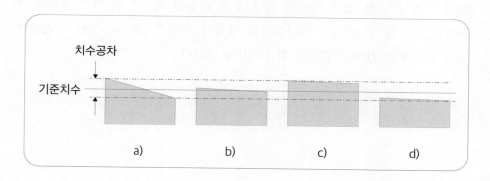

치수공차는 형상의 크기(길이)만 규정하지만, 기하공차[13]는 형상의 크기와 모양, 자세, 위치를 규정한다. ISO는 치수공차와 기하공차를 서로 독립적인 수단으로 규정하고 두 가지 방법을 같이 써서 제품을 정의하도록 하고 있다. 기하공차는 모양공차,[14] 자세(orientation)공차, 위치공차, 흔들림공차 등으로 나뉘는

---

13) 기하공차(geometric tolerance)는 '형상공차'라고도 한다.
14) 모양(form)공차는 흔히 '형상공차'라고도 한다. 본책은 형상을 모양과 위치, 크기, 방향 등의 모든 속성을 가지는 개념으로 사용하고, '기하공차'와 헷갈리는 표현이므로 '모양공차'라는 용어를 쓴다.

데, 모양공차는 형상의 모양을 독립적으로 규정하고, 자세(orientation)공차와 위치공차, 흔들림공차 등은 기준 도형(데이텀)과 관계로 형상을 규정한다.

모양공차의 종류는 진직도, 평면도, 진원도, 원통도 등이며, 다른 도형을 참조하지 않고 독립적으로 정의한다. 예를 들어, 평면도는 도형의 평평한 정도를 규정하는데, 서로 평행하고 완벽히 평평한 가상의 두 평면 사이에 해당 도형이 놓일 때 그 두 가상 평면의 거리로 평평한 정도를 정의한다. 결과적으로 이상적인 평면과 비교해 튀어나오거나 들어간 부분이 평행한 두 가상 평면의 거리를 결정하고, 그 두 평면의 거리가 평면도의 척도이다.

관계를 규정하는 공차는 참조하는 다른 도형과 관계를 나타낸다. 예를 들어, 도형의 자세를 규정하는 평행도는 직선 혹은 평면에 적용할 수 있어 모양공차인 직진도 혹은 평면도와 비슷하지만, 기준이 되는 직선 혹은 평면으로 도형의 자세를 규정한다. 평면에 적용하는 평행도는 기준 평면과 완벽히 평행인 가상의 두 평면 사이에 해당 도형이 놓일 때 그 두 가상 평면의 거리로 평행도를 규정한다. 기하공차의 종류와 특징을 [표 10-1]로 정리했다. 자세한 내용은 인터넷 등으로 학습하기를 바란다.

표 10-1 기하공차의 종류와 특징

종류	기호	규정 속성	참조 관계
진직도(straightness)	──	모양	단독
평면도(flatness)	▱	모양	단독
진원도(circularity)	⌀	모양	단독
원통도(cylindricity)	◯	모양	단독
선의 윤곽도(profile of a line)	⌒	윤곽	단독, 참조
면의 윤곽도(profile of a surface)	⌓	윤곽	단독, 참조
평행도(parallelism)	//	자세	참조
직각도(perpendicularity)	⊥	자세	참조
경사도(angularity)	∠	자세	참조
위치도(position)	⊕	위치	참조
동축도, 동심도(concentricity)	◎	위치	참조
대칭도(symmetry)	═	위치	참조
원주 흔들림(circular run-out)	↗	흔들림	참조
온 흔들림(total run-out)	↗↗	흔들림	참조

자세공차나 위치공차, 윤곽도 등을 지정하려면 명확한 기준이 필요한데, 그 기준이 데이텀이다. 기하공차를 정의할 때 참조하는 가상의 이상적인 평면, 선, 축, 점 등을 데이텀[15]이라 한다. 데이텀은 다른 도형의 기하공차를 규정할 때 기준(혹은 참조) 도형으로 사용된다. 데이텀은 이론적이고 이상적인 형체로 실제로는 존재하지 않는다.

　데이텀은 〈그림 10-10〉처럼 삼각형으로 관련 도형을 가리키는데, a)처럼 치수선과 일직선으로 맞추면 양쪽 치수 보조선이 가리키는 도형의 중심이 데이텀이다. 두 평면의 중심 평면이거나, 원통의 중심축이 데이텀이 된다. b)처럼 치수선과 어긋날 때는 해당 치수선이 가리키는 면 혹은 선이 데이텀이므로 주의해야 한다.

그림 10-10　데이텀 표시 방법

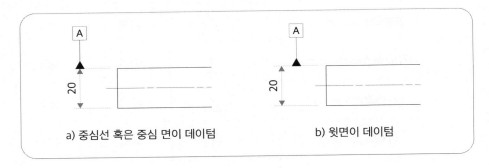

a) 중심선 혹은 중심 면이 데이텀　　　b) 윗면이 데이텀

6. 표면 질감

　일상에서 제품의 표면은 '부드럽게 빛나다', '광택이 없다', '매끈하다', '잘 미끄러지지 않다' 등으로 표현된다. 공학은 제품 표면의 상태를 '표면 질감(surface texture)'으로 정의하며, 사람의 감각이 아니라 표준으로 정해진 방법으로 측정하고 수치로 표시한다. 표면 질감은 제품의 외관 품질을 결정하며, 제

---

15) 데이텀(datum)은 데이터(data)의 단수형이 아니라 '기준'이란 뜻이다.

품 표면의 촉감 혹은 시각적인 느낌에도 영향을 준다. 재료(금속, 수지, 세라믹 등)와 제조공정(주조, 단조, 절삭, 프린팅 등)으로 표면 질감이 결정되기도 하고, 연마(grinding)와 광택 내기(polishing), 부식(etching) 등의 추가 공정으로 필요한 질감을 얻기도 한다. 정의된 질감을 얻기 위해 공정을 추가하면 당연히 제조 비용이 추가될 것이다. 표면 질감은 개념이 복잡하고 정확한 측정과 평가가 어려워 변경된 최근 국제 표준이 있음에도 불구하고 현장에서는 과거의 관습과 용례를 따르는 경우가 많다. 본책에서는 표면 질감과 관련된 기본적인 개념을 이해하고 CAD 시스템에서 표면 질감을 표시하는 방법을 설명한다.

표면 질감은 표면의 '거칠기'와 '굴곡', '무늿결' 등의 속성으로 정의되며, 완벽하고 이상적인 표면과 실제 표면의 국부적인 편차로 표현된다. 거칠기(roughness)는 미세하고 짧은 간격으로 들쑥날쑥한 정도이며, 흔히 기계 부품의 표면 마감(surface finish) 정도를 의미하기도 한다. 거칠기 값이 작을수록 표면의 요철 크기가 작아져 표면이 더 매끄럽다. 파상도라고도 하는 굴곡(waviness)은 거칠기보다 훨씬 더 간격이 길고 큰 요철의 정도이다. 무늿결(lay)은 표면에 가장 두드러지게 보이는 패턴의 방향이며, 일반적으로 표면에 남은 제조 흔적이다.

그림 10–11   거칠기와 굴곡

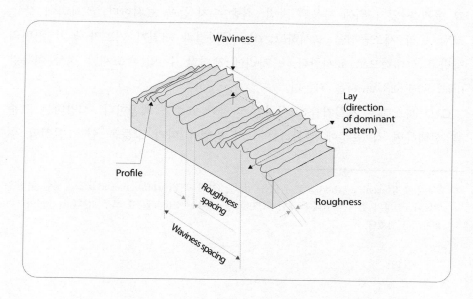

표면 질감을 평가하기 위해 물체의 표면 윤곽(profile of a surface)을 3차원으로 측정하거나, 특정한 단면의 윤곽(profile of a line)을 2차원으로 측정할 수 있다.[16] 측정 방법에 상관없이 측정한 결과인 '측정 윤곽(measured profile)'은 물체의 '실제 윤곽(actual profile)'과 차이가 있을 수 있다. 측정 방법에 따라 측정할 수 있는 정밀도에 한계가 있고, 측정에 항상 오차가 있기 때문이다. 실제 윤곽은 오직 신(god)만이 아실 것이다.

측정 과정에서 발생한 기울어짐 등을 제거하고, 때에 따라서는 틈새(crack) 혹은 긁힘(scratch) 등의 비정상적이고 비주기적인 잡음(noise)과 지나치게 작고 짧은 간격의 요철도 제거한다. 그렇게 얻어진 결과가 '주 윤곽(primary profile)'이다. 일반적으로 주 윤곽은 미세하고 짧은 간격의 요철이 길고 큰 굴곡을 따라 반복된다. 주 윤곽에서 짧고 미세한 요철을 제거하면 '굴곡 윤곽 (waviness profile)'을 얻고, 주 윤곽에서 길고 큰 굴곡을 제거하면 '거칠기 윤곽(roughness profile)'을 얻는다. 일반적으로 '굴곡(waviness)'은 굴곡 윤곽으로 평가하고, '거칠기(roughness)'는 거칠기 윤곽으로 평가한다.

국제표준기구인 ISO에서 제시하는 표면 질감을 표시하는 방법은 〈그림 10-12〉와 같은 기호를 사용하는데 a)는 추가적인 소재 제거 공정이 없다는 표시이고, b)는 소재 제거 공정이 필요하다는 뜻이다. 이때 다양한 정보가 추가로 기재되는데, c)에서 a 자리에 거칠기 수치화에 사용된 윤곽의 종류와 그 윤곽을 얻기 위해 사용된 방법, 최종 수치 등을 표시한다. c 자리에 절삭, 코팅 등의 제조공정을 표시하고, d는 무늿결과 거칠기 기호가 놓인 평면의 방향을 상대적으로 표시한다. e 자리에 제거할 수 있는 소재의 절삭 여유량 (machining allowance)을 적는다.

CAD 시스템은 거칠기를 표시하는 다양한 표준을 제공한다. 희망하는 표준을 선택하면 각 표준에 부합하는 표기 방법에 따라 값들을 쉽게 설정할 수

---

16) 3차원 측정(areal method)으로 곡면을 얻고, 2차원 측정(profile method)으로 평면 곡선을 얻는다. 설명의 편의를 위해 측정한 곡면(surface)과 곡선(curve)을 모두 윤곽(profile)이라는 용어로 표현했다.

있다. 거칠기 표시가 놓이는 주석 평면이 거칠기 윤곽을 측정하는 방향과 평행하고 해당 면과 수직으로 놓이도록 주의해야 한다.

그림 10-12 거칠기 표시 방법

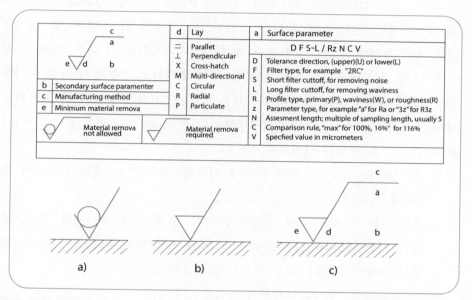

출처: 위키피디아

7. 기타 - 나사와 구멍 등

설계에 많이 쓰이는 기계요소 부품은 나사, 키, 스프링, 베어링 등 매우 다양하며, 이들 부품은 대개 직접 설계하거나 제작하지 않고, 표준 부품을 외부에서 구매한다. 표준 부품은 CAD 시스템에서 형상 모델을 제공하기도 하고, 납품업체에서 CAD 데이터를 제공하기도 한다. 이들 표준 부품의 형상은 간략하게 표시되기도 하는데, 나사의 경우 구멍에 단순히 나사를 상징하는 기호를 넣기도 한다. 따라서 이들 표준 부품은 KS 규격에서 정하는 호칭(부르는 이름)이나 납품

업체 카탈로그에서 제공하는 모델의 이름을 별도의 주석으로 표시하면 된다.

넓은 의미의 '나사(screw)'는 가장 대표적인 기계요소 부품으로 두 개 이상의 부품을 결합하거나 힘을 전달하는 데 사용되며, 볼트와 너트는 물론이고 탭 가공[17]으로 구멍에 새겨진 나사처럼 나사산이 있는 특정 부위를 지칭하기도 한다. 일반적으로 볼트(수나사)와 너트(암나사)는 암수 한 쌍으로 다른 부품을 결합하지만, 좁은 의미의 나사는 나사산이 새겨진 탭 구멍에 체결하거나 나무 혹은 철판에 구멍을 뚫으면서 체결하는 수나사이다.[18] 나무, 철판, 수지 등에 너트 없이 체결하는 나사는 보통 끝이 뾰족하고 몸통이 경사져 나사를 돌릴 때 나사산이 재료 내부에 나사산을 만든다. 기계 부품에 흔히 사용되는 나사는 육각 볼트(hex bolt), 육각구멍붙이 볼트(socket screw)[19] 등이다. 나사와 관련된 주요 용어를 살펴보자.

1) 나사산(screw thread): 원통 표면에 연속적으로 돌출된 헬릭스 모양의 봉우리를 말한다.

2) 오른나사, 왼나사: 나사 머리에서 나사 끝 쪽을 볼 때 시계 방향으로 돌려 결합하는 나사를 오른나사, 반시계 방향으로 돌려 결합하는 나사를 왼나사라고 한다. 보통 오른나사를 많이 쓴다.

3) 피치(pitch): 나사산과 나사산의 거리를 말한다.

4) 바깥지름(major diameter): 수나사의 산봉우리 혹은 암나사의 골바닥에 접하는 가상 원통의 지름이고, 나사 이름으로 사용하는 호칭지름이다.

---

17) 탭(tap) 가공은 구멍에 나사산을 만드는 나사 가공을 말한다.
18) 명확한 구분이 있지 않으며, 나라와 산업, 회사에 따라 다르게 부르기도 한다.
19) 육각구멍붙이 볼트(socket head bolt, socket head cap screw, Allen head screw)

그림 10-13
a) 육각볼트, b) 나사못(목공용), c) 나사못(철판용), d) 가는 나사,
e) 육각구멍붙이나사, f) 너트, g) 와셔

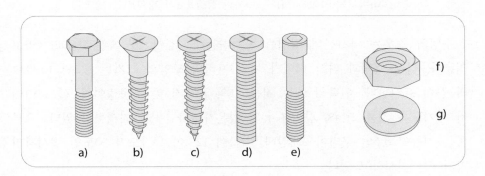

a)   b)   c)   d)   e)   f)   g)

　국가와 산업에 따라 사용되는 나사의 종류는 매우 다양하지만 미터 나사와
유니파이 나사가 널리 쓰인다. 미터 나사(metric threads)는 나사의 지름과 피
치를 mm 단위로 표시하고, 세계적으로 가장 널리 쓰이는 나사이다. 국제표
준기구(ISO)가 미터 나사를 표준 규격으로 규정하고 있다. 유니파이 나사
(unified threads)는 미국, 영국, 캐나다의 세 나라가 협정한 규격으로 인치 단
위로 나사의 지름을 표시하고 1인치에 들어가는 나사산의 수로 피치를 표시
한다. 유니파이 나사는 일부 항공기 등 특별한 용도에 사용한다.

　나사의 규격을 써넣을 때는 구멍의 중심을 향하도록 지시선을 그리고, 지
시선의 수평 연결선 위에 나사 정보를 표시한다. 미터 나사는 M 뒤에 나사
산의 호칭지름과 피치를 mm로 표시한다. 예를 들어, 'M16×1.5'는 나사산의
바깥지름이 16mm이고, 피치가 1.5mm인 미터나사이다. 피치값이 없으면 보
통의 피치를 갖는 '미터 보통 나사'를 의미한다. 미터 보통 나사는 바깥지름
에 따라 피치가 표준으로 정해져 있다. 일반적으로 미터 나사의 표기 방법[20]
은 다음과 같다. 나사 방향은 왼나사일 때 L 혹은 LH라고 쓰고, 오른나사일
때는 별도로 표기하지 않는다. 나사산의 줄이 여러 개인 나사도 있는데 두

---

20) 나사 표기 방법은 KSB0200에 기본적인 내용이 규정되어 있다. 산업에 따라 적용 방법이 다
　　양하므로 구체적인 표시 방법은 별도의 규격집과 용례를 참조한다.

줄이면 2N, 세 줄이면 3N 등으로 표시하고, 한 줄이면 표시하지 않는다.

M(바깥지름) × (피치) − (나사의 등급)(나사 방향)(줄 수)

구멍의 경우는 나사산의 깊이를 표시하는데, '깊이 15' 혹은 '15DEEP'라고 적는다. 나사 구멍과 나사 머리가 놓일 자리의 모양과 크기는 〈그림 10−14〉 와 같이 표시한다. 왼쪽의 예는 지름 11의 끝까지 뚫린 구멍이며, 볼트 머리 가 잠기도록 지름 21.48, 깊이 6.40의 깊은자리파기[21]를 지시하고 있다. 오른 쪽은 지름이 6.6인 구멍이 2개인데, 지름이 12.6이고 각도가 90도인 접시자리 파기[22]를 지시하고 있다.

그림 10−14   나사의 자리파기

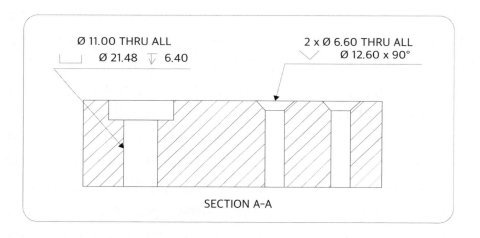

재료의 종류와 두께, 제조공정 등은 9. '실습'에 제시된 그림과 같이 지시 선을 이용해 표시한다. 중심선, 중심점 등도 표시할 수 있어야 한다.

---

21) 깊은자리파기(counter bore)는 CBORE라고 쓰기도 한다.
22) 접시자리파기(counter sink)는 CSINK라고 쓰기도 한다.

8. 연습 문제

8.1. 아래 그림처럼 ISO 표준에 따라 거칠기를 표시하고, 의미를 설명하시오.

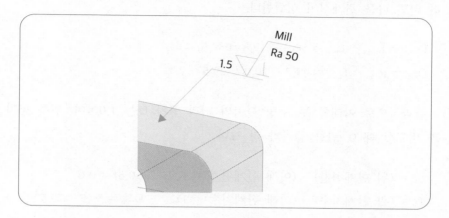

(풀이) 밀링 공정으로 소재를 1.5mm 제거할 때, 무늬결은 주석 평면과 수직이며, 산술평균 거칠기(Ra)가 50㎛가 되도록 작업하시오.

8.2. 아래와 같은 형상을 모델링하고 그림과 같이 치수와 공차를 표시하시오. 공차 표기를 한계치수 표기법으로 변경해 보시오. 아래쪽 두 구멍 사이의 위 한계치수와 아래 한계치수를 계산하고 위쪽 두 구멍 사이의 거리 공차와 비교하시오.

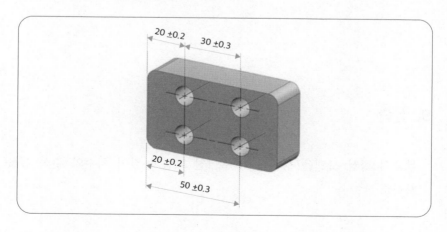

(풀이) 왼쪽 벽에서 왼쪽 구멍까지의 위와 아래 한계치수를 각각 L_{max}, L_{min} 이라 하고, 오른쪽 구멍까지의 위와 아래 한계치수를 각각 R_{max}, R_{min}이라 하자. 왼쪽 구멍과 오른쪽 구멍 사이의 위, 아래 한계치수를 각각 D_{max}, D_{min}이라 하면 다음 관계식이 성립한다.

$$D_{max} = R_{max} - L_{min} = 50.3 - 19.8 = 30.5$$
$$D_{min} = R_{min} - L_{max} = 49.7 - 20.2 = 29.5$$

결과적으로 아래쪽 두 구멍 사이의 거리 공차 $L\varepsilon$는 1.0이며, 위쪽 공차 $U\varepsilon$ 과 비교할 때 0.4만큼 공차가 더 크다.

$$U\varepsilon = (위 \ 한계편차) - (아래 \ 한계편차) = 0.3 - (-0.3) = 0.6$$
$$L\varepsilon = (위 \ 한계치수) - (아래 \ 한계치수) = D_{max} - D_{min} = 30.5 - 29.5 = 1.0$$

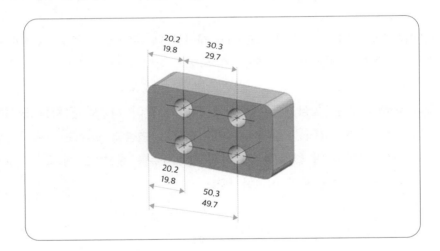

9. 실습

부품의 형상 모델을 생성하고, 주어진 그림과 같이 치수와 주석 등을 작성하시오.

9.1. 평판 - A

1) 주석을 생성할 투상 방향을 설정하고 저장

2) 치수와 주석을 기입[23)

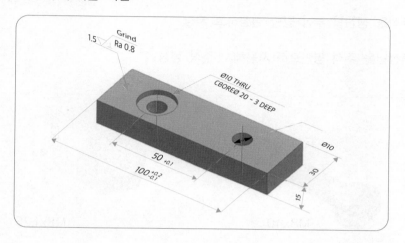

9.2. 평판 - B

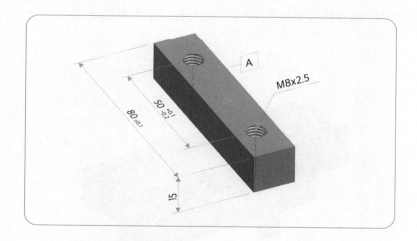

---

23) CAD 시스템에 따라 깊은자리파기(coutner-bore) 등의 구멍은 별도의 전용 기능을 이용할 수 있다.

9.3. 볼트와 너트

1) 볼트와 너트의 나사산 생성
   호칭지름으로 원기둥 혹은 구멍 형상 생성 후 표준나사 속성 부여

2) 주석을 생성할 투상 방향 설정하고 저장

3) 투상면을 주석 평면으로 사용해서 주석 생성

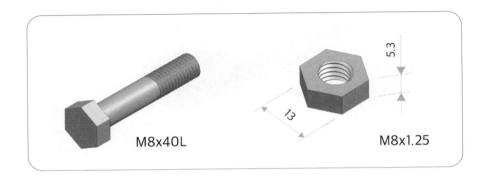

M8x40L

5.3

13

M8x1.25

9.4. 위에서 생성한 부품으로 아래 그림처럼 조립하시오.

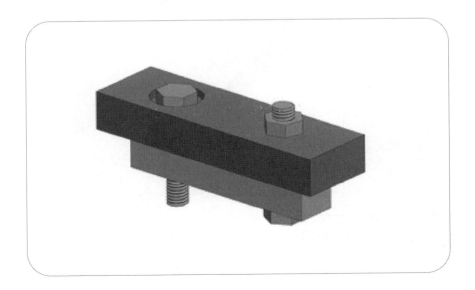

10. 실습 과제

도면을 참고로 다음 형상 모델을 생성하고 제시된 것과 같은 PMI를 작성하시오. 부족한 치수는 임의로 가정하시오.

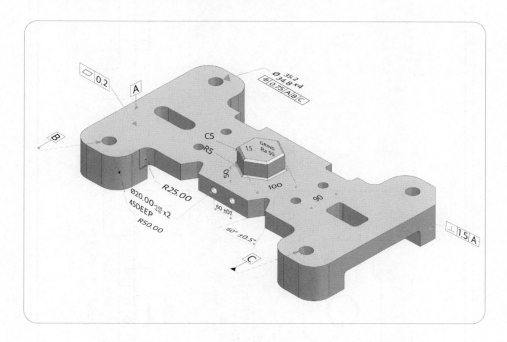

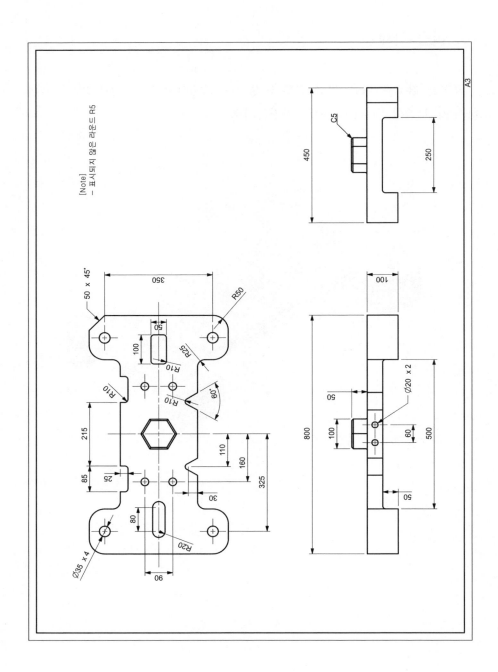

[Note]
- 표시되지 않은 라운드 R5

A3

328 CAD/CAM 개론

CHAPTER 11

도면 만들기

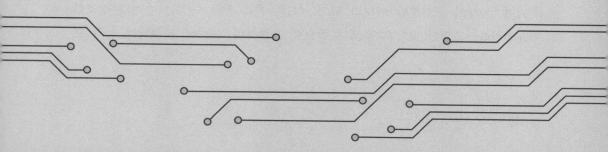

옛날부터 물체의 형상을 가장 잘 설명하는 방법은 그림이다. 글자가 없던 과거 원시시대에는 그림으로 모든 생각을 표현하고 전달했다. 다양한 의사전달 수단이 발달한 현대에도 간단한 그림으로 감정을 표현하는 이모티콘은 문자보다 더 많은 의미를 전달한다. 기계 엔지니어도 그림의 일종인 도면으로 생각을 표현하고 전달하는 경우가 많으며, 그려진 도면을 이해하거나 생각을 도면으로 표현하는 것은 기계 엔지니어에게 매우 중요한 일이다. 도면을 작성하는 과정을 제도라 하며, 과거에는 자와 컴퍼스로 종이에 직접 도면을 그렸다. CAD 시스템은 3차원 형상 모델로 쉽게 도면을 생성할 수 있지만, 설계자의 의도가 반영된 좋은 도면을 작성하는 것은 여전히 사람 몫이다.

1. 도면이란?

　도면은 제품과 부품 등의 공학적인 물체를 정해진 규칙을 따라 2차원 평면에 그림과 기호, 문자 등으로 표시한 것이다. 공학적 용도로 사용하는 도면을 일반적인 그림과 구분할 때는 공학 도면이라고 일컫고, 산업 분야에 따라 기계 도면, 건축 도면, 전기 도면 등으로 부르기도 한다. 기계 도면은 제품의 형상만이 아니라 제품의 제조 방법, 재료 등의 정보를 포함하고 있어서 제조업체는 기계 도면으로 제품을 제조할 수 있다. 특별한 언급이 없는 한 본책에서 일컫는 도면은 모두 기계 도면이다.

　〈그림 11-1〉에서 보듯이 입체도는 흔히 도형으로 표시되며 주로 물체의 모양을 표현하지만, 〈그림 11-2〉의 도면은 도형과 기호, 숫자, 문자로 구성되며, 물체의 모양뿐만 아니라 크기, 이름, 번호 등의 다양한 속성과 정보를 표현한다. 물체의 모양은 주로 도형으로 표현하며, 도면에 표현된 도형의 모

양과 크기, 위치, 자세를 더 정확하고 쉽게 알 수 있도록 기호와 숫자, 문자를 사용한다. 도면에 표시된 부품의 번호와 이름, 제조 공차, 재료와 제조 방법 등도 기호 혹은 숫자와 문자로 표시한다. 특히 기계 도면은 정해진 규칙을 따라 작성된다.

그림 11-1 다양한 방법으로 표현된 부품

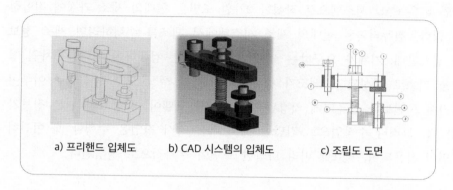

a) 프리핸드 입체도   b) CAD 시스템의 입체도   c) 조립도 도면

그림 11-2 기계 도면의 예

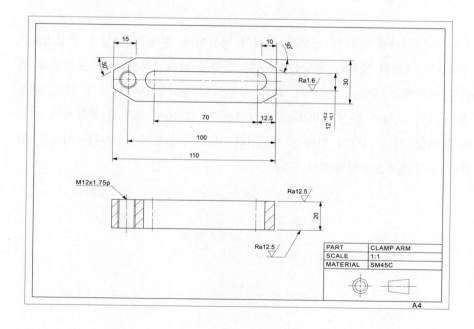

과거에는 도면이 제품의 모든 정보를 포함하고, 설계와 제조에 필요한 정보의 원본(master) 역할을 했다. 즉 도면에 형상을 중심으로 제품의 기능, 제조 방법, 재료 등의 모든 설계 정보를 기입하고, 그것을 토대로 제조 등에 필요한 다른 정보를 생성했다. 그러나 최근에는 CAD 시스템을 이용한 3차원 형상 모델이 일반화되면서 3차원 형상 모델이 모든 정보에 우선하는 원본 정보이고, 도면 등은 설계 이후의 과정에서 생성되는 부가 정보가 되었다. 수작업 혹은 CAD 시스템으로 작성한 2차원 도면은 현대의 제조 과정에 적합하지 않다. 컴퓨터화된 현대의 제조 시스템에서 제조를 수행하려면 제조 정보가 필요한데, 기계가 요구하는 3차원 제조 정보는 컴퓨터에 입력된 3차원 형상을 기초로 생성된다. 제조가 컴퓨터에 저장된 형상 모델 중심으로 이루어지면서 도면보다 컴퓨터에 저장된 3차원 형상 모델이 더 중요한 원본 정보가 되었다. 그러나 수작업으로 간단한 제조 혹은 검사 작업을 수행할 때 여전히 도면이 사용되며, 필요에 따라 다양한 도면이 부가적으로 생성된다.

2. 물체의 형상을 평면에 표시하는 방법 - 투상법

도면에서 가장 중요한 정보는 물체의 형상이며, 물체의 형상은 투상법으로 그려진다. 3차원 물체의 형상을 일정한 법칙에 따라 2차원 평면 도형으로 변환하는 과정을 '투영(projection)' 혹은 '투상(投像: 형상을 던지다)'이라 하고, 투상해서 그린 그림을 투상도라고 한다. 〈그림 11-3〉에서 보듯이 관찰자의 시점과 물체를 잇는 가상의 선을 투시선이라 하고, 투상도가 그려지는 가상의 평면을 투상면(혹은 투영면)이라 한다.

그림 11-3 투상의 개념 – 관찰 시점, 투시선, 투상면, 물체

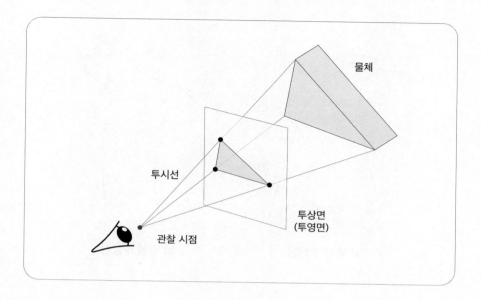

투상 방법은 크게 투시 투상법과 평행 투상법으로 나뉘는데, 투시 투상법은 주로 사실적인 그림을 그릴 때 사용하며 멀고 가까운 거리감을 느낄 수 있도록 표현하는 원근법의 하나이다. 사람의 시각 체계와 비슷해 자연스럽게 보이는 투시 투상법은 관찰자 시점까지의 거리에 따라 물체의 크기가 달라 도면에 그려지는 모양이 실제와 다르다. 〈그림 11-4〉에서 보듯이 먼 곳과 가까운 곳의 거리가 다르게 그려지고, 서로 평행한 선이 우리 눈에는 자연스럽지만 평행하지 않다. 반면에 평행 투상법은 투시 투상법보다 사실감이 떨어지지만 길이 비례가 유지되고 평행선은 평행으로 표현된다. 기계 도면은 사실감보다 크기와 모양 등의 정확성이 중요하므로 평행 투상법을 사용한다.

그림 11-4 투상법의 비교

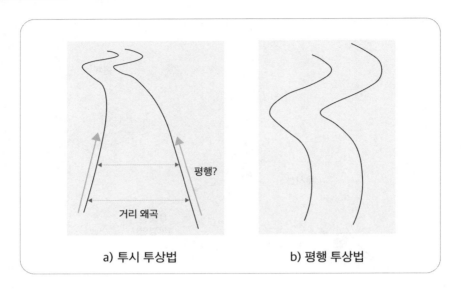

a) 투시 투상법   b) 평행 투상법

그림 11-5 투상법의 종류

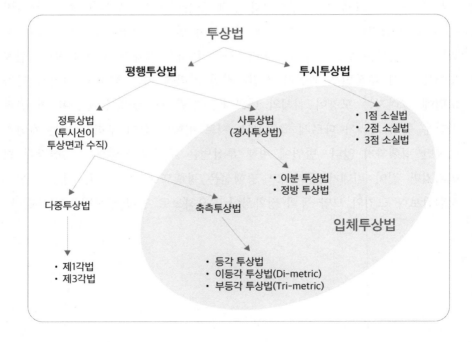

평행 투상법은 투시선과 투상면의 관계에 따라 정투상법과 사투상법으로 나뉜다. 〈그림 11-6〉에서 보듯이 정투상법은 투시선이 투상면이 직각으로 만나지만 사투상법은 그렇지 않다. 사투상법은 물체의 정면과 측면을 동시에 볼 수 있어서 하나의 투상도로 입체감을 표현할 수 있으며, 물체의 정면이 투상면에 왜곡 없이 투영되므로 누구나 쉽게 작성할 수 있다. 사투상법은 이분투상법과 정방투상법으로 나뉘는데, 흔히 캐비닛도라 불리는 이분투상도는 가구 등의 물체 표현에 많이 사용되었으며, 지금도 우리 일상에서 자주 사용된다.

그림 11-6 사투상과 정투상의 투시선과 투상면 비교

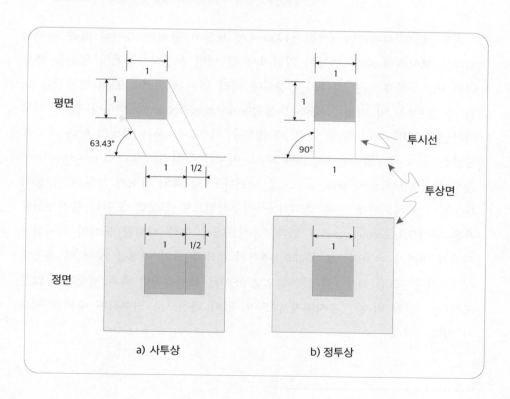

a) 사투상   b) 정투상

그림 11-7　다양한 투상법으로 표시한 정육면체

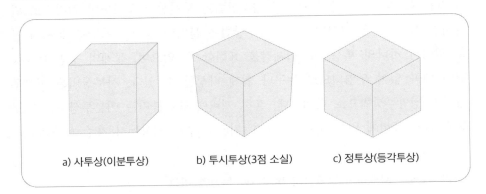

a) 사투상(이분투상)　　　b) 투시투상(3점 소실)　　　c) 정투상(등각투상)

　정투상법을 사용하면 〈그림 11-8〉에서 보듯이 물체의 자세에 따라 물체가 입체로 보이거나 다른 면들이 가려져서 한 면만 보인다. 물체의 정면을 투상면과 비스듬하게 두면 하나의 투상도에 여러 면이 한꺼번에 보여 입체감을 느낄 수 있는데, 이 방법을 축측 투상법(axonometric projection)[1]이라 한다. 서로 직각인 물체의 주요 세 축 혹은 세 평면을 비스듬히 두는 방법에 따라 축측투상법은 등각 투상법(isometric projection), 이등각 투상법(di-metric projection), 부등각 투상법(tri-metric projection)으로 나뉜다.[2] 세 축의 각도가 모두 같은 등각 투상법이 기계도면에 흔히 쓰이며, 등각투상법으로 투상한 도면을 등각투상도 혹은 등각도(isometric view)라 한다. 등각도에서 축과 평행한 물체의 모서리는 길이의 비례가 유지되므로 물체의 대략적 형태와 크기 비례를 정할 때 유용하다. 그러나 〈그림 11-9〉에 붉은색으로 표시된 모서리처럼 축과 평행하지 않은 모서리는 길이 비례가 유지되지 않으며, 원이 타원으로 변형됨에 주의할 필요가 있다.

---

1) axonometry"는 "to measure along axes"를 의미한다. 축측 투상법은 축 방향으로 길이 혹은 비례가 유지된다.
2) '등각'은 '각이 같다'라는 뜻이고, '이등각'은 '두 개가 같은 각'이며, '부등각'은 '각이 같지 않다'라는 뜻이다.

그림 11-8 물체의 자세에 따라 달라 보이는 정투상

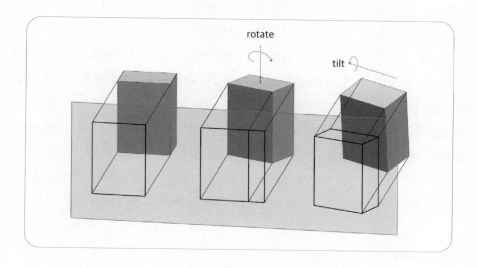

그림 11-9 등각투상의 길이 비례

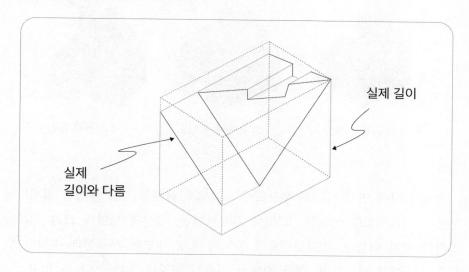

하나의 투상도에 물체의 여러 면이 보이도록 입체적으로 표현하면 대략적인 형태를 파악하기 쉽다. 이 방법을 흔히 입체 투상법(three-dimensional projection, pictorial projection)이라 한다. 일반적인 그림이나 건축물의 입체 투상법에는 투시투상법이 많이 쓰이고, 기계도면에는 사투상법과 축측 투상법이 입체 투상법으로 많이 쓰인다. 수작업으로 도면을 작성하던 과거에는 작성하기 쉬운 이분 투상법과 등각투상법을 많이 사용했다. 최근에는 CAD 시스템에서 쉽게 입체 투상도를 생성할 수 있어서 물체의 자세가 더 자연스러운 이등각투상도와 부등각투상도도 자주 쓰인다. 입체 투상법으로 그린 도형을 입체도[3]라고 한다. 입체도는 누구나 쉽게 이해할 수 있어서 일반인을 위한 사용 설명서 등에 많이 쓰이며, 대략적인 개념을 설명 효과적인 수단이다. 내가 생각하는 자동차 혹은 로봇을 다른 사람에게 어떻게 설명하겠는가? 그림은 가장 강력한 의사소통 수단이며, 사실적인 입체도는 공학도에게 개념을 실현하는 첫 단계이다.

그림 11-10   축측 투상법

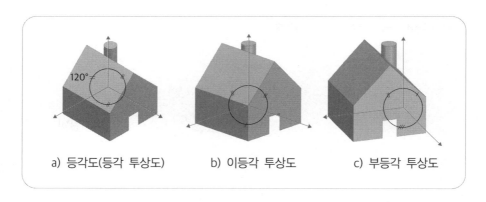

a) 등각도(등각 투상도)   b) 이등각 투상도   c) 부등각 투상도

물체의 여러 면이 하나의 투상도에 보이도록 물체를 두고 투상한 입체도는 누구나 직관적으로 이해할 수 있어 유용하지만, 형상의 모양과 크기 비례를 정확히 알기 어렵다. 정투상법으로 물체의 특정 평면이 투시선과 수직이 되도록 정면에서 바라보면, 해당 평면의 외곽선 모양을 정확히 알 수 있고, 그 도형의 길이 비율도 정확히 알 수 있다. 그런데 이 방법도 투상면과 평행한

---

3) '겨냥도'라고도 한다.

평면의 도형만 제대로 표현할 수 있으며, 투상면과 비스듬한 면 혹은 가려진 면의 도형들은 왜곡되거나 보이지 않는다. 결국 복잡한 형상을 정확하게 표현하려면 여러 개의 투상도를 사용해야 하는데, 투상면이 서로 직각인 여러 개의 정투상도로 물체의 형상을 표현하는 방법을 '다중투상법(multi-view projection)'이라 한다. 기계도면에서 '정투상법'이라 하면 보통 다중투상법을 의미하며, 다중투상법으로 물체를 표현한 도면을 보통 '정투상도' 혹은 그냥 '투상도'라 부르기도 한다.

다중투상법에서 서로 직각인 6개의 정투상도를 '주투상도(primary view)'라 하며, 물체를 바라보는 위치에 따라 정면도, 우측면도, 좌측면도, 평면도, 저면도, 배면도로 부른다. 물체를 정면에서 바라본 투상도를 '정면도'라 하고, 정면에서 바라보는 사람을 기준으로 오른쪽에서 바라본 투상도를 '우측면도', 왼쪽에서 바라본 투상도를 '좌측면도'라 한다. 물체를 위에서 내려본 투상도가 '평면도', 밑에서 올려본 투상도가 '저면도'이다. 그리고 물체의 뒤쪽에 가서 바라본 투상도가 '배면도'이다. 다중투상법에서 투상도의 방향이 중요한데, 평면도는 물체의 정면에 서서 허리를 굽히고 내려보는 방향이며, 저면도는 머리를 정면 쪽에 두고 바닥에 누워 물체의 밑면을 올려보는 방향이다. 일반적으로 간단한 기계 부품은 흔히 3면도라 부르는 3개의 주투상도(정면도, 평면도, 우측면도)를 사용하지만, 물체의 형상에 따라 2개 혹은 1개의 주투상도로 충분할 수 있고, 6개의 주투상도를 모두 사용해도 자세한 형상을 제대로 표현하기 어려울 수도 있다. 주투상도만으로 정확한 형상 표현이 어려울 때는 다양한 '보조 투상도(auxiliary view)'를 사용한다.

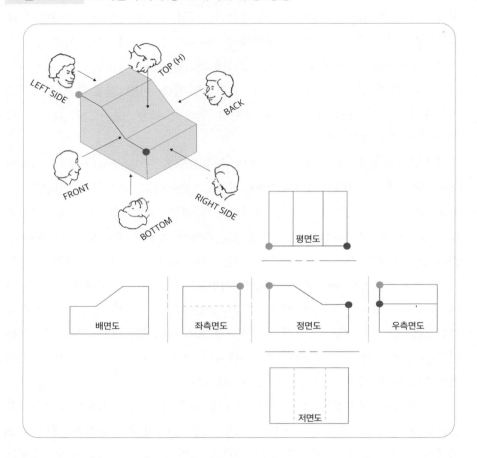

그림 11-11 3각법의 주투상도 배치와 투상 방향

다중투상법은 보통 한 장의 용지에 여러 개의 투상도를 배치하며, 〈그림 11-11〉에서 보듯이 주투상도를 배치하는 엄격한 규칙이 있다. 주투상도를 배치하는 방법에 따라 '1각법'과 '3각법'으로 나누며, 1각법은 주로 유럽에서 많이 사용하는데 우측면도를 정면도 왼쪽에 배치하고, 평면도를 정면도 아래쪽에 배치한다. 3각법은 한국과 미국, 캐나다 등에서 주로 사용하는데 우측면도를 정면도 오른쪽에, 평면도를 정면도 위쪽에 배치한다. 다시 강조하면 1각법이든, 3각법이든 주투상도의 내용은 서로 같고, 주투상도를 배치하는 방

법만 다르다. 따라서 다중투상도로 어떤 물체를 표현할 때 어떤 각법을 사용했는지 표시하고, 그에 맞도록 투상도를 배치해야 한다. 도면을 작성할 때 〈그림 11-12〉와 같은 기호를 사용해서 어떤 각법을 사용했는지 표시한다.

그림 11-12　3각법과 1각법을 구분하는 기호

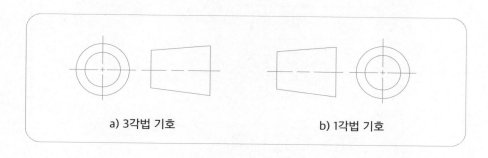

a) 3각법 기호　　　　　　　　b) 1각법 기호

3. 도면의 양식과 구성 요소

기계도면은 정해진 표준을 따라 작성하는데 기본적인 규칙은 세계적으로 같다. 기본 규칙을 알면 세계 어디서나 통용되는 도면을 작성할 수 있고, 다른 나라에서 작성한 도면을 이해할 수 있다. 정해진 규격과 양식의 종이에 하나 이상의 투상도를 그리며, 투상도의 물체는 다양한 선으로 표시한다.

3.1. 윤곽선, 표제란, 부품 명세표

과거에 종이에 도면을 그리고, 종이 도면을 관리할 때는 도면의 크기와 양식이 일정하지 않으면 관리가 불편해서 도면의 규격과 양식이 중요했다. 컴퓨터로 도면을 생성하고 저장, 관리하는 지금도 과거의 영향으로 몇 가지 양식을 지켜서 도면을 작성한다. 〈그림 11-13〉에서 보듯이 그려진 내용이 종이의 테두리와 확실히 구분되고, 인쇄와 복사할 때 보이지 않는 부분이 생기지 않도록 종이 가장자리에서 일정한 여유만큼 안쪽에 도면의 '윤곽선'을 그린다.

그림 11-13   도면의 양식

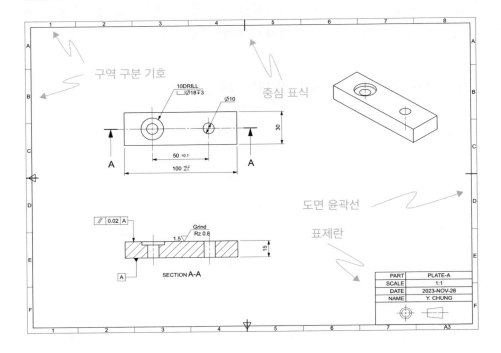

    표제란에는 도면 관리에 필요한 중요 사항을 표시하는데, 도면이 표시하는
부품의 이름 혹은 번호, 도면의 척도 및 투상법(3각법 혹은 1각법), 도면 작성
날짜와 작성자 이름 등을 표시한다. 〈그림 11-13〉에서 보듯이 표제란은 도
면의 오른쪽 아래쪽에 사각형 표 형태로 작성한다. 여러 부품을 조립한 제품
을 표현하는 조립도는 부품의 명세를 도면에 표시한다. 부품 명세표는 보통
도면의 오른쪽 위쪽에 사각형 표로 작성하며, 부품의 번호, 이름, 필요한 개
수 등을 표시한다.

3.2. 외형선, 숨은 선, 중심선

도면에는 다양한 선이 사용되는데, 투상도에 사용되는 3가지 주요 선은 외형선, 숨은 선, 중심선이다. 이 선들은 각각 그 용도가 다르며, 모양과 두께로 서로 구분한다. 물체의 모든 모서리를 선으로 표시하는데, 도면에 표시하는 모서리는 물체의 면과 면이 날카롭게 만나는 경계선이다. 일반적으로 CAD 시스템의 형상 모델은 면과 면이 만나는 경계를 모두 모서리라 하는데, 두 면이 접해서 부드럽게 만나는 경계는 보통 도면에 표시하지 않는다. 흔히 실루엣이라 부르는 물체가 차지하는 공간과 외부 공간의 경계도 선으로 표시한다. 투상도에 표시할 물체의 선 중에 관찰자의 시점에서 바라볼 때 보이는 선들이 '외형선'이고, 다른 면들에 의해 가려져 보이지 않는 선들은 '숨은 선'이다. 외형선은 굵은 실선으로 그리고, 숨은 선은 가는 점선으로 표시한다.

중심선은 원 혹은 대칭인 형상의 중심 혹은 축선을 표시한다. 중심선은 가는 1점 쇄선으로 그린다. 선들이 서로 겹칠 때는 외형선이 가장 순위가 높으며, 다음으로 숨은 선, 중심선이다.

3.3. 치수 – 치수선, 치수보조선

투상도에 표시된 형상의 크기와 형상의 위치는 치수로 표현한다. 물체의 너비, 깊이, 높이 등의 주요 치수가 투상도에 나타나야 한다. 치수는 치수선과 치수보조선을 사용하여 써넣는데, 모두 가는 실선을 사용한다. 도면에 치수를 기입하는 일은 생각보다 어려운데, 치수가 형상의 크기뿐만 아니라 부품의 제작 방법을 결정하기 때문이다. 기계도면에서 치수의 단위는 mm가 원칙이며, 치수에 단위를 적지 않는다.

4. 도면 생성 방법

과거에는 종이에 연필과 자, 컴퍼스 등을 이용해 수작업으로 도면을 작성했다. 오늘날에도 이러한 도구를 사용해서 수작업으로 도면을 작성할 수 있지만, 도면 작성용 CAD 시스템을 사용하면 많은 훈련이 없어도 훨씬 좋은 품질의 도면을 생성할 수 있다. 특히 CAD 시스템을 사용하면 형상과 치수 등의 변경이 매우 자유롭다.

3차원 형상 모델링을 지원하는 CAD 시스템은 형상 모델로 쉽게 2차원 도면을 생성할 수 있다. 투영할 방향을 정하면 투상도가 계산되고, 그 투상도를 놓을 위치만 정하면 된다. 외형선, 숨은 선, 중심선 등은 물론이고 치수도 자동으로 표시할 수 있다. 그러나 표시할 투상도의 선택, 단면도 기법의 적용 여부와 절단선 선택, 보조 투상도 선택 등은 여전히 사용자의 몫이며, 다양한 기능을 종합적으로 적용하여 도면의 표현력을 높이는 것은 사용자의 책임이다. 그리고 CAD 시스템은 설계자의 의도와 무관하게 3차원 형상을 평면에 그대로 투영하므로 불필요하게 자세하고 많은 정보가 표시될 수 있다. 최적의 도면을 생성하려면 사용자가 불필요한 부분을 제거하거나 숨기고, 필요한 정보를 고르는 작업이 필요하다. 이러한 이유로 3차원 CAD 시스템에서 투상도를 생성한 후 치수 기입과 추가적인 상세 지시 등을 2차원 CAD 시스템에서 수행하기도 한다.

5. 좋은 도면 만들기

CAD 시스템의 3차원 형상 모델로 도면을 자동으로 생성하는 기능이 강력해지면서 도면 작성이 쉬워졌지만 좋은 도면 만들기는 여전히 많은 주의와 경험이 요구된다. 모든 설계 정보를 2차원 도면으로 표시하던 시기에는 도면 작성의 규칙을 더 엄격하게 적용했다. 그리고 컴퓨터의 도움을 받더라도 형상을 표시하는 투상도를 직접 그렸기에 중요하지 않은 상세 부분과 대칭인 형상, 숨은 형상 등을 생략하는 경우가 많았으며, 그러한 생략 방법이 좋은 도면의 지침이었다. 그러나 3차원 형상으로 투상도를 자동 생성하는 최근에는 생략 기법을 적용한 도면을 작성하기 어렵고, 도면 작성의 세세한 규칙을 엄격히 적용하기도 쉽지 않다. 특히 CAD 시스템마다 도면 작성 기능과 성능에 많은 차이가 있어서 자세한 방법을 설명하기도 어렵다. 본책에서는 도면을 부가 정보로 사용하더라도 여전히 중요한 몇 가지 원칙과 3차원 형상 모델로 좋은 도면을 생성하는 방법을 소개한다.

5.1. 의도와 용도를 명확히 표현

과거와 달리 도면을 쉽게 작성하고 복사할 수 있어서 용도와 의도에 따라 다양한 도면을 작성한다. 제작 공정에도 사용하지만, 전체적인 형상 파악 혹은 부품명세서 작성을 위해 도면을 작성하기도 한다. 모든 형상을 상세하게 표시할 필요가 없으며, 모든 치수를 완벽하게 기입할 필요도 없다. 용도에 적합한 수준의 형상 표시와 치수 기입으로 의도를 정확히 전달하면 된다. 수작업으로 도면을 작성하던 과거에는 이를 위해 부분 투상도 기법을 많이 사용했다. 3차원 형상 모델에서는 불필요한 형상을 숨기거나 억제(suppress)한 후 도면을 생성하면 부분 투상도와 유사한 결과를 얻을 수 있다. 복잡한 숨은 선을 보이지 않게 설정하거나, 라운딩 등으로 생기는 부드러운 모서리도 선택적으로 숨길 수 있다. 그리고 작은 크기의 라운드 혹은 필렛을 외형선으로 표시하거나, 모따기(chamfer)를 무시하면 투상도가 더 명확한 경우가 많은데, 3차원 모델에서 모깍기 혹은 모따기 등을 일시적으로 억제하면 외형선을 명확히 생성할 수 있다.

〈그림 11-14〉의 정면도에서 부품에 작은 모따기와 모깍기가 있음을 알 수 있다. 모따기와 모깍기 모서리가 모두 표시된 평면도는 매우 복잡하지만, 모따기와 모깍기를 억제해 모서리의 외형선을 하나로 명확하게 표시한 우측면도는 훨씬 보기 좋은 투상도가 되었다. 우측면도에서 구멍을 표시하는 숨은 선은 의도적으로 숨겼다.

그림 11-14　모깎기와 모따기의 표시

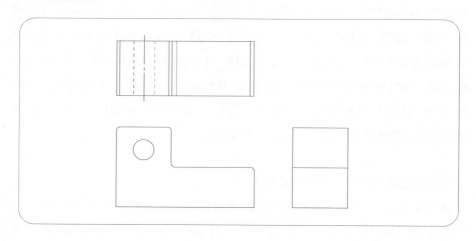

5.2. 단면도, 보조 투상도, 입체도 활용

3차원 CAD 시스템을 이용하면 과거와 달리 단면도, 보조 투상도, 입체도 등을 쉽게 생성할 수 있다. 단면도를 사용하면 적은 수의 주투상도로 형상을 명확히 표현할 수 있으며, 보조 투상도는 주투상도에서 제대로 표현할 수 없는 경사면의 형상을 정확하게 표현할 수 있다. 입체도는 전체적인 형상 파악에 큰 도움이 된다. 일부 디지털 문서는 마우스로 입체도를 회전하거나 확대해 볼 수도 있다. 과거 수작업 도면에서는 보조 투상도, 입체도 등을 작성하기가 어려웠으나 지금은 다양한 방향의 입체도와 보조 투상도를 쉽게 생성할 수 있다. 단면도, 보조 투상도, 입체도 등을 적극적으로 활용하는 것이 타당하다.

5.3. 적절한 치수와 주석 기입

3차원 형상 모델에서 자동으로 치수를 생성하면 치수가 지나치게 많아지고, 치수의 중요도 혹은 기준이 표현되지 않는다. 자동 생성 후 삭제 혹은 수정하거나, 처음부터 중요하고 특징적인 치수를 수동으로 지정하는 것이 바람직하다. 치수는 주 투상도에 집중적으로 표시하고, 관련 있는 치수를 한곳에 모아서 기입하면 좋다. 그리고 제조의 기준이 되는 면 혹은 위치를 기준으로 제조에 필요한 치수와 측정할 수 있는 치수를 기입한다. 조립 부위는 공차가 필요한데, 과도한 공차를 피해야 한다. 나사 등의 표준 부품은 일일이 상세 형상의 치수를 부여할 것이 아니라 표준 기호를 사용해서 치수를 표시해야 한다.

한 투상도에 같은 특징 형상이 여러 개 있다면 그 형상의 치수를 한 번만 표시하고, 같은 형상이 몇 개 있는지 표시 한다. 즉 "개수×치수"의 방식으로 표시한다. 예를 들어, 지름이 20인 드릴링 구멍이 5개 있다면 "5 × Ø20 DRILL"처럼 표시한다. 이렇게 개수로 표시할 때는 그 형상들이 규칙적으로 배열되어 있어 쉽게 확인할 수 있어야 한다.

과거 도면을 원본 정보로 사용할 때는 도면 치수의 완벽함이 중요했다. 그러나 CAD 모델이 원본 정보로 사용되면서 도면에 주요 치수만 표기하고, 자세한 치수는 CAD 모델을 참조하는 경우가 많다. 완벽한 치수보다 용도 혹은 의도에 적합한 치수 선택이 더 중요하게 되었다.

6. 연습 문제

1) 투시 투상법과 평행 투상법의 차이와 장단점을 설명하시오.

2) 투상도에 사용되는 3가지 주요 선은 각각 무엇인가? 그 선의 용도를 설명하시오.

3) 축측 투상법과 다중투상법의 차이와 특징을 설명하시오.
(풀이) 축측 투상법은 물체의 정면을 투상면과 비스듬하게 두어 한 투상도에 여러 면이 한꺼번에 보여 입체감을 느낄 수 있다. 다중투상법은 물체의 면을 투상면과 평행하게 둔 여러 투상도로 물체를 표현한다.

4) 설계 원본 데이터로 2차원 도면을 사용할 때와 3차원 CAD 데이터를 사용할 때의 도면 작성 방법은 상당한 차이가 있다. 그 차이점을 설명하시오.

7. 실습

7.1. 보조 투상도

1) 제시된 도면을 참고해 형상 모델 생성

2) 도면(A3)에 주투상도(정면도, 평면도) 배치

3) 보조 투상도 배치

4) 치수 및 주석 기입

5) 표제란 및 도면 경계 작성

7.2. 단면도

1) 10장 실습에서 생성한 '평판-A' 형상 모델 불러오기

2) 도면(A3)에 평면도 배치

3) 단면도 생성: 단면 위치 설정

4) 입체도(등각도) 생성

5) 치수 및 주석 기입

6) 표제란 및 도면 경계 작성

7.3. 조립체 분해도

1) CHAPTER 10의 실습에서 생성한 조립체 모델 불러오기

2) 분해도 생성
   ① 자동 분해도를 생성
   ② 수동으로 각 부품을 옮겨 그림과 같이 분해도 생성

3) 도면(A3)에 분해도 배치

4) 부품목록 생성[4]

5) 풍선 번호 생성

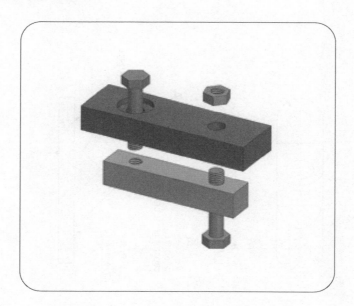

---

4) 대부분의 CAD 시스템은 자동으로 조립체의 부품목록을 생성할 수 있다.

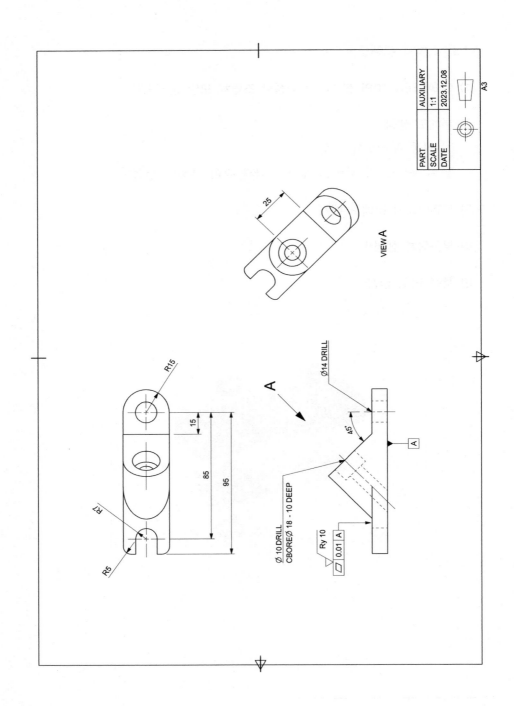

VIEW A

PART | AUXILIARY
SCALE | 1:1
DATE | 2023.12.08

A3

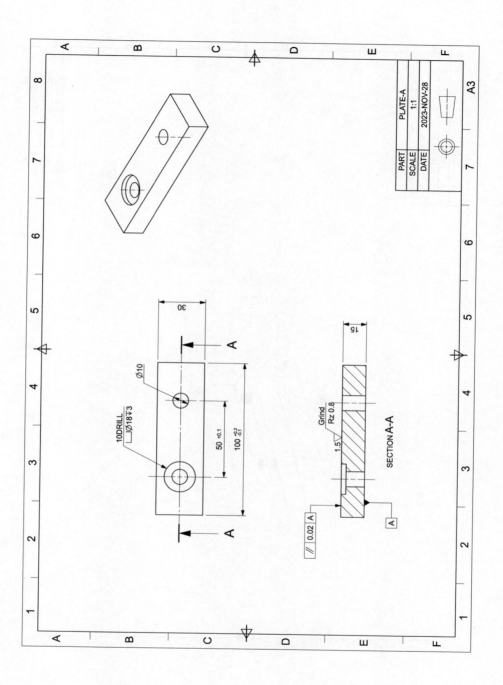

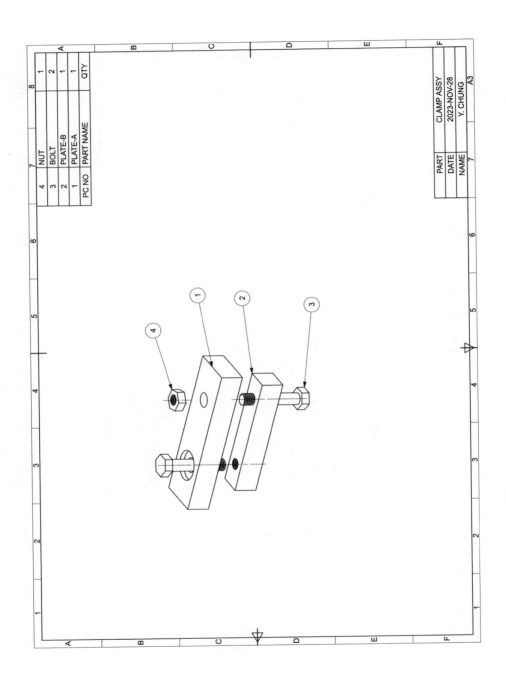

PC NO	PART NAME	QTY
1	PLATE-A	1
2	PLATE-B	1
3	BOLT	2
4	NUT	1

PART	CLAMP ASSY
DATE	2023-NOV-28
NAME	Y. CHUNG

A3

8. 실습 과제

1) CHAPTER 10의 9. '실습'에서 생성한 "평판-B"의 도면 생성

2) CHAPTER 10의 9. '실습'에서 생성한 "볼트"와 "너트"의 도면 생성
   ① 제작에 필요한 치수를 모두 기입하시오.
   ② 표제란과 도면 경계 등을 모두 작성하시오.

3) CHAPTER 10의 9. '실습'에서 생성한 조립체의 단면 분해도를 아래와 같이
   생성

4) 생성한 단면 분해도로 분해도 도면 생성

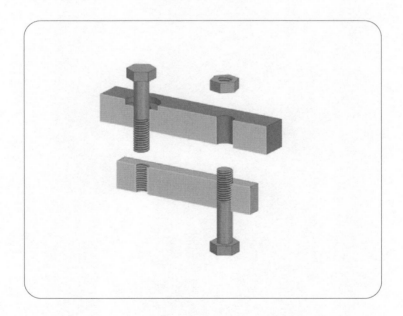

CHAPTER 12   데이터 교환

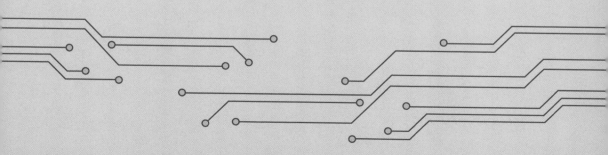

1. 데이터 교환의 필요성과 어려움

CAD 시스템에서 생성한 제품 모델을 다른 사람에게 전달하거나, 다른 사람이 작성한 모델을 내가 받아서 사용하는 때가 많다. 특히 제품을 설계하고 생산하는 회사에서는 다양한 업무를 여러 부서에서 나누어 수행하는데, CAD 시스템에서 작업한 결과를 서로 주고받아야 한다. 예를 들면, 공학설계 부서에서는 초기 설계된 형상 모델로 구조해석, 유동해석 등의 공학적 분석과 평가를 수행한다. 그리고 생산 부서에서는 형상 모델을 바탕으로 제조를 계획하고 생산을 준비한다. 영업 부서에서는 형상 모델을 실감 나게 시각화하여 제품 광고 제작에 사용한다. 결과적으로 CAD 시스템의 형상 모델을 다른 부서 혹은 다른 협력 업체에서 전달하고, 다른 부서의 작업 결과를 받아 제품 정보로 다시 통합하는 일들이 빈번히 일어난다.

그림 12-1 형상 모델 – 공학설계, 생산, 홍보 등으로 활용하고 통합

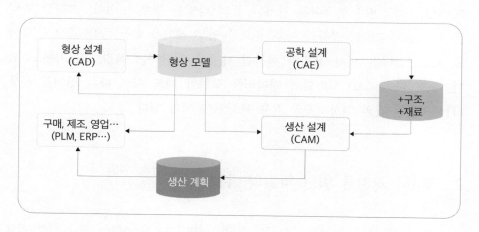

서로 다른 회사는 물론이고, 같은 회사에서도 부서에 따라 서로 다른 CAD 혹은 CAx시스템을 사용하는 경우가 있다. 각각의 업무에 가장 적합한 CAx 시스템을 선택하거나, 회사의 특성에 맞는 시스템을 사용하기 때문이다. 예를 들면 형상 모델을 생성하는 CAD 기능과 구조해석, 유동해석 등의 공학 시뮬레이션을 수행하는 CAE 기능, 생산 정보를 계획하고 생성하는 CAM 기능, 홍보 이미지를 만드는 그래픽 기능 등은 넓은 의미로 모두 CAD 시스템의 기능이며, 형상 모델을 바탕으로 작업을 수행한다. 통합형 CAD 시스템은 이들 기능을 모두 통합하고 있지만, 여전히 특화된 전문 시스템이 존재하고 새로운 기능의 시스템이 출현하고 있다. 결국, 서로 다른 업무에 서로 다른 CAD 시스템을 사용하는 것을 피하기 어렵다. 같은 시스템인 경우에도 시스템의 버전이 서로 달라 정보를 주고받기 어려울 수 있다.

CAD 시스템에서 작업한 결과를 다른 사람에게 전달하려면 정보를 컴퓨터 데이터 파일로 저장한다. 저장된 데이터 파일은 네트워크 혹은 USB 드라이브 등으로 전달하거나, 클라우드에 저장하고 공유하기도 한다. 그런데 서로 다른 CAD 시스템을 사용한다면, 저장된 파일의 형식이 달라 내가 전달한 파일을 다른 사람이 읽을 수 없다. 어떤 데이터 파일 형식으로 저장해야 다른 사람이 쉽게 그것을 읽을 수 있을까? 다른 언어를 사용하는 외국인과 의사

교환이 어려운 것과 같다. 내가 영어를 잘해도 외국인이 비영어권 사람일 수도 있고, 외국인이 한국어를 잘하는 등의 다양한 경우가 있다. 그리고 가벼운 농담을 주고받는 상황과 아주 중요한 업무 계약을 하는 등의 중요도 차이도 있고, 간단한 의사 표시와 복잡한 내용을 전달하는 복잡도의 차이도 있다. 서로 다른 CAD 시스템이 데이터를 교환할 때도 서로 다른 언어를 사용하는 외국인 간의 의사소통과 같은 복잡한 문제가 있다.

2. 데이터 교환을 위한 파일의 유형

내가 가진 모든 정보를 그대로 전달하려면 그 시스템의 '원시 파일 형식(native file format)'을 사용하는 것이 가장 좋다. 원시 파일은 원어민이 사용하는 모국어(native language)처럼 각 시스템 고유의 데이터 저장 형식으로 저장되고, CAD 시스템마다 그 형식이 다르다. 일반적으로 시스템에서 '저장(save)'과 '열기(open)' 메뉴를 사용하여 파일로 쓰거나 저장된 파일을 읽는다. 원시 파일 형식의 데이터 파일에는 곡선, 곡면, 입체 등의 형상 정보는 물론이고, CAD 시스템에서 수행한 모든 작업의 과정과 그 결과를 담고 있다.

원시 파일 형식을 사용할 수 없을 때는 '중립 파일 형식(neutral file format)'을 사용한다. 흔히 '내보내기(export)' 메뉴와 '불러오기(import)' 메뉴를 사용해 파일로 쓰거나 저장된 데이터 파일을 읽는다. 다양한 나라의 사람이 모인 국제회의에서 영어를 공용어로 사용하는 것처럼 서로 다른 시스템이 서로 약속된 같은 형식의 파일로 데이터를 주고 받는다. 중립 파일 형식은 대개 국제적인 표준이 있어서 대부분의 CAD 시스템은 중립 파일로 저장하고, 그 중립 파일을 읽을 수 있다. 특정 CAD 시스템이 다양한 CAD 시스템의 원시 파일을 처리하려면 개발 부담이 크지만, 하나의 중립 파일 처리에 집중하면 개발 부담을 줄일 수 있다. 우리가 세계 여러 나라 사람과 소통하려고 다양한 언어를 배우려면 매우 힘들겠지만, 많이 쓰이는 영어에 집중한다면 학습의 부담이 적다. 그래서 대부분의 CAD 시스템은 중립 파일 형식을 기본으로 지원하고, 일부 주요 CAD 시스템의 원시 파일 형식을 추가로 지원한다.

CAD 시스템을 개발할 때 다양한 소프트웨어 부품을 사용하는데, 형상 모델을 생성하는 기능의 핵심 부품이 '형상 모델링 커널(geometric modeling kernel)'이다. 대표적인 상업용 형상 모델링 커널로 ACIS[1]와 파라솔리드(Para-Solid)[2] 등이 있으며, 오픈 소스로는 CGAL[3]과 Open CASCADE[4] 등이 있다. 형상 모델링 커널은 고유의 데이터 파일 형식으로 형상 모델을 저장할 수 있는데, 이 형식을 '커널 파일 형식'이라 한다. 같은 형상 모델링 커널을 사용하는 CAD 시스템이라면, 커널 파일 형식으로 형상 모델 데이터를 교환할 수 있다.

그림 12-2   데이터 교환을 위한 파일의 유형

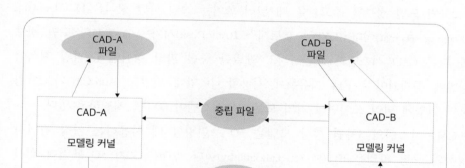

---

1) 3D ACIS modeler: www.spatial.com
2) Siemens Parasolid: https://www.plm.automation.siemens.com
3) The Computational Geometry Algorithms Library: https://www.cgal.org
4) Open CASCADE Technology: https://dev.opencascade.org

3. 중립 파일의 종류

CAD 시스템에서 3차원 형상 정보를 교환할 때 사용하는 대표적인 중립 파일 형식은 IGES(Initial Graphics Exchange Specification)와 STEP(STandard for the Exchange of Product model data)이다. IGES는 1981년에 미국 표준 협회(ANSI)의 표준이 되었는데, 초기에는 주로 2차원 도형 데이터를 교환하는 용도로 사용되었다. 그 후 CAD 시스템의 발전과 함께 파일 형식도 변화되어 자유 곡면과 3차원 입체 형상도 교환할 수 있게 되었으며, 자동차와 항공, 조선 등의 산업에서 널리 쓰였다. 그러나 국제 표준 기구(ISO)에서 제품의 형상만이 아니라 제품의 생애 전반에 관련된 데이터를 교환할 수 있는 표준으로 STEP을 개발하면서 최근에는 STEP이 더 널리 쓰이는 중립 파일이 되었다.

2차원 도면 정보를 주고받을 때 널리 쓰이는 중립 파일 형식은 DXF(Drawing eXchange Format)이다. DXF는 오토데스크(AutoDesk)사가 AutoCAD의 도면 정보를 다른 CAD 시스템과 교환하려고 개발한 중립 파일 형식인데, 파일 형식이 일반에 공개되어 누구나 자유롭게 사용할 수 있게 되었고, AutoCAD가 2차원 도면 작업에 널리 쓰이면서 거의 모든 CAx시스템이 DXF를 지원하고 있다.

CAD 시스템의 3차원 형상 모델을 3D 프린팅할 때 사용하는 가장 간단한 형식의 중립 파일은 STL(STereo Lithography)이다. STL은 초기 3D 프린터 회사에서 개발한 파일인데, 3D 프린팅(혹은 부가가공)이 일반화되면서 3D 프린팅을 위한 표준 중립 파일로 인식되고 있다. STL은 3차원 곡면을 삼각형 면으로 분해해서 저장한다. 〈그림 12-3〉에서 보듯이 자유 곡면과 구면 등도 모두 삼각형 면의 다면체로 변형해서 저장하므로 부드러운 곡면을 정밀하게 표현하려면 삼각형 개수가 많아져 파일의 크기가 커진다. 이와 유사한 파일 형식으로는 VRML(Virtual Reality Modeling Language, WRL 확장자), OBJ(Wavefront의 object 파일), AMF(Additive Manufacturing File format) 등이 있다.

그림 12-3 CAD의 형상 모델과 다면체 모델

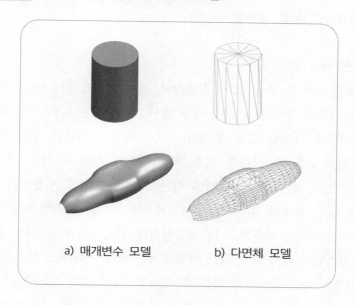

a) 매개변수 모델   b) 다면체 모델

4. 용도별 데이터 교환 방법

4.1. 2차원 도면 교환

도면 정보를 교환할 때는 DXF 혹은 DWG 형식을 사용하는 것이 좋다. DXF는 공개된 표준 파일 형식이지만 DWG는 AutoCAD의 원시 파일 형식으로 AutoDesk가 소유권을 가진다. 그래서 AutoCAD 사용자(혹은 DWG를 처리할 수 있는 CAD 시스템을 사용하는 사용자)에게 도면을 보낼 때는 AutoCAD의 원시 파일 형식인 DWG를 사용하는 것이 가장 좋다. DWG는 DXF에 비해 AutoCAD의 특화된 정보를 더 많이 담을 수 있기 때문이다. 요약하면 DWG가 DXF에 비해 더 많은 종류의 정보를 담을 수 있으므로 DWG를 사용할 수 있다면 DWG를 사용하는 것이 바람직하다.

3차원 CAD 시스템에서 DXF 혹은 DWG로 도면 데이터를 저장할 때 색깔, 블록, 레이어, 스타일 등의 속성이 유실되거나 다르게 표시되는 경우가 많다.

데이터 교환 테스트를 통해 유실되거나 변경되는 속성을 확인해 두면 좀 더 정확하고 쉽게 데이터를 교환할 수 있다.

4.2. 3차원 제품 모델 교환

가능한 많은 정보를 손실 없이 전달하고 싶다면 사용하는 CAD 시스템의 '원시 파일'을 그대로 전달하는 것이 가장 좋다. 서로 같은 CAD 시스템이라면 해당 원시 파일을 그대로 읽을 수 있다. 서로 다른 시스템인 경우에도 주어진 원시 파일을 읽을 수 있다면, 다른 파일 형식에 비해 더 많은 정보를 읽을 가능성이 있다. 특히 두 시스템이 같은 모델링 커널을 사용한다면 원시 파일에서 더 많은 정보를 읽을 수 있다. 과거에는 다른 시스템의 원시 파일 읽기가 쉽지 않았지만, 최근에는 다양한 형식의 원시 파일을 그대로 읽을 수 있는 CAD 시스템이 많아졌다. 마치 다양한 외국어를 이해하는 것과 같다. 결론적으로 원시 파일을 상대방이 읽을 수 있다면, 가장 많은 정보를 담고 있는 원시 파일이 3차원 제품 모델 교환의 최고 방법이다. 그런데 같은 시스템이어도 일부러 원시 파일 형식을 사용하지 않는 때도 있다. 원시 파일은 제품의 설계 방법과 이력을 모두 포함하고 있는데, 설계 방법 등의 회사 고유 설계 전문 지식은 배제하고 설계 결과만 전달하고 싶을 때가 있다. 마치 능숙하지 않은 외국어를 사용하면 감정이 빠지고 내용만 전달되는 것과 같다.

'커널 파일 형식'도 많이 쓰이는데, 같은 형상 모델링 커널을 사용하는 CAD 시스템끼리는 안정적으로 데이터를 교환할 수 있다. 특히 CAD 시스템의 종류는 다양해도 많이 쓰이는 형상 모델링 커널은 상대적으로 적어 같은 커널을 사용할 가능성도 크다. 커널 파일 형식은 형상 모델을 저장하기에 적합하며, 원시 파일 형식과 달리 모델링 이력과 형상 모델 이외의 정보는 포함하지 않는다.

'중립 파일 형식'은 CAD 시스템 혹은 형상 모델링 커널과 독립적이어서 어느 한쪽에 치우치지 않는 중립적인 방법이다. IGES와 STEP은 CAD 시스템의 형상 정보 데이터를 거의 그대로 저장할 수 있으며, 특히 STEP은 형상 정보 이외의 제품 생애(설계, 제조, 검사, 판매, 품질보증, 재활용 등) 전반에 관련된 데이터를 교환할 수 있다. 과거에는 IGES가 많이 쓰였지만 점점 STEP이 더 많이 쓰이고 있으며, 대부분의 CAD 시스템에서 STEP을 주요 중립 파일 형식으로 채택하고 있다.

STEP은 사용 분야에 따라 규격을 세분화하고 있는데 AP(Application Protocol) 번호가 달라진다. 기계 제품은 주로 AP203, AP214, AP242를 사용하는데, AP203은 미국을 중심으로 일반적인 기계 산업을 위해 개발되었고, AP214는 유럽을 중심으로 주로 자동차 산업을 위해 개발되었다. 이후에 개발된 AP242는 AP203과 AP214를 합쳤고, 다면체 모델도 지원한다. 특별한 제약이 없는 경우 AP242를 사용는 것이 좋다.[5] 그러나 AP203 혹은 AP214로 저장한 파일을 AP242로 읽었을 때 문제가 발생하는 경우도 있는데, 이때는 STEP의 버전을 달리하면서 가장 좋은 결과를 찾아야 한다.

그림 12-4 STEP 파일의 예

```
ISO-10303-21;
HEADER;
FILE_DESCRIPTION((''),'2;1');
FILE_NAME('ASM0002_ASM','2004-05-17T',('cyc'),(''),
'PRO/ENGINEER BY PARAMETRIC TECHNOLOGY CORPORATION, 2003170',
'PRO/ENGINEER BY PARAMETRIC TECHNOLOGY CORPORATION, 2003170','');
FILE_SCHEMA(('CONFIG_CONTROL_DESIGN'));
ENDSEC;
DATA;
#2=CARTESIAN_POINT('',(6.25E1,2.25E1,0.E0));
#3=DIRECTION('',(0.E0,0.E0,-1.E0));
#4=DIRECTION('',(1.E0,0.E0,0.E0));
#5=AXIS2_PLACEMENT_3D('',#2,#3,#4);
#7=CARTESIAN_POINT('',(6.25E1,2.25E1,0.E0));
...
```

---

5) STEP AP242: 2024년 현재

CAD 시스템에서 제품 모델을 파일로 저장할 때 내보낼 정보를 선택할 수 있다. 곡선, 곡면, 입체 등으로 형상의 차원을 선택할 수도 있고, 특정한 입체를 선택할 수도 있다. 불필요하게 많은 정보는 데이터 교환을 어렵게 할 수 있고, 자세한 정보는 회사가 보호하는 자산일 수 있으므로 교환할 정보를 주의 깊게 선택하는 것이 필요하다.

4.3. 3D 프린팅을 위한 형상 모델 교환

3D 프린팅은 대개 다면체화된 형상 정보를 사용한다. 매개변수식으로 표현된 곡면을 다면체로 변환하는 일을 다면체화(tessellation)라 하는데, 다면체화는 부드러운 곡면을 여러 개의 평면(대개 삼각형)으로 근사하는 것이므로 허용 공차가 필요하다. 허용 공차로 많이 사용하는 현 편차(chordal deviation)는 근사한 삼각형 평면과 원래 곡면의 거리로 다면체 모델의 정밀도를 조절한다. 허용 공차가 작으면 근사한 삼각형과 원래 곡면의 거리가 작아져 더 정밀한 다면체 모델을 생성한다. 그런데 허용 공차가 작을수록 삼각형의 수가 많아지고, 삼각형의 크기가 너무 작아져 3D 프린터에서 문제가 발생할 수 있다. 현 편차와 더불어 사용하는 각도 편차(angular deviation)는 원래 곡면의 법선과 근사한 삼각형 법선의 차이인데, 다면체 모델의 인접한 두 삼각형의 각도 차이가 이 값보다 크지 않다. 추가적인 제약 조건으로 삼각형 한 변의 최대 혹은 최소 길이, 삼각형의 최대 혹은 최소 각도 등을 사용하기도 한다.

그림 12-5 다면체화 – 현 편차와 각도 편차

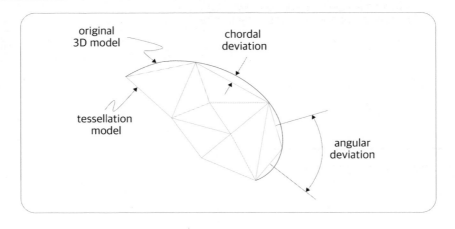

공차가 크고, 제약 조건이 삼각형의 크기를 적절히 조절하지 못하면 변환된 다면체 모델이 부드러운 원래의 설계 곡면을 정밀하게 표현하지 못하고, 프린팅된 제품의 표면이 거북 등처럼 각지게 표시된다. 공차가 너무 작거나 제약 조건이 적절하지 않으면 삼각형의 수가 너무 많아져 파일의 용량이 커진다. 삼각형의 크기가 너무 작거나 개수가 너무 많으면 3D 프린터에서 계산 오류가 발생하거나 처리에 시간이 오래 걸린다. 3D 프린터의 적층 해상도를 고려해 다면체화 허용 공차와 제약 조건을 설정할 필요가 있다.

그림 12-6 CAD 모델, 다면체 모델, 프린팅 결과

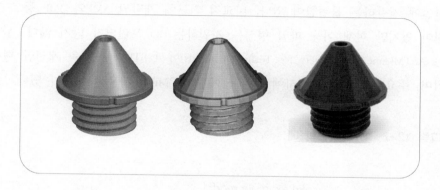

길이 공차가 웬만큼 작아도 작은 형상은 꺾어진 모양으로 근사될 수 있으므로 작은 세부 형상이 많고 중요하다면 각도 편차를 적용해야 한다. 크고 부드러운 형상은 법선의 각도 변화가 크지 않으므로 각도보다 길이 편차를 적용해야 하며, 법선 방향 편차를 적용하더라도 지나치게 큰 삼각형이 생성될 수 있으므로 삼각형 변의 길이를 제한하면 좋은 결과를 얻을 수 있다.

원통처럼 길쭉한 모양은 정삼각형이 아니라 좁고 긴 삼각형이 생성될 가능성이 크다. 좁고 긴 삼각형은 법선과 교선 등을 계산할 때 오류 가능성이 크다. 삼각형의 최대 혹은 최소 각도를 제한하면 정삼각형에 가까운 삼각형으로 다면체를 생성할 수 있다.

다면체 형상 모델을 저장하는 파일 형식 중에 STL은 그 형식이 간단해서 현재(2024년) 가장 널리 쓰인다. STL 파일 형식은 일반적인 문자 파일(ASCII file)로

저장할 수도 있고, 이진 파일(binary file)로도 저장할 수 있다. 문자 파일 형식으로 저장하면 일반적인 문자 편집기(text editor)로 그 파일을 볼 수 있지만 이진 파일에 비해 파일의 용량이 커서 이진 파일 형식을 많이 쓴다. STL 파일 형식은 색깔, 재료, 질감 등을 저장할 수 없고 형상만 저장할 수 있어 고급화된 3D 프린팅에는 적합하지 않다.

3D 프린팅을 위해 다면체 형상 모델과 색깔, 재료, 질감 등을 함께 저장할 수 있는 파일 형식으로 VRML, OBJ, AMF, 3MF(3D Manufacturing File) 등이 있다. 그러나 VRML은 다른 표준인 X3D로 대체되었으나 잘 쓰이지 않게 되었고, WaveFront사에서 개발한 OBJ 형식은 색깔과 질감 등의 속성을 분리된 파일에 저장하는 불편함이 있다. 비교적 최근에 개발된 AMF와 3MF 등도 장점이 있지만 현재 이들 파일 형식을 지원하는 3D 프린터가 많지 않다. AMF는 ASTM(American Society for Testing Materials)에서 STL의 단점을 개선한 형식이며, 주요 3D 프린터 회사에서 공동 개발한 3MF는 사용권 문제가 있다.

그림 12-7 STL 파일의 예

```
solid example model
facet normal 0 0 1
outer loop
vertex 0 0 0
vertex 0 10 0
vertex -10 0 0
endloop
endfacet
facet normal 1 0 0
outer loop
vertex 0 0 0
vertex 10 0 -3
vertex 0 10 0
endloop
endfacet
endsolid
```

결론적으로 3D 프린팅을 위해 형상 모델을 저장할 때는 사용할 3D 프린터가 지원하는 파일 형식을 먼저 확인하는 것이 필요하다. 그리고 다면체화할 때 프린팅하려는 형상을 고려해 프린터에 적합한 공차와 조건을 설정해야 한다.

5. 정리

최근의 CAD 시스템들은 다양한 유형과 다양한 종류의 파일로 데이터를 저장하거나 읽을 수 있다. 그러나 저장하는 데이터의 종류가 많고 복잡해서 항상 오류 가능성이 있다. 다른 시스템과 데이터를 교환할 때는 꼭 필요한 정보만 저장하면 좋다. 특히 많은 구성품으로 이루어진 조립 제품은 전체 조립체 혹은 특정 구성품을 선택적으로 저장하고, 내보내야 한다. 그리고 상황에 따라 점 데이터만 필요할 때도 있고, 곡선, 곡면, 입체 등이 필요할 때도 있다. 특히 설계 정보는 회사 기밀인 경우가 많으므로 설계 이력 등을 제거하고 최종 형상 정보만 저장할 수도 있다. 내보낼 물체 혹은 형상 객체가 정해지면 그에 걸맞은 데이터 파일 형식을 선택하고, 허용 공차 등의 값들도 고려해야 한다.

6. 연습 문제

1) CAD 데이터 교환에 흔히 사용되는 대표적인 중립 파일 두 가지를 기술하시오.

2) 3D 프린팅을 위해 형상 모델을 다면체로 변환한 후 저장할 수 있는 파일을 세 가지 이상 나열하시오.

3) CAD 시스템에서 2차원 도면을 작성한 후 2차원 도면 작성 시스템에서 편집하려 한다. 생성한 도면을 어떤 파일로 저장하는 것이 바람직한가?

7. 실습

1) 조립체를 모델링하고 STEP AP203으로 저장하시오.

2) 저장된 파일을 STEP AP242로 읽으시오. 만일 문제가 있다면 다른 버전으로 시도해 보시오.

3) 읽은 형상 모델을 최초 생성한 모델과 비교해 보시오.

CHAPTER 13 컴퓨터응용제조 (1)

1. CAD와 CAM

설계된 부품 혹은 제품을 어떻게 제작 혹은 제조[1]할 수 있을까? 컴퓨터가 없던 시절에는 설계자가 설계 결과를 종이에 도면으로 작성했다. 제작자는 종이 설계도를 펼쳐 눈으로 보면서 제작 계획을 세우고, 도구를 사용해 해당 부품을 제작했다. 제작된 부품을 설계도와 비교하면서 잘못된 부분을 수정하거나 품질을 평가했다. CAD 시스템으로 제품을 설계한 후, 설계의 결과물을 컴퓨터 데이터 파일로 갖고 있다면 어떻게 설계 제품을 제작할 수 있을까?

제품이 처음 아이디어에서 시작하여 설계, 제조되고, 판매, 소비, 폐기되는 전체 과정을 제품 수명주기(product life-cycle)[2]라 하고, 제품의 전체 수명주기 동안 제품 관련 정보를 생성, 관리하는 활동을 제품 수명주기 관리(Product Life-cycle Management, PLM)라 한다. 제품 수명주기의 앞부분에 해당하는 제품의 개발 과정은 〈그림 13-1〉에서 보듯이 크게 설계 과정과 제조 과정으로 구성

---

1) '제작(making)'과 '제조(manufacturing)'는 흔히 혼용해서 사용하는데, 굳이 구분하자면 '제작'은 일회성 과정, '제조'는 반복적 과정의 의미가 강하다. 그래서 '제작'은 개인이 소규모로 물건을 한 번 만들 때, '제조'는 공장에서 큰 규모로 제품을 반복적으로 만들 때 주로 쓰인다. 공장에서도 자동차 제작 혹은 제조처럼 제작과 제조를 같이 쓰기도 하는데, 흐름과 반복적 과정을 지칭할 때는 제조, 그렇지 않을 때는 제작을 사용한다.

2) 경영 분야는 제품 수명주기의 개념이 다르다. 경영에서는 제품 수명주기를 제품의 판매 관점에서 도입기(introduction), 성장기(growth), 성숙기(maturity), 쇠퇴기(decline)로 나눈다.

된다. 설계 과정에 사용되는 기술이 이 책의 앞부분에서 다룬 CAD이고, 제조 과정에 사용되는 기술이 CHAPTER 13에서 설명할 CAM이다.[3]

그림 13-1   제품 개발 과정 – 설계와 제조

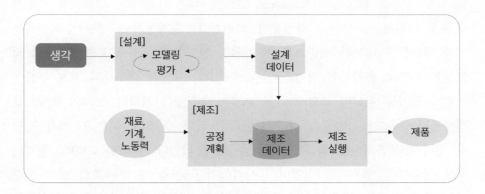

CAM은 Computer–Aided Manufacturing의 약자이며, 흔히 '캠'[4]이라고 읽고, 한국어로 '컴퓨터응용제조' 혹은 '컴퓨터지원제조'로 번역할 수 있다. CAM을 넓은 의미로 정의할 때는 '모든 제조 절차와 공정에 컴퓨터를 활용하는 기술'을 의미한다. 제조의 방법과 절차를 계획하는 공정계획은 물론이고, 직접적인 제조 활동인 공작기계와 로봇의 제어, 제작된 부품의 측정과 검사 등 모든 제조 공정과 관련된 컴퓨터 활용 기술이 CAM이다. 따라서 컴퓨터를 활용해 공정계획을 수립하는 CAPP(Computer–Aided Process Planning), 직접적인 제조 현장에서 생산시스템을 모니터링하고 제어하는 MES(Manufacturing Execution System), 수치제어 공작기계의 명령을 생성하는 NC(Numerical Control) 프로그래밍, 산업용 로봇의 동작 명령을 생성하는 로봇 OLP(Off–Line Programming), 제품의 측정과 검사를 위한 CAI(Computer–Aided Inspection) 기술 등도 넓은 의미의 CAM 기술이다.

---

3) CAD와 CAE, CAM 등 PLM에 사용되는 소프트웨어 기술들을 흔히 PLM 솔루션이라 한다.
4) 회전 운동을 직선 운동으로 바꾸는 동력 전달 장치도 캠(cam)이다.

초기 CAM 기술의 가장 큰 성과는 NC 프로그래밍인데, 수치제어 공작기계를 움직이는 명령을 생성하는 분야다. 이는 주로 선반(lathe)[5] 혹은 밀링기계(milling machine)로 원자재를 절삭 가공하여 설계와 같은 형상으로 만드는 기술이다. 밀링기계와 선반은 기계 부품을 제작할 수 있는 대표적인 공작기계로 모두 공구로 재료를 절삭(cutting, 잘라내는)하는 기계이다. 밀링기계는 절삭 공구가 회전하고, 선반은 작업물이 회전한다. 원기둥처럼 생겨서 회전하는 기계 부품들은 대부분 선반으로 제작한다. 밀링기계는 공구가 회전하므로 작업물을 좌우로 움직이면 평면을 만들 수 있다. 그래서 대부분의 기계 부품은 평면과 원기둥 형상의 조합으로 구성된다. 수치제어 기계와 CAM의 등장으로 절삭공구(cutter)와 작업물을 더 정교하게 움직일 수 있게 되었고, 자유 곡면과 정밀한 부품의 제작을 자동화할 수 있게 되었다. 이러한 CAM의 성과는 제조 산업에서 매우 획기적이어서 사람들이 CAM을 절삭과 조립 같은 직접적인 제조 공정을 위해 '기계를 움직이는 명령을 생성하는 기술'로 좁게 인식하는 경우가 많다. 좁은 의미의 CAM은 직접적인 제조를 위해 설계 정보(CAD 데이터)를 기계 명령어(NC 데이터)로 변형하는 기술이다. CHAPTER 13에서는 CAD 시스템으로 설계한 형상을 CAM 시스템과 수치제어 기계를 이용해 제작하는 방법을 중심으로 CAM을 설명한다.

2. 제조와 공정계획

현대의 제조는 컴퓨터와 컴퓨터화된 기계를 사용한다. CAD 시스템을 사용하여 제품을 설계하고, 설계의 최종 결과물은 종이 도면이 아니라 컴퓨터 파일인 CAD 데이터 파일이므로, 제품의 모든 설계 정보를 담고 있는 CAD 데이터 파일을 기계에 넣으면 제품이 제작될 것으로 기대된다. 아주 간단한 부품의 경우 3D 프린터에 CAD 데이터를 입력하면 해당 부품을 제작할 수 있

---

5) 선반(旋盤)은 한자 뜻은 '회전하는 판'이란 뜻인데, 일본어 한자를 그대로 사용하고 있다.

다. 3D 프린터는 컴퓨터화된 기계이며, CAD 데이터의 형상 정보를 읽고 그 형상을 제작한다. 그러나 간단한 제품이나 일부 부품은 하나의 기계에서 단번에 제작할 수 있지만, 휴대전화 혹은 자동차와 같은 복잡한 제품을 한 기계에서 단번에 제작하기는 어렵다. 미래에는 설계 데이터를 넣으면 복잡한 제품도 자동 제조할 수 있는 스마트 공장(smart factory)이 등장할 것이다.

CAD 시스템으로 설계된 제품 데이터는 제품에 관한 많은 정보를 담고 있고, 컴퓨터가 잘 처리할 수 있는 형태인데 왜 현대의 컴퓨터화된 기계가 곧장 제품을 제작할 수 없을까? 〈그림 13-1〉은 제품 개발 과정을 설계와 제조의 두 단계로 간략히 보여주는데, 생각이 설계 과정을 거쳐 설계 데이터로 변환되고, 설계 데이터는 제조 과정을 거쳐 제품으로 변환된다. 설계 데이터를 실제 제품으로 변환하는 일련의 과정을 제조라 하는데, 제조 과정에 설계 데이터를 그대로 사용할 수 없고, 설계 데이터를 제조에 필요한 데이터로 변환해야 한다. 제조 과정은 제조를 준비하는 공정계획과 실제 작업을 실행하는 과정으로 나뉜다. 공정계획[6]은 설계 데이터를 바탕으로 제품 제작에 필요한 작업의 종류와 순서를 정하고, 작업에 필요한 구체적인 조건을 결정한다. 결국 컴퓨터가 CAD 데이터를 입력받아 공정계획을 수행하고, 제조 실행에 필요한 제조 데이터를 자동으로 생성할 수 있다면, 기계가 CAD 데이터를 입력받아 곧장 제품을 제작할 수 있다. 컴퓨터 기술을 활용하는 공정계획을 CAPP (Computer-Aided Process Planning)라 하는데, 사람의 개입 없이 제조를 실행할 수준의 제조 데이터를 자동으로 만들기는 아직 쉽지 않다.

사람 개입 없이 CAD 데이터로 기계 혹은 기계 시스템이 자동으로 물건을 만들려면, 공정계획을 자동화하는 것이 무엇보다 필요하다. 공정계획의 어려움이 무엇이고, 어떻게 하면 공정계획을 자동화할 수 있는지 알아보자. 공정계획의 첫 번째 어려움은 제작할 부품 혹은 제품이 복잡하기 때문이다. 이때 제품이 '복잡'하다는 말은 형상만이 아니라 설계된 제품이 갖는 속성이 다양

---

6) 넓은 의미의 공정계획은 생산계획, 자재계획 등의 관리적 요소를 포함하기도 하지만 본책에서는 제조와 직접 관련된 부분으로 한정한다.

하고 복잡하다는 의미다. 제품이 갖는 속성은 형상과 기능 외에도 무게, 질감, 내구성, 유지 보수성, 가격 등 매우 다양하다. 매우 비슷해 보이는 제품이지만 이런저런 이유로 소비자의 선택이 갈리는 때가 많다. 찰흙이나 나무로 여러분이 가진 컴퓨터 마우스 형상을 제작7)하는 것은 비교적 쉬울 수 있다. 그러나 버튼이 적절한 힘으로 눌러지고, 휠이 적절한 힘과 속도로 회전하고, 표면은 적절한 질감을 갖도록 제작하려면 꽤 어려운 일이 될 것이다. 단일 부품이 아닌 조립품의 경우 각각의 부품이 적절한 힘으로 분해 혹은 조립될 수 있도록 알맞은 공차로 정확히 제작하기도 쉽지 않다. 결국 제품의 복잡도가 높으면 공정계획의 어려움이 커지는데, 우리 주변의 대부분 제품은 생각보다 복잡도가 커서 전문가도 혼자서는 공정계획이 어려운 때가 많다.

공정계획의 두 번째 어려움은 간단한 부품도 여러 기계에서 다양하고 많은 공정을 거쳐 제작되기 때문이다. 특히 한 가지 방법만이 아니라 다양한 방법이 있으므로, 어느 작업을 어느 기계에서 어떤 절차를 거쳐 제작할지 결정해야 한다. 그런데 작업과 기계, 절차 등을 선택하는 기준이 정성적이거나 경험적인 경우가 많다. 그리고 이 기계에서 저 기계로 어떻게 옮겨갈지, 그동안 다른 기계에서 작업한 내용을 다음 기계에 어떻게 전달할지도 어려운 일이다. 하나의 기계가 아니라 여러 기계와 장치가 유기적으로 작동하는 스마트 공장8)이 필요한 이유이다. 현재의 자동화 공장도 전체가 하나처럼 유기적으로 작동하는 스마트 공장으로 착각할 수도 있는데, 상당한 차이가 있다. 예를 들면 자동차 조립 공정의 경우 수많은 기기와 기계들이 하나처럼 움직여 자동차를 조립하지만, 정해진 순서대로 입력된 명령을 수행할 뿐이다. 앞에서 작업한 내용을 고려해서 다음 작업을 진행하는 것이 아니고, 그 기계에 미리 지정된 명령을 반복적으로 수행한다. 즉, 작업 순서가 바뀌거나 앞의 작업에 오류가 있어도 그에 해당하는 미리 준비된 대응 명령이 없으면 대처

---

7) 소규모로 혼자 만드는 과정이므로 '제조'라고 하면 어색한 느낌이 든다.
8) '유기적'이란 서로 긴밀하게 연결되어 있다는 의미이다. 스마트 공장의 기계와 장치들은 서로 긴밀하게 연결되어 있어, 어떤 작업이 얼마나 진행되었고, 다음 기계에서 어떤 작업이 더 필요한지 서로 알려 줄 수 있을 것이다.

할 수 없다. 새로운 종류의 자동차를 조립하는 때도 작업자가 모든 기기와 기계의 움직임을 다시 계획하고 새로운 명령을 입력한다.

공정계획의 세 번째 어려움은 제조 비용과 시간 등을 고려하기 때문이다. 시간과 비용을 고려하지 않는다면 나무 혹은 플라스틱을 칼로 깎고, 사포로 문질러 앞에서 예로 든 컴퓨터 마우스를 만들 수도 있겠다. 그렇게 만든다면 하루에 몇 개를 만들 수 있을까? 여러분이 구입한 가격 이하로 제작하려면 어떤 제작 공정을 거쳐야 할까? 대부분의 플라스틱 제품과 철판 제품은 설계한 제품을 곧장 제작하는 것이 아니고, 그 제품을 찍어 낼 금형을 설계하고 제작한 후, 금형으로 대량의 제품을 빠르고 저렴하게 생산한다. 그리고 절삭가공으로 생산하는 단순한 형상의 금속 부품도 짧은 시간에 저렴하게 제작하려면 공정계획에 다양한 지식과 많은 고찰이 필요하다.

공정계획의 마지막 어려움은 설계 데이터가 완벽하지 않아서 발생한다. CHAPTER 01에서 살펴보았듯이 바람직한 설계는 기능과 형상은 물론이고 재료와 제조 공정을 고려한다. 그러나 설계에서 제조와 관련된 모든 공정을 고려하여 미리 의사 결정하기도 어렵고, 계획된 공정도 막상 제조에 적용하려면 예상하지 못한 어려움을 겪기도 한다. 설계 형상이 제조할 수 없거나 제조가 어려울 수도 있고, 지나치게 큰 비용과 많은 시간을 요구하는 설계일 수도 있다. 최근에는 설계 단계에서 사용할 수 있는 다양한 시뮬레이션 기능들이 도입되면서 제조성과 생산성[9] 등을 미리 검토할 수도 있다.

앞에서 공정계획의 어려움을 설명했는데, 최근 관련 기술과 컴퓨터 도구가 개발되면서 단일 부품의 제작은 비숙련자도 그럴듯한 공정계획을 세울 수 있게 되었다. 특히 최근의 CAM 시스템은 CAD 데이터를 입력으로 쉽게 수치제어 기계를 제어하는 명령을 생성할 수 있다. 본책에서는 자유곡면을 가진 단일 부품의 절삭가공을 중심으로 공정계획과 CAM 시스템 사용 기술을 주로

---

9) 제조(manufacturing)와 생산(production)은 매우 비슷한 용어인데, 제조성(manufacturability)과 생산성(productivity)에서 분명한 차이를 보인다. 제조는 절차와 방법에 초점이 있고, 생산은 그 결과에 초점이 있다. 제조성은 제조의 절차와 방법이 얼마나 쉬운가를 나타내며, 생산성은 투입 대비 결과가 얼마나 많은가를 의미한다.

설명한다.

　기계의 절삭가공을 흔히 '가공'이라 부르는데, '가공'이란 용어는 성형가공, 조립가공, 적층가공 등에도 사용하므로 다른 분야의 가공과 구분할 때는 '절삭가공'이라고 해야 한다.[10] 따라서 본책의 '가공계획'은 '절삭가공계획' 혹은 '절삭공정계획'을 의미하며, 공작기계는 주로 선반과 밀링기계 등의 절삭 공작기계를 의미한다.

3. 수치제어

3.1. 수치제어 기술의 발전

　현대의 컴퓨터화된 기계가 설계된 제품을 자동으로 제작하려면 공정계획이 필요함과 그 어려움은 앞에서 설명했다. 어떻게든 공정계획을 만들었다면, 이제 그 공정계획을 이용해 자동으로 제품을 제작할 기계에 관해 알아보자. 우리가 생활에서 흔히 접할 수 있는 대표적인 기계인 자동차를 예로 설명해보자. 우리가 자동차의 방향을 바꿀 때 핸들의 각도를 생각하는 것이 아니라 차의 움직임과 주변 상황에 맞추어 핸들을 돌린다. 마찬가지로 수치제어가 아닌 기계는 작업물과 공구의 상대적인 위치를 사람이 직접 보면서 기계를 조작한다. 수치제어는 기계의 움직임을 숫자로 제어한다. 수치제어 기계는 미리 계산된 공구의 위치를 숫자로 입력받아 자동으로 움직인다.

　수치제어 기계를 사용하면, 공정계획에서 생성한 기계 명령을 입력받아 기계가 자동으로 움직여 제품을 제작할 수 있다. 우리가 자동차로 어디를 갈 때 목적지를 입력하면 내비게이션이 어떻게 갈지 계획을 세우고, 그 계획대로 자동차가 자율 주행해서 목적지에 도착하는 것과 같다. 자동차를 제어하

---

10) 가공(加工)은 공작 혹은 공정을 더한다는 뜻이다. 기계가공(machining)도 흔히 기계를 사용한 절삭가공을 의미했지만, 과거와 달리 적층 등의 다양한 공작기계가 출현하면서 개념의 혼란이 있다. 따라서 본책은 기계가공보다 절삭가공이란 용어를 사용한다.

는 시스템은 핸들의 각도를 계산하고 숫자로 자동차를 제어할 것이다. 자율주행 자동차가 아니라면, 내비게이션으로 목적지까지 어떻게 갈지 자동으로 계획을 세워도 사람이 직접 자동차의 핸들을 돌려 자동차 바퀴의 방향을 제어해야 목적지에 도달할 수 있다. 수치제어가 아니라면 사람이 공정계획에 따라 기계를 직접 조작해야 한다.

고도의 자율 주행 자동차는 목적지를 사람의 언어로 명령하면 스스로 경로를 계획하고, 주변 환경을 고려하면서 그 경로를 따라가도록 핸들을 조작한다. 안타깝게도 수치제어는 사람의 언어가 아닌 기계의 위치를 숫자로 제어한다. '삼각형을 만들어'라고 명령할 수 없고, 삼각형을 만들 수 있는 공구의 경로를 숫자로 입력한다. 마치 자동차의 목적지를 '서울역'이 아니라 서울역의 위치를 위도(37.567도)와 경도(126.978도)로 입력하는 것과 같다. 그리고 목적지만이 아니라 가는 경로의 중요 위치를 모두 위도와 경도로 입력해야 한다. 사람의 언어로 표현되는 수준 높은 명령어를 기계가 인식하려면 앞으로도 많은 시간이 필요하겠지만, 언젠가는 제품 정보를 CAD 데이터로 입력하면 기계 혹은 공장에서 자동으로 공정을 계획하고, 그 결과로 실제 제작을 실행하는 시대가 올 것이다.

수치제어 기술은 1940년대 후반 미국 Parsons사의 John Parsons가 헬리콥터 회전 날개를 제작하다가 기계를 컴퓨터와 연결하면 좋겠다고 생각하면서 탄생했다. Parsons와 그의 동료는 헬리콥터 회전 날개를 표현하는 점들의 위치를 컴퓨터를 사용해 아주 정밀하게 계산했고, 기계 작업자들은 위치를 나타내는 숫자(numerical value)를 보고 밀링기계의 핸들을 정확하게 조작했다. 마치 위도와 경도로 표현되는 경로를 따라 자동차를 운전하는 것 같았을 것이다. 당시 이 방법이 헬리콥터 날개를 제작하는 획기적인 방법이었는데, 공기역학적인 부품인 날개의 자유 곡면을 정밀하게 표현하는 다른 방법이 없었기 때문이다.

Parsons는 이러한 새로운 작업 방법의 이름을 공모했는데, 그때 붙여진 이름이 수치제어(Numerical Control, NC)이다. 그 후 Parsons는 이 제작 방법을 작업자가 아니라 컴퓨터가 기계를 직접 제어하는 아이디어로 발전시켰으며, 그것을 기반으로 Parsons사가 군용 항공기의 날개를 제작하는 계약을 따냈다. 계약을 딴 Parsons사는 제어 시스템 개발을 MIT 대학에 의뢰했는데, 1952년에 MIT 대학은 미리 준비된 수치 명령 데이터로 움직이는 밀링 기계[11]를 선보여 진정한 수치제어 기술을 실현하였다. Parsons의 초기 개발은 컴퓨터가 아니라 사람이 숫자를 보고 기계를 움직였는데, MIT의 개발을 통해 컴퓨터가 기계를 제어하게 된 것이다. 그리고 컴퓨터가 기계를 제어하면서 숫자만이 아니라 부호와 영문자 등의 기호를 포함하는 명령어를 사용했지만, 여전히 '수치(numerical, 숫자)' 제어로 불린다. 수치제어를 NC로 줄여서 쓰는 경우가 많은데, 본책에서도 수치제어와 NC라는 약어를 같이 사용한다.

이때 MIT 대학의 개발팀은 NC 기계의 명령어를 생성하는 APT(Automated Programming Tool)라는 프로그래밍 언어도 개발했는데, 컴퓨터에서 APT를 사용하면 사람이 쉽게 이해할 수 있는 언어(점, 선, 이동 등)로 기계 명령어를 생성할 수 있다. 생성된 기계 명령어는 그 당시 컴퓨터의 데이터 저장 장치인 종이 테이프[12]에 기록되었다. 종이 테이프에 기록된 기계 명령어를 기계와 연결된 컴퓨터에 입력하면, 컴퓨터가 그 명령어를 읽고 명령어에 해당하는 위치로 기계를 움직인다. 부품을 제작하는 기계 명령만 생성하면 더는 작업자가 관여할 필요 없이 기계가 자동으로 부품을 제작하고, 작업 명령이 기록된 종이 테이프를 다시 사용하면 그 부품을 언제든 다시 만들 수 있었다. 이러한 개념은 당시에 매우 획기적인 일이었다. 그러나 이 당시 컴퓨터는 매우 커서 명령어를 읽는 입력 장치와 입력된 명령을 해독하는 컴퓨터는 기계 외부에 별도로 있었고, 기계 내부에 데이터 저장 혹은 기억(memory) 장치가 없어 기계는 한 번에 하나의 명령만 수행할 수 있었다. 이런 유형의 기계를 'NC 공작기계'라 부른다.

---

11) "teaching power tools to run themselves"로 구글에서 이미지를 검색하면 MIT의 그 당시 기사를 찾을 수 있다.

12) 1950년대에는 반도체 메모리가 아니라 종이 테이프에 구멍을 뚫는 방식으로 데이터를 저장했다. 종이에 바코드 혹은 QR코드(quick response code)를 인쇄하여 정보를 전달하는 것과 같은 개념이다.

컴퓨터 기술이 발전하면서 1970년대에는 기계의 제어장치와 컴퓨터를 결합한 CNC(Computer Numerical Control) 공작기계가 등장한다. 그 결과 CNC 공작기계의 제어장치는 컴퓨터처럼 일반적인 연산과 데이터의 처리와 저장, 그리고 다양한 외부 인터페이스를 지원한다. CNC 공작기계는 제어장치 내부에 자주 사용하는 작업을 저장할 수 있고, 필요할 때 그 작업을 수행할 수 있다. 앞에서 설명한 NC 공작기계는 전기 혹은 기계식 제어장치로 동작 명령을 하나씩 처리했지만, CNC 공작기계는 여러 개의 명령으로 구성된 복잡한 작업 명령을 제어장치 내부에 저장해 두고, 필요할 때 그것을 수행할 수 있으며, 수정하거나 편집할 수도 있다. 또 다양한 입출력 장치를 제어하거나 로봇 등의 다른 기기와 데이터를 교환할 수 있다.

그림 13-2 수치 제어 기술의 발전

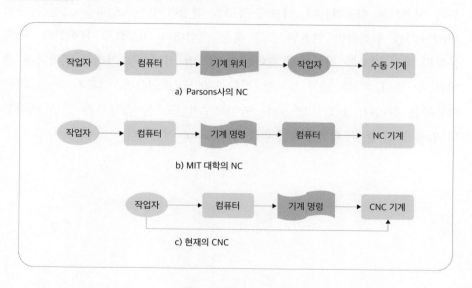

최근의 수치제어 기기는 대부분 컴퓨터 기술을 내장한 제어장치를 사용하므로 CNC에 해당한다. 그리고 컴퓨터 기술이 발전하고 수치제어 기술이 보편화되면서 로봇은 물론이고 3D 프린터 등의 자동화 기기도 수치제어 기술을 사용하고 있고, CNC 장치를 채택하고 있다. 그런데 CNC를 NC라고 부르

기도 하는데, 이때의 NC는 CNC를 포함하는 넓은 의미의 수치제어 기술이다. 좁은 의미의 NC는 제어장치에 컴퓨터가 없어서 한 번에 하나의 명령만 입력할 수 있다. 여러 개의 명령을 한꺼번에 입력할 수 있다면 그 기계는 CNC를 사용한다.

3.2. 수치제어의 원리와 방법

기계는 어떻게 위치와 동작을 제어할 수 있을까? 기계는 대부분 동력원으로 모터를 사용하며 모터는 회전 운동을 제공한다. 그러나 많은 기계 작업은 직선 운동이 필요하다. 공작기계는 볼 스크루(ball screw)를 이용해 모터의 회전 운동을 직선 운동으로 바꾼다.[13] 볼 스크루 세트는 흔히 아는 볼트(수나사)와 너트(암나사)로 구성되며, 회전할 때 마찰을 줄이기 위해 볼트와 너트가 맞닿는 홈에 잘 구르는 볼(ball)을 넣는다. 모터와 연결된 볼트가 회전하면 너트가 직선으로 이동하는데, 너트에 공구를 연결하거나 작업물을 고정한 작업대(테이블)를 연결하면 연결된 공구 혹은 작업대가 직선으로 움직인다. 이때 볼트의 회전 각도를 정확하게 제어하면 너트의 직선이동 거리를 정확하게 제어할 수 있다. 예를 들어 볼트를 정확히 90도 회전하면, 너트가 2mm 직선이동하는 식이다. 〈그림 13-4〉의 마이크로미터도 볼 스크루와 같은 개념인데 딤블을 한 눈금 회전하면 스핀들이 0.01mm 전진한다.

---

13) 일반적인 모터와 달리 회전자가 선형인 선형모터(linear induction motor)는 직선 운동을 하는데, 선형모터를 사용하면 볼 스크루가 필요 없다. 고속, 고정밀 공작기계에서 선형모터를 사용하는 경우가 많다.

그림 13-3 모터의 회전운동을 직선운동으로 바꾸는 볼 스크류

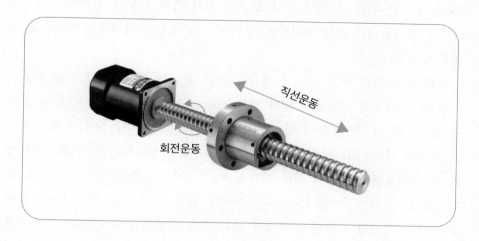

그림 13-3 모터의 회전운동을 직선운동으로 바꾸는 볼 스크류

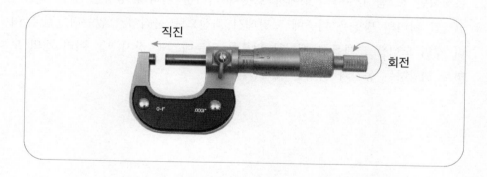

그림 13-4 딤블 회전으로 스핀들의 직선 움직임을 제어하는 마이크로미터

　수치제어 기계에는 선풍기처럼 전원을 넣으면 그냥 회전하는 모터가 아니라 회전수 혹은 회전 각도를 제어할 수 있는 모터를 사용한다. 각도를 제어하는 모터는 스텝 모터(step motor)와 서보 모터(servo motor)로 나뉘는데, 스텝 모터는 전기 펄스[14]를 한번 입력하면 정해진 각도만큼 움직인다. 예를 들어

---

14) 심장 박동처럼 강약의 리듬이 펄스인데, 전기 펄스는 주로 전압의 세기를 아주 짧은 시간 동안 높였다가 낮추는 방법을 사용한다. 전기 펄스를 200번 보낸다는 의미는 전압의 강약 세기

1.8도씩 움직이는 스텝 모터를 한 바퀴, 즉 360도 회전하려면 전기 펄스를 200번 보내면 된다. 반면에 서보 모터는 위치 혹은 각도를 감지하는 센서가 있어서 입력된 각도만큼 회전하면 내부 회로가 전원을 차단하는 방법으로 명령을 수행한다.

스텝 모터 혹은 서보 모터로 볼 스크루의 볼트를 일정한 각도만큼 회전시키면 볼 스크루의 너트를 일정한 방향으로 원하는 거리만큼 움직일 수 있음을 알게 되었다. 한 방향이 아니라 여러 방향으로 움직이는 공작기계의 동작은 어떻게 제어될까? 세 방향으로 움직일 수 있는 3축 NC 공작기계는 세 개의 볼 스크루를 사용해서 서로 직각인 X, Y, Z의 세 축 방향으로 작업대 혹은 공구를 움직일 수 있다.[15] 어떤 특정한 위치 (x, y, z)로 움직이라는 명령을 받으면 각각의 모터를 회전시켜 공구 혹은 작업대를 그 위치로 이동시킨다. 그런데 여러 개의 모터가 독립적으로 움직이면 공구의 이동 경로가 원하는 동작과 다를 수 있다. 모터의 성능이 같은 경우에 각 축이 최대 속도로 움직이면 〈그림 13-5〉의 a)에서 보듯이 가까운 거리의 방향은 먼저 도달하고, 먼 거리의 방향은 나중에 도달해서 직선으로 움직이지 않는다. 결국 여러 개의 모터를 조화롭게 제어할 필요가 있는데, NC 장치[16]는 여러 개의 모터로 희망하는 동작과 위치를 제어한다.

변화를 200번 반복한다는 것이다.

15) 작업물과 공구의 상대적인 위치가 중요하므로 작업물을 움직이든 공구를 움직이든 결과는 같다. 일반적인 3축 밀링 기계는 작업물을 놓는 작업대가 X, Y축으로 움직이고, 공구가 Z축으로 움직인다.

16) NC 제어장치(controller or control unit), 기계제어장치(MCU: machine control unit)라고도 한다.

그림 13-5 동시제어와 순차제어의 경로 비교

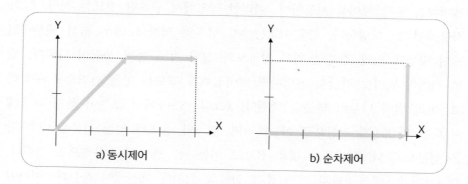

a) 동시제어 　　　　　　　　　 b) 순차제어

　　NC 장치의 동작 제어(motion control) 유형은 크게 위치 제어(position control)[17]와 경로 제어(path control)[18]로 나뉜다. 위치 제어는 목표 위치에 빠르고 정확하게 가도록 제어한다. 목표 위치로 가는 경로는 중요하지 않다. 예를 들어 여러 위치에 구멍을 뚫거나 부품을 삽입하는 기기는 이러한 위치 제어를 사용하는데, 개개의 경로는 중요하지 않고 이동 시간과 위치 정확도가 더 중요한 작업이다. 위치 제어는 제어 방법이 간단한데, 각각의 모터가 움직일 각도를 계산하고, 해당하는 각도만큼 움직이라고 명령을 한 번만 내리면 된다. 이러한 위치 제어로 생성되는 동작의 경로는 직선이 아닌 경우가 많다. 여러 가지 이유로 여러분이 집에서 학교로 올 때 직선으로 오지 않았듯이 여러 개의 축을 가진 공작기계도 특정 위치로 움직일 때 직선이 최단 시간 동작이 아닐 수 있다. 각 축 방향 운동의 최대 가속도와 속도가 다를 수도 있고, 설령 같더라도 각 축이 움직일 거리가 다르다면 직선으로 움직이기 어렵기 때문이다. 〈그림 13-5〉에서 보듯이 각 축의 모터를 순차적으로 제어하거나, 동시에 명령을 내렸을 때 한 축이 먼저 동작을 끝내기 때문이다. 정해진 경로를 따라 움직이는 제어는 꽤 어려운 일이다. NC 밀링기계는 급속으로 이송할 때 위치 제어 방식을 사용한다.

---

17) PTP(Point-To-Point) 제어라고도 한다.
18) 2차원 경로 제어를 윤곽(contour) 제어라고도 한다.

밀링과 선반 등의 작업은 공구의 이동 궤적과 속도가 중요하므로 경로를 제어하는 동작 제어를 사용한다. 이러한 작업에서 필요한 경로는 직선, 원호, 자유곡선 등 다양하다. 경로 제어는 NC 장치의 역할이 매우 커서 세부적인 제어 방법에 따라 경로의 위치 정확도와 실행 속도 등의 품질이 다르다. 경로 제어의 원리를 간단히 설명하면 제어장치가 경로를 짧은 간격으로 분할하고, 여러 번에 나누어 명령을 내린다. 〈그림 13-6〉에서 보듯이 현재 점 S에서 다음 점 E까지 직선으로 이동하려면, 점 S와 점 E를 잇는 선분을 아주 짧은 선분으로 나누고, 중간 경유 점으로 이동하는 명령을 순차적으로 내린다. 제어장치가 S에서 E까지 가는 중간 점들의 위치를 계산해야 하는데, 이러한 연산을 보간(interpolation)이라 한다. 직선 경로를 계산하는 보간을 직선 보간, 원호 경로를 계산하는 보간을 원호 보간이라 부른다. 최근에는 자유곡면의 고속 가공을 위해 다항식 곡선 혹은 NURBS 곡선을 보간하는 기능을 갖춘 제어장치도 있다. 직선 보간과 달리 원호 보간을 위해서는 반지름 혹은 원의 중심점(Cp) 지정이 필요하다. 마찬가지로 NURBS와 같은 자유 곡선의 보간은 곡선의 조정점(V1, V2)을 추가로 지정해야 한다.

그림 13-6 NC 제어장치의 보간 연산

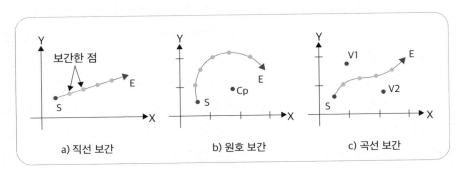

a) 직선 보간   b) 원호 보간   c) 곡선 보간

목표 위치를 주면 NC 제어장치는 모터가 움직일 각도를 계산하고, 제어장치가 각도에 해당하는 신호를 모터에 보내면 모터가 움직이고, 볼 스크루가 회전해서 원하는 위치에 도달한다고 설명했다. 그런데 정말 원하는 위치에 제

대로 왔을까? 중간에 명령 신호가 유실되거나 다른 잡음 신호가 유입될 수도 있으며, 여러 다른 이유로 원하는 위치, 혹은 원하는 경로를 벗어났을 수도 있다. NC 공작기계는 다양한 센서를 이용해 위치와 속도, 전류 등을 피드백 받고, 그것을 반영해 다시 수정된 명령을 내려 지정된 위치와 경로로 정확하게 움직인다. 제어장치의 피드백 제어는 개회로(open-loop)와 폐회로(closed-loop) 제어 방식으로 나뉜다. 개회로 제어는 명령을 내린 후 정해진 동작이 실행된다고 믿고 동작의 결과를 확인하지 않으므로 실제로 그 동작이 제대로 수행되었는지 알 수 없다. 개회로 제어장치는 가격이 저렴하지만 위치 정밀도가 나빠 일반적인 공작기계의 CNC 제어장치는 폐회로 제어 방법을 채택한다. 앞에서 설명한 모터도 피드백 제어 방식이 서로 다른데, 일반적인 스텝 모터는 개회로 제어 방식을 사용하고, 서보[19] 모터는 폐회로 제어 방식을 사용한다. 개회로 제어 방식인 스텝 모터는 가격이 저렴하고 반응이 빠르지만, 그 결과를 절대적으로 신뢰할 수는 없다. 폐회로 제어 방식인 서보 모터는 입력된 각도만큼 움직인 후 결과를 입력과 비교해서 오류를 피드백하고 다시 움직여 명령을 정확히 수행한다.[20]

NC 제어장치가 서보 모터를 사용하더라도 기계 작업대의 위치를 직접 피드백하지 않으면 완전한 폐회로 제어 방식이 아니다. 서보 모터가 모터의 회전 위치와 속도를 폐회로 제어하더라도 모터의 회전 운동이 기계 작업대의 직선 운동으로 변환되면서 오차가 발생할 수 있기 때문이다. 모터의 회전 각도를 피드백하더라도 작업대의 위치를 직접 피드백하지 않는 NC 제어장치를 반폐회로(semi closed-loop) 제어라 부른다. 플로터와 3D 프린터처럼 저항력이 별로 없는 장치는 스텝 모터를 사용하는 개회로 방식의 NC 제어장치를 많이 사용하며, 정밀한 위치 제어와 더 큰 힘이 요구되는 공작기계는 서보 모터를 사용하는 폐회로 방식의 NC 제어장치를 주로 사용한다. 참고로 서보 모터는 스텝 모터보다 더 큰 회전력을 낼 수 있다.

---

19) 서보(servo)의 어원은 노예(slave)이며, 명령에 따라 충실히 움직인다는 의미이다.
20) 전류를 흘려 모터를 움직(구동)이고, 움직이는 양을 직접적으로 제어하는 요소가 '서보 드라이브(drive, 구동기)'이다.

3.3. CNC 공작기계의 구성 요소

최신의 수치제어 기술을 채택한 CNC 공작기계는 일반 공작기계와 달리 명령을 입력하고 그 명령을 수행하기 위한 다양한 구성 요소가 있다. CNC 공작기계의 구성 요소는 크게 세 가지 기본적인 구성 요소로 구분하는데, 기계장치와 제어장치, 주변장치로 구성된다.

CNC의 제어장치는 HMI와 제어기, 서보 장치, PLC 등을 포함한다. 제어장치 구성품 중에 우리가 직접 보고, 만져서 사용할 수 있는 장치가 HMI(Human-Machine Interface)인데, 작업자와 제어장치를 연결하는 장치로 간단한 표시와 스위치는 물론이고, 복잡한 그래픽 정보를 볼 수 있는 화면과 숫자와 문자 등을 입력할 수 있는 키보드를 갖추고 있다. 사람의 두뇌에 해당하는 제어기(혹은 컨트롤러)는 실제적인 제어를 담당한다. 제어기는 앞에서도 설명했듯이 입력된 다양한 명령과 신호를 해석하고, 보간 등의 필요한 연산을 수행한 후 최종적으로 전기적 신호를 다른 장치로 보낸다. 기계 장치의 이송과 관련된 전기적 신호는 사람의 팔다리에 해당하는 서보 장치로 전달한다. 사람의 뇌가 신경을 통해 신호를 전달해 팔다리 근육을 움직이듯, 서보 장치는 전기 신호를 물리적인 운동으로 변환한다. 서보 장치는 서보 드라이브와 서보 모터로 구성되는데, 서보 드라이브는 전기적인 신호를 증폭해서 모터를 움직이고, 모터의 회전 운동을 제어한다. CNC 공작기계에는 여러 개의 서보 장치가 사용되는데, 3축 제어가 필요한 기계는 3개의 서보 장치가 필요하다. 서보 장치가 모터의 회전 운동으로 개별 축의 1차원적인 움직임을 제어하고, CNC의 제어기는 여러 개의 서보 장치를 통해 기계의 다차원적인 운동을 제어한다. 공구를 교환하거나, 절삭유를 끄고 켜는 등의 보조적인 기계 명령은 제어기가 PLC(programmable logic controller)[21]로 전달한다. 서보 장치가 위치, 궤적, 속도 등의 제어가 필요한 작업을 수행한다면, PLC는 절차가 미리 정해진 작업[22]을 수행한다.

---

21) PMC(programmable machine controller)라고도 한다.
22) 순차(sequence) 제어라 한다.

그림 13-7 CNC 공작기계의 구성 요소

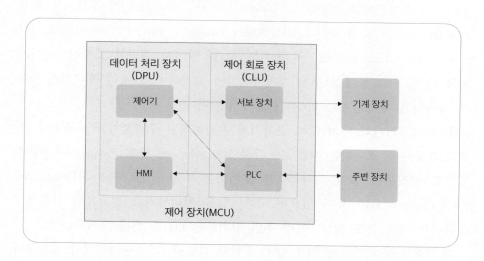

CNC 공작기계의 각 구성 요소로 수치제어 순서를 설명해 보자. 작업자는 제어장치의 HMI로 명령을 입력한다. 제어기는 번역기로 명령 데이터를 번역하고, 보간기로 경로의 위치를 보간한 후, 서보 장치에 동작 명령을 보낸다. 동작 명령을 받은 서보 장치의 구동기(driver)가 모터에 전기 신호를 주면 일정한 각도만큼 회전하고, 모터의 회전축과 연결된 기계장치의 볼 나사 볼트가 회전한다. 마침내 불 나사의 너트가 직선으로 움직이고, 너트에 연결된 작업대가 움직인다. 작업대가 움직이면 작업대 위에 고정된 작업물이 움직여서 입력 작업 명령이 수행된다.[23] 물론 서보 장치의 구동기와 CNC 장치의 제어기는 모터의 회전과 작업대의 이동이 제대로 이루어졌는지 확인하고, 오류가 있으면 수정 명령을 내린다. 기계가 원호를 따라 정밀하게 움직이거나, 날카로운 구석을 정밀하게 지나려면 기계의 여러 축이 서로 동기화되어 움직여야 한다. 제어기는 아주 짧은 간격으로 위치를 보간하고, 각각의 서보 장치에 별도로 보낼 동작 명령(모터의 회전 각도와 속도)을 생성한 후, 서보 장치에 동작

---

23) 설명의 편의를 위해 작업대가 움직인다고 했지만, 공구와 작업물의 상대 위치가 변하는 것이며, 공구가 움직일 수도 있다.

명령을 보내 기계가 정밀하고, 빠르게 움직일 수 있도록 제어한다.

CNC의 제어장치를 기계제어장치(Machine Control Unit, MCU)라 부르기도 하고, 기계제어장치를 다시 데이터처리장치(Data Processing Unit, DPU)와 제어회로장치 (Control Loop Unit, CLU)로 구분하기도 한다. 앞에서 설명한 조작판, 제어기, 서보 장치, PLC 등이 모두 기계제어장치에 포함되며, HMI와 제어기가 DPU 에 포함되고, 서보장치와 PLC는 CLU에 포함된다.

일반 공작기계와 달리 CNC 공작기계는 자동화된 주변장치를 사용한다. 자 동으로 공구를 교환하는 자동 공구 교환 장치(Automatic Tool Changer, ATC)와 자 동으로 공작물이 놓이는 작업대를 교환하는 자동 팔레트 교환 장치(Automatic Pallet Changer, APC) 등이 있으며, 절삭 칩을 처리하거나 절삭유를 자동으로 공급하는 장치 등도 있다. 이런 주변 장치들은 PLC를 통해 제어된다.

과거에는 특정 기계에 전용 CNC 장치를 결합한 CNC 공작기계가 많았으나 최근에는 선호하는 각각의 장치들을 별도로 구성한 CNC 공작기계를 많이 사 용한다. CNC 장치가 없는 일반 NC 공작기계에 CNC 장치를 추가하기도 하 고, 조작성이 우수한 HMI를 사용하거나 고속 고정밀 작업에 적합한 제어기 혹은 모터를 사용하기도 한다.

3.4. 다양한 수치제어 기계

앞에서 설명했듯이 초기의 수치제어 기계는 한 번에 하나의 명령을 읽고 곧바로 그 명령을 처리했다. 많은 명령이 순서대로 나열된 NC 프로그램의 모든 명령을 한 번에 읽어서 저장할 기억 장치가 없었고, 제어기는 한 번에 하나의 명령만 처리할 수 있었다. 그래서 NC 프로그램에 기록된 명령 하나 를 읽은 후 기계를 움직이고, 다시 그다음 명령 하나를 읽어서 처리했다. 여 러 개의 명령을 기억하고, 한꺼번에 많은 명령을 계산하려면 컴퓨터가 필요 한데, NC 제어장치에는 컴퓨터가 없다. NC 제어장치로 제어되는 기계를 NC 기계라 한다.

CNC 제어장치는 NC 프로그램을 제어장치 내부에 저장할 수 있어서, 필요 할 때 그 프로그램을 곧장 사용할 수 있다. 특히 내부에 저장된 고정사이클

(canned cycle)이라 불리는 프로그램은 위치와 깊이 등의 몇 가지 변수만 입력하면, CNC 기계로 드릴링(drilling)[24], 태핑(tapping)[25] 등의 자주 사용하는 작업을 수행할 수 있다. CNC 기계의 제어장치는 앞에서 설명한 HMI와 PLC 등의 역할이 커졌는데, 특히 HMI의 주요 장치인 '조작판'[26]은 기계의 상태와 작업 내용을 그래픽을 포함한 다양한 방법으로 표시한다. 또 조작판의 각종 버튼과 키패드, 키보드 등으로 작업자가 NC 프로그램을 작성하거나, 편집할 수 있고, 기계의 각 장치를 직접 제어할 수도 있다. 이러한 CNC 제어장치로 제어되는 기계를 CNC 기계라 한다.

CNC도 개념적으로 수치제어에 포함되므로 NC와 CNC 용어를 구분 없이 사용하기도 한다. 굳이 구분하자면 NC 기계는 수동 기계와 달리 서보 장치가 있어서 수치로 제어되고 모터로 움직이지만, 프로그램을 저장할 수 없어 복잡한 명령을 수행할 수 없다. 참고로 숫자로 공구 위치를 보여주는 디지털 표시 장치를 장착한 수동 기계도 있다. 디지털 표시 장치를 장착한 수동 기계를 NC 기계로 오해될 수 있는데, NC 기계는 목표 위치를 숫자로 입력하면, 모터 힘으로 움직인다. 그리고 NC에 컴퓨터를 내장한 CNC 기계는 프로그램을 저장할 수 있고 복잡한 명령을 수행할 수 있다.

일반적인 기계가 아니라 기계 혹은 도구를 만드는 도구인 공작기계가 먼저 CNC화되었으며, CNC 선반과 CNC 밀링기계가 대표적인 예이다. 절삭 작업으로 어떤 부품을 제작하는 경우 다양한 종류의 작업이 필요하고, 같은 종류의 작업이라도 다양한 크기의 공구가 사용된다. CNC 밀링기계는 밀링 작업만이 아니라 공구를 교환하면 드릴링, 보링, 태핑 등도 수행할 수 있으며, 다양한 크기의 공구도 사용할 수 있다. 그런데 작업자가 수동으로 공구를 교환하는

---

24) 구멍을 만드는 작업을 말한다. 아래위로 움직이면서 구멍을 만드는데, 아래위로 움직이는 여러 번의 명령이 필요하다. 드릴링 고정사이클을 사용하면 별도로 프로그램을 작성할 필요가 없고, 구멍의 위치와 깊이만 입력하면 된다.
25) 암나사를 만드는 작업을 말한다.
26) 조작판은 조작반(操作盤)이라 부르기도 하며, 영어로는 control panel, operating panel, control console 등으로 부른다.

일은 꽤 번거로운 작업이다. 머시닝센터(Machining Center, MCT)[27]는 자동으로 공구를 교환할 수 있는 ATC가 있는 CNC 밀링기계이다. 머시닝센터는 작업자 개입 없이 자동으로 공구를 교환하면서 다양한 작업을 자동으로 수행할 수 있다. 머시닝센터의 ATC는 공구 매거진(tool magazine)에 공구를 보관하고 필요할 때 꺼내오는데, 보통 수십 개 이상의 공구를 공구 매거진에 보관할 수 있다. 작업할 공작물을 자동으로 교체할 수 있는 APC가 부착된 머시닝센터를 사용하면 다음 공작물을 준비하는 동안에도 계속 기계 작업을 수행할 수 있다.

복합가공기는 선반 혹은 밀링기계에서만 가능하던 작업을 한 기계에서 수행할 수 있다. 즉 작업물을 회전시켜 원기둥 모양으로 선반 가공한 후, 공구를 회전시켜 일부 영역을 평평하게 밀링 가공할 수 있다. 최근에는 부가 가공(Additive Manufacturing, AM)으로 형상을 제작하거나, 기존 작업물에 재료를 덧대어 붙인 후 선반 혹은 밀링, 연삭 작업 등을 수행하는 복합가공기도 등장했다.

CNC 선반과 CNC 밀링기계가 가장 일반적인 공작기계이지만, 공작에 흔히 사용하는 방전기(electrical discharge machine: EDM), 연삭기, 라우터,[28] 레이저/플라즈마/워터젯 절단기 등도 CNC 기술로 제어된다. 그리고, 삼차원 측정기인 CMM(coordinate measuring machine)과 로봇, 3D 프린터 등에도 CNC가 사용된다. CNC 기계를 사용하면 같은 NC 프로그램으로 같은 작업을 수행할 수 있어 균일한 품질의 제품을 생산할 수 있으며, 복잡한 작업을 자동으로 수행하므로 작업자의 개입을 최소화할 수 있다. 그리고 새로운 NC 프로그램을 준비하면 새로운 제품을 제작할 수 있어 유연한 생산이 가능하다.

---

27) 스포츠센터(sports center, 운동 중심)에 가면 다양한 운동을 할 수 있듯이 머시닝센터(machining center)는 기계가공의 중심으로 다양한 기계가공을 할 수 있다.

28) 라우터(router)는 개념적으로 CNC 밀링기계와 같지만, 주로 2차원 윤곽 절삭과 나무 등의 무른 소재 절삭에 적합한 기계이다.

4. 파트 프로그램 작성

4.1. 파트 프로그램

앞에서 설명했듯이 CNC 기계는 명령을 받아 움직인다. 간단한 부품 제작에도 많은 동작 명령이 필요한데, 부품 제작을 위해 CNC 기계를 움직이는 명령을 순서대로 적은 데이터 파일이 파트(part) 프로그램[29]이다. 파트 프로그램을 'NC 파트 프로그램' 혹은 'NC 프로그램'[30]이라 부르고, 파트 프로그램 작성을 '파트 프로그래밍(programming)' 혹은 'NC 프로그래밍'이라 부른다. 작성된 파트 프로그램은 이동식 저장 매체 혹은 통신선을 통해 CNC 장치로 전달된다. MIT 대학에서 처음 NC 공작기계를 개발했을 때는 종이 테이프에 그 파일이 기록되어 물리적으로 옮겨 다닐 수 있었다. 이후에 종이 테이프는 플로피 디스크와 USB 메모리 스틱 등의 이동식 저장 장치를 대체되었으며, 최근에는 인터넷 등의 네트워크을 통해 CNC 장치로 전달된다.

CNC 공작기계가 수행할 수 있는 가장 기본적인 명령은 어떤 특정한 위치로 공구를 움직이는 동작 명령이다. 그런데 부품의 설계 정보는 대부분 형상 모델로 표현된다. 결과적으로 파트 프로그램 작성은 형상 정보를 공구의 동작 정보로 변환하는 일이다. NC 기술을 처음 개발한 MIT 대학은 자체 개발한 컴퓨터 프로그램인 APT로 NC 프로그램을 작성했는데, 요즘은 대부분의 설계 정보가 CAD 데이터로 저장되므로, CAM 시스템은 CAD 데이터를 입력받아 NC 프로그램을 작성한다. CAM 시스템을 사용하더라도 파트 프로그램의 개념과 언어를 알면 파트 프로그램을 생성, 편집하거나 CNC 기계의 작업을 모니터링할 때 도움이 된다.

NC 프로그램은 사람도 그대로 읽을 수 있는 문자 파일[31]로 저장되므로 일

---

29) '프로그램(program)'은 일련의 명령어, 즉 명령어의 나열이란 뜻이며, '파트 프로그램'은 부품 (part)을 제작하는 일련의 명령이란 뜻이다.
30) NC 프로그램이 컴퓨터 데이터 파일로 저장되므로 'NC 파일' 혹은 'NC 데이터'라고도 부른다.
31) 문자 파일은 이진(binary) 파일이 아닌 ASCII 파일이다. 컴퓨터에서는 한글 혹은 워드 등의 문서 편집기가 아니라 간단한 '텍스트 파일 편집기'로 편집할 수 있다.

반적인 문자 편집기로 열어 볼 수 있다. 그러나 NC 프로그램은 우리가 사용하는 언어가 아니라 NC 장치가 이해할 수 있는 언어인 'NC 코드' 혹은 'G 코드'[32]라는 언어로 작성된다. NC 프로그램은 여러 줄로 구성되는데, 한 줄(line)에 쓰인 명령을 NC 블록(block)이라 한다. 하나의 NC 블록은 여러 개의 NC 워드(혹은 명령)로 구성되며, 각각의 워드는 예제에서 보듯이 하나의 식별 문자와 숫자로 구성된다. 워드 사이의 빈칸은 있어도 없어도 상관없으며, 식별 문자의 대소문자 여부도 상관없으나 대문자를 주로 사용한다. 작업자를 위해 주석(comment)을 달 때는 괄호('('와 ')')를 사용한다. 괄호 사이의 문자들은 제어장치가 인식하지 않는다.

그림 13-8 파트 프로그램의 구조

명령 하나에 해당하는 워드는 식별 문자와 숫자로 구성되며, 식별 문자는 영어 알파벳 한 글자이고, 숫자는 식별 문자 다음에 온다. 워드는 직접적인 동작을 명령하거나 동작의 방법 혹은 명령 수행에 필요한 인수를 제공한다. 예를 들어 'G1 X100'은 두 개의 워드로 구성된 하나의 유효한 블록이다. 'G1'은 동작 방법을 지시하는 명령으로 '이동 동작을 직선으로 수행'하라는 의미

---

32) '코드(code)'는 기호(문자, 숫자)로 된 명령이란 뜻이며, G 코드의 일반적인 규격은 미국의 전자산업연합(EIA)에서 정한 표준 RS273를 따른다.

이며, 'X100'은 동작에 필요한 인수를 제공하는데, '이동이 끝나면 X축의 값은 100이어야 한다'[33]라는 의미이다. 결과적으로 'G1 X100'은 공작기계의 공구가 X축 방향으로 직선으로 이동해서 X의 값이 100이 되도록 움직이라는 명령이다. 파트 프로그램에서 대부분의 명령 블록은 G 또는 M으로 시작하는데, 이러한 명령의 워드를 'G 코드'[34] 및 'M 코드'라고 부른다. 명령 워드의 식별 문자 의미는 [표 13-1]과 같다.

공구의 이동량[35]을 결정하는 치수 명령(dimension word)은 축 등의 치수 종류를 나타내는 식별 문자(X, Y, Z, A, B, C 등)와 해당 치수를 나타내는 숫자로 구성된다. X, Y, Z 다음에 오는 숫자는 해당 직선 축의 이동량을 나타내며, A, B, C는 다음에 오는 숫자는 회전축의 회전 각도를 나타낸다. 과거에는 치수를 나타내는 숫자를 실수(real number)가 아닌 정수(integer)로 표기했는데, 값에 해당하는 개수의 전기 펄스를 해당 축의 모터에 보낸다는 의미이다. 결국 문자 다음의 숫자가 1이면, 한 개의 펄스가 발생하고, 모터는 정해진 단위 각도만큼 회전하고, 볼 스크루는 단위 길이만큼 이동한다. 이 정수 단위를 기본 길이 단위(Basic Length Unit, BLU)라 부르고, BLU는 해당 NC 공작기계의 위치 해상도가 된다. 일반적인 NC 공작기계는 대부분 BLU가 0.001mm인데, "G91 G1 X500"이라는 명령 블록을 만나면, X축 모터를 움직이는 펄스를 500개 생성하고, X축이 0.5mm 이동한다. 현대적인 CNC 장치는 치수 워드에 실수(real number)도 사용할 수 있는데, "G91 G1 X500."이라는 블록은 X축 방향으로 500mm 이동하라는 명령이다. 즉 소수점 유무로 치수 워드의 숫자를 BLU 단위로 해석하거나, 실제 길이 단위로 해석한다. 따라서 실수(mistake)로 소수점을 빠뜨려 정수로 인식되면 엄청난 차이가 발생하므로 주의해야 한다. 최근의 CNC 장치는 이러한 실수(mistake)를 방지하려고 소수점이 없는 정수도 BLU 단

---

33) 이 명령 앞쪽에 G90 명령이 있었다면 X의 값은 절댓값이고, G91 명령이 있었다면 X의 값은 상댓값이다.

34) 그래서 NC 파트 프로그램을 'G 코드'라고도 한다.

35) 앞에서 설명했듯이 공구의 이동은 상대적인 운동이며, 공구가 직접 움직일 수도 있지만, 공작물이 놓인 작업대가 움직일 수도 있다.

위로 인식하지 않고, 실수(real number)로 인식하도록 설정할 수 있다.

식별 문자 N을 사용해 명령 블록의 맨 앞에 줄 번호(line number)를 붙일 수 있는데, 전체 프로그램에서 해당 블록의 위치를 나타내기 위해 사용한다. NC 장치가 아니라 작업자 편의를 위해 넣는 코드이므로 번호의 순서와 증가량은 필요에 따라 자유롭게 설정할 수 있으며, 줄 번호를 아예 넣지 않을 수도 있다. 줄 번호를 넣어두면, 오류로 작업어 중단되었을 때 파트 프로그램의 블록 위치를 쉽게 찾을 수 있다.

표 13-1 NC 명령어의 식별 문자 종류와 그 의미

식별 문자	기능 및 뒤따르는 숫자의 의미
A, B, C	기계의 회전축(A, B, C) 각도값
D	공구 반지름 보정값을 저장해 둔 메모리의 번호
F	이송 속도(Feedrate)
G	일반(General) 명령
H	공구 길이(Height) 보정값을 저장해 둔 메모리의 번호
I, J, K	원호 중심점의 좌표 벡터(X, Y, Z 요소)
M	기타(Miscellaneous) 명령
N	블록의 줄 번호(line Number)
P	멈추는 시간(dwell time, Pause)
R	원호의 반지름(Radius)
S	주축(Spindle)의 속도(RPM)
T	공구(Tool) 번호
X, Y, Z	기계의 직선축(X, Y, Z) 좌푯값

G로 시작하는 명령은 공작기계의 공구 이동 동작에 필요한 여러 가지 인수를 지정하거나, 동작의 유형(mode)을 지정한다. [표 13-2]는 일부 주요한 G 코드이며, 설명은 EIA의 표준 RS273을 따른다. 주요 코드는 거의 차이가 없으나 일부 특수한 코드들은 CNC 장치에 따라 의미가 다를 수도 있다. 흔히 절삭 이송이라 부르는 G1과 G2, G3는 G0와 달리 속도를 제어할 수 있다. 속도와 경로를 고려하지 않는 G0는 앞에서 설명한 위치 제어 동작[36]에 해당한다. 공구 반지름과 길이 보정은 정밀한 제작에 매우 유용한 기능인데, 파트 프로그램을 작성할 때 고려한 공구 사양(반지름과 길이)과 실제 사용되는 공구 사양의 차이를 반영할 수 있다.

구멍을 뚫거나 나사를 내는 등의 작업은 기계 부품을 제작할 때 매우 빈번하며, 그 방법과 절차가 일정하다. 그런데 구멍을 뚫을 때 한 번의 동작이 아니라 일정한 깊이를 반복적으로 오르내리는 동작을 사용한다. 나사 구멍을 만들거나 구멍의 크기를 키우는 작업도 여러 번의 동작으로 구성된다. 이러한 동작의 프로그램을 매번 작성하려면 번거롭고, 시간도 오래 걸리며, 실수 가능성도 크다. 그래서 구멍 뚫기와 같이 표준화된 작업을 간편히 실행할 수 있도록 미리 준비해둔 명령이 '고정 사이클'이다. 고정 사이클은 CNC 장치의 기억 장치에 저장되어 언제든 쉽게 사용할 수 있는데, 컴퓨터가 내장된 CNC 장치의 큰 장점이다. 절삭성이 좋아서 한 번에 뚫을 때는 G81 혹은 G82를 사용하고, 깊은 구멍을 여러 번 나누어 뚫을 때 G83을 사용한다. G84는 이어지는 인수 명령에 나사산의 피치를 지정해서 구멍에 나사산을 만들 수 있다. 보링(boring) 작업은 정밀하게 구멍의 크기를 확장하는데, 세부적인 작업 방법에 따라 G85와 G86, G87, G88, G89 등의 다양한 G 코드가 있다.

---

36) 최근의 NC 장치는 G0의 경로를 직선으로 설정할 수 있다.

표 13-2 G 코드의 기능과 의미

G 코드	기능	의미
G0	급송 이송	최대한 빠르게 이동
G1	직선 보간	직선으로 이동(속도는 F로 지정된 값을 사용)
G2, G3	원호 보간	원호로 이동(속도는 F로 지정된 값을 사용). G2는 주축에서 공작물을 바라볼 때 시계방향, G3은 반시계 방향
G4	정지(dwell)	움직이지 않고 지정된 시간만큼 멈춤
G17, G18, G19	평면 선택	원호 보간을 위한 평면을 선택. G17은 XY평면, G18은 XZ평면, G19는 YZ평면
G20, G21	단위 선택	값의 단위를 선택. G20은 인치, G21은 밀리미터 단위
G28	원점(home) 복귀	기계 원점으로 이동
G40, G41, G42	공구 반지름 보정	G40은 보정 취소, G41은 진행 방향의 왼쪽으로 보정, G42는 오른쪽으로 보정
G43, G49	공구 길이 보정	G43은 공구 길이를 더 긴 값으로 보정. G49는 보정 취소
G54~59	공작물 좌표계	저장된 좌표계 선택. G54는 1번 좌표계, G55는 2번 좌표계
G80~89	고정 사이클	G80은 고정 사이클 취소. G81, 82는 drilling, G83은 peck drilling, G84는 tapping, G85~89는 boring
G90	절대 거리 모드	명령에 사용되는 치수 값들이 절댓값
G91	증분 거리 모드	명령에 사용되는 치수 값들이 증분값
G92	좌표계 변경	현재 위치를 주어진 좌푯값으로 좌표계 원점 재설정

작성된 파트 프로그램을 사용해 NC 공작기계에서 실제 부품을 제작하려면 작성된 프로그램의 좌표계와 CNC 장치의 좌표계를 일치시켜야 한다. 공작기계가 명령받은 위치로 공구를 움직여 부품을 제작하는데, 파트 프로그램의 좌표계와 기계의 좌표계가 서로 다르다면 기계의 공구가 엉뚱한 위치 혹은 엉뚱한 방향으로 움직일 것이다. G54~59와 G92를 사용하면 좌표계를 선택하거나 좌표계를 지정할 수 있는데, 대부분 좌표계의 방향은 기계의 축 방향과 평행하게 설정하고, 좌표계의 원점을 별도로 지정한다.

〈그림 13-9〉의 부품을 제작하는 파트 프로그램 작성을 생각해 보자. 먼저 기계 작업대에 제작할 부품의 소재를 고정한 후, 소재 위치가 기계 좌표계로 표현되면 그것을 기준으로 파트 프로그램을 작성할 수 있다. 그러나 소재를 기계 작업대에 고정하기 전에 파트 프로그램을 작성하는 것이 일반적이므로 파트 프로그램을 작성할 때는 소재의 위치를 알 수 없다. 그래서 NC 공작기계에서는 기계 좌표계와 별도로 '공작물 좌표계'라는 개념을 사용한다. 공작물 좌표계는 기계 좌표계와 달리 좌표계의 원점을 작업자가 지정할 수 있다. 파트 프로그램을 작성할 때 공작물의 좌표계를 임의로 가정하고, 기계 작업자가 소재를 고정한 후 공작물의 좌표계를 기계에서 설정한다. 예를 들어 〈그림 13-9〉의 a)에서 보듯이 부품의 꼭짓점을 공작물 좌표계의 원점이라 생각하자. 파트 프로그램 앞부분에 G54를 넣어두고, 공작물 좌표계를 기준으로 파트 프로그램을 작성한다. 기계 작업자는 공작기계에서 절삭 가공할 소재를 고정하고, b)에서 보듯이 부품의 꼭짓점이 놓일 위치로 공구의 끝을 옮긴 후 현재 위치를 1번 좌표계의 원점으로 저장한다. 파트 프로그램을 실행하면 NC 장치가 G54 명령을 받고, 공작물 좌표계 1번에 저장된 값을 참조해서 공구의 위치를 계산한다. G92는 파트 프로그램이 실행되는 도중에 공작물 좌표계를 설정할 수 있다. 예를 들어 "G92 X0. Y50. Z100."이라는 블록이 실행되면 그때의 공구 위치를 (0, 50, 100)으로 인식한다.

그림 13-9 공작물 좌표계

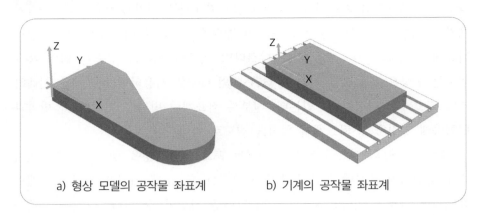

a) 형상 모델의 공작물 좌표계   b) 기계의 공작물 좌표계

M 코드는 공구의 이동 동작이 아니라 기계의 주변장치 혹은 부가적인 동작과 관련된 명령이다. 주축을 회전하거나, 절삭유를 공급하고, 여러 가지 값을 초기화하는 등의 작업을 수행한다. 예를 들어 "T5 M6"이라는 명령 블록은 현재의 공구를 공구매거진 5번에 보관된 공구로 교환하라는 명령이며, "S600 M3"이라는 명령 블록은 분당 600번의 회전수로 주축을 시계 방향으로 회전하라는 명령이다. 이때 시계 방향은 절삭날 끝 쪽으로 엄지손가락이 가도록 오른손으로 공구를 감아쥐는 방향이다.

표 13-3 주요 M 코드의 기능

M 코드	기능
M0	프로그램을 일시적으로 멈춤(stop). NC 조작판에서 '시작(cycle start)' 버튼을 누르면 프로그램이 계속 실행됨
M2	프로그램을 마침(end)
M3	주축 회전(시계 방향) 시작
M4	주축 회전(반시계 방향) 시작
M5	주축 회전 멈춤

M6	공구 교환
M7, M8, M9	절삭유 On/Off. M7은 mist on, M8은 flood on, M9는 모두 off
M30	공작물 팔레트를 교환하고 프로그램 마침(end)

작성된 파트 프로그램은 컴퓨터 데이터 파일로 저장되는데, 하나의 프로그램은 하나의 파일로 저장하는 것이 일반적이지만 여러 파일에 나누어 저장할 수도 있다. 파트 프로그램이 여러 개의 파일로 나누어졌을 때 파일의 시작과 끝을 표시하기 위해 '%' 기호를 사용한다.[37] 파일 첫 줄에 '%' 기호가 있었다면, NC 장치는 두 번째 '%' 기호를 만나면 파일이 끝났다고 판단한다. 즉 두 번째 '%' 기호 이후의 줄은 NC 장치가 아예 읽어보지 않는다. 두 번째 '%' 기호 이전에 'M02' 혹은 'M30' 명령으로 프로그램을 종료할 수도 있다.

4.2. 파트 프로그램의 예

%	1) 1파일의 시작을 알리는 기호
(Example NC program)	2) 주석
G21 G54 G17	3) 미터법. 공작물 좌표계 1번. 원호 보간은 XY 평면
G90 G0 X0. Y0. Z100.	4) 절댓값. 급속 이송으로 (0, 0, 100)까지 이동
Z10.	5) 계속 급속 이송으로 (0, 0, 10)까지 이동
F200 S500 M3	6) 이송 속도 200mm/min. 주축 회전(500/min) 시작
G1 Z0.	7) 직선 보간으로 (0, 0, 0)까지 이동
N00100 Y40.	8) 계속 직선 보간으로 (0, 40, 0)까지 이동
N00200 X20.	9) 계속 직선 보간으로 (20, 40, 0)까지 이동
X60. Y20.	10) 계속 직선 보간으로 (60, 20, 0)까지 이동
G2 X80. Y0. R-20.	11) 시계방향 원호(반지름 20) 보간으로 (80, 0, 0)까지 이동

---

37) 종이 테이프에 파일의 내용을 저장하던 때는 어디가 파일의 시작이고, 끝인지 표시가 필요했다. 끝 표시가 없으면 테이프 입력 장치가 빈 종이 테이프를 계속 읽기 때문이다.

G1 X0. Y0.	12) 다시 직선 보간으로 (0, 0, 0)까지 이동
GO Z100.	13) 급속이송으로 (0, 0, 100)까지 이동
M30	14) 프로그램 마침
%	15) 파일의 끝을 알리는 기호

예제에서 G0 혹은 G1 등이 없는 명령 블록이 있는데, G 워드는 동작의 상태(mode)를 설정하는 명령이므로 다른 상태로 변경될 때까지 계속 유효하다. 3번 명령 블록에서 선언한 미터법, 공작물 좌표계, 원호 보간 평면 등은 예제 프로그램의 끝까지 계속 적용된다. 5번 명령 블록은 앞에서 지정한 급속 이송 상태가 계속 적용되고, 8~10번 명령 블록은 7번에서 지정한 직선 보간 이송이 계속 적용된다. 11번에서는 원호 보간을 적용하고, 12번에서 다시 직선 보간을 적용한다.

그림 13-10 예제 프로그램의 공구 경로

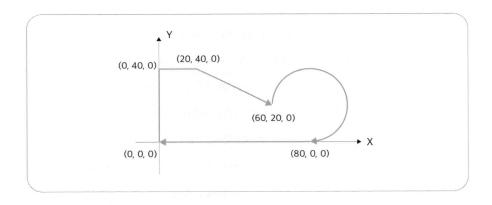

11번 블록의 원호 보간은 현재 위치(60, 20, 0)에서 다음 위치(80, 0, 0)로 반지름 20인 원호를 시계방향으로 그리며 이동한다. 그런데 반지름이 주어질 때 두 점을 잇는 시계방향 원호는 2개가 있다. R 워드의 값이 음수면 180도 보다 큰 원호를 따라 이동하고, 양수면 작은 원호를 따라 이동한다. 예제에

서는 R 워드의 값이 −20이므로 반지름이 20인 큰 원호를 따라 이동한다. 〈그림 13-11〉에서 보듯이 G3를 사용하면 반시계방향 원호를 따라 이동하는데 이때도 R워드의 부호에 따라 원호가 선택된다.

그림 13-11 원호 보간의 예

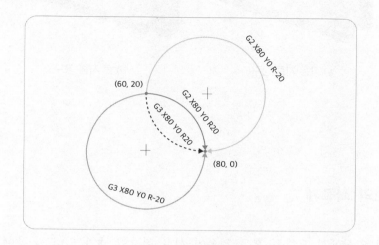

6번 명령 블록에서 보듯이 G1 등의 이송 명령 전에 이송 속도(F)를 지정해야 하고, 주축 회전을 시작(M3)하기 전에 주축의 회전 속도(S)를 지정해야 한다. 8번과 9번 블록에서 보듯이 줄 번호는 언제든 필요할 때 사용할 수 있고, 번호도 작업자 편의에 따라 임의로 지정할 수 있다.

예제 파트 프로그램의 공구 경로에 해당하는 〈그림 13-10〉는 공구 끝 중심의 이동 궤적이며, 절삭으로 만들어지는 부품의 형상과 다름에 주의해야 한다. 같은 공구 경로를 사용하더라도 〈그림 13-12〉에서 보듯이 제작되는 부품의 형상은 절삭 공구의 지름에 따라 달라진다. 따라서 원하는 형상의 부품을 제작하려면 절삭 공구의 지름을 고려해서 공구 경로를 계획하고, 파트 프로그램을 작성해야 한다.

그림 13-12　　공구 지름의 크기에 따른 제작 형상의 차이

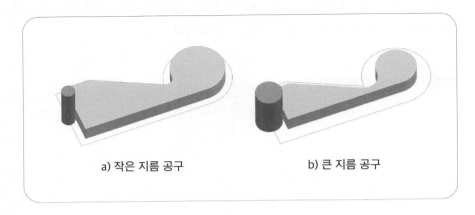

a) 작은 지름 공구 　　　　　　　　 b) 큰 지름 공구

5. 기계의 좌표계

우리가 일상에서 오른쪽 혹은 왼쪽이 서로 헷갈릴 때가 있다. 기준에 따라 오른쪽과 왼쪽이 바뀌기 때문이다. 〈그림 13-13〉에서 오른쪽 사람은 바닥에 앉아 있다. 그런데 가운데 서 있는 사람의 오른쪽은 어디일까? 서 있는 사람의 오른쪽은 의자에 앉아 있는 사람을 가리킬 수도 있다. 기계에 명령을 내릴 때 오른쪽, 왼쪽이 헷갈리거나 위치가 불명확해서는 곤란하다. 기계를 원하는 방향으로 움직이려면 기계의 좌표계를 이해하고, 설정된 좌표계를 기준으로 동작 명령을 내려야 한다. 파트 프로그램의 동작 명령은 서로 약속된 좌표계를 기준으로 실행되므로 기계의 좌표계를 이해하는 것이 파트 프로그램 작성의 기본이다.

그림 13-13 누가 오른쪽 사람인가?

CNC 공작기계의 종류에 따라 좌표계가 다르고, 같은 종류의 기계라도 기계 제작업체에 따라 좌표계가 다를 수 있으나 몇 가지 기본적인 원칙은 있다. 공작기계에서 절삭이 가능하도록 회전 운동을 제공하는 기계요소를 주축(spindle)이라 부른다. 공작기계에서 Z축은 회전하는 주축과 평행하다. Z축과 직각으로 움직이는 축이 X축인데, Z축과 직각으로 움직이는 축이 2개면 더 길게 움직일 수 있는 축이 X축이다. Y축은 X와 Z축이 결정되면 오른손 법칙에 따라 자동으로 결정된다. 그리고 좌푯축의 부호는 공작물과 멀어지는 방향이 (+) 방향이다.

어떤 공작기계는 X, Y, Z 방향의 주된 운동 이외의 부가적인 운동이 있을 수 있다. X, Y, Z축과 평행한 부가적인 직선 운동의 축은 각각 U, V, W축으로 표시한다. X축(혹은 Y축, Z축)과 평행한 축을 중심으로 회전 운동하는 축은 A축(혹은 B축, C축)으로 표시한다. 회전축의 부호는 오른손 법칙을 따른다.

〈그림 13-14〉에서 선반의 Z축은 공작물이 회전하는 주축과 평행하므로 쉽게 알 수 있다. 그리고 X축은 Z축과 직각인 바이트 이동 축이며, 공작물에서

멀어지는 방향이 +X 방향이다. 〈그림 13-15~16〉의 밀링기계는 공구가 회전하는 주축이 Z축이다. 수직형 밀링기계는 공작물과 멀어지는 위쪽이 +Z 방향이고, 주축 쪽에서 기계의 칼럼을 바라볼 때 오른쪽이 +X 방향이다. 주축이 바닥면과 평행한 수평형 밀링기계는 주축과 직각인 수평축이 X축이고, 공작물과 멀어지는 위쪽이 +Y 방향이다. 〈그림 13-14〉에서 X, Y, Z는 작업물의 좌표계 방향이며 $+X_m$, $+Y_m$, $+Z_m$은 기계가 움직이는 방향이다.

그림 13-14 선반의 좌표계

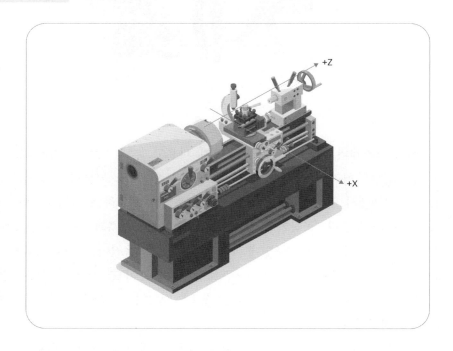

그림 13-15   수직형 밀링기계의 좌표계

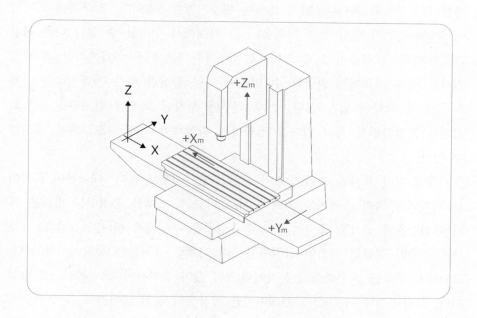

그림 13-16   수평형 밀링기계의 좌표계

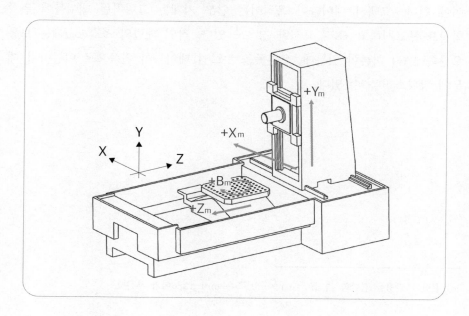

일반적으로 공구의 위치와 방향을 제어할 수 있는 운동 축의 수로 공작기계를 분류하기도 하는데, 많이 쓰이는 밀링기계는 3축이다. 최근에는 5축 밀링기계와 선반과 밀링 등의 작업을 같은 기계에서 수행할 수 있는 다축 복합가공기[38]도 그 사용이 늘고 있다. 선반과 3축 밀링기계는 기본적인 축 결정원리로 쉽게 좌표계를 파악할 수 있지만 최근 등장한 다축 가공기계는 기계의 좌표계 파악이 쉽지 않다. 기계 외부에 부착된 좌표계 안내판을 참고로 기계를 조작하면서 축과 방향을 정확하게 파악해야 파트 프로그램을 작성할 수 있다.

기계에 따라 표시된 축의 방향이 혼란스러운 경우도 많다. 테이블이 움직이는 기계와 주축이 움직이는 기계가 서로 다르고, 기계를 움직이는 방향을 표시한 화살표와 공작물 중심의 좌표계가 다름을 주의해야 한다. 〈그림 13-17〉a)는 주축이 결합된 컬럼이 움직이는 3축 기계로 공작물은 움직이지 않는다. 그림에서 주축을 오른쪽으로 움직이면 X의 값이 증가하며, 오른쪽이 +X 방향이다. 그런데 b)는 같은 3축 기계이지만 공작물이 놓인 테이블이 움직이는 기계다. 테이블을 오른쪽으로 움직이면, 주축에 결합된 공구는 상대적으로 왼쪽으로 움직인 것과 같다. 따라서 X값을 증가시키려면 테이블을 왼쪽으로 움직여야 한다. 그래서 테이블이 움직이는 일부 기계는 그림처럼 테이블에 왼쪽 화살표를 표시하고 +X라 표시한 경우도 있다. 작업 패널의 조그(jog)에는 보통 오른쪽에 (+) 버튼이 있는데, 오른쪽을 누르면 테이블이 왼쪽으로 이동하기 때문에 당황스러울 수 있다.

---

38) 선반과 밀링을 결합한 기계로 turn-mill 혹은 mill-turn이라 부른다.

그림 13-17　3축 공작기계의 좌표계

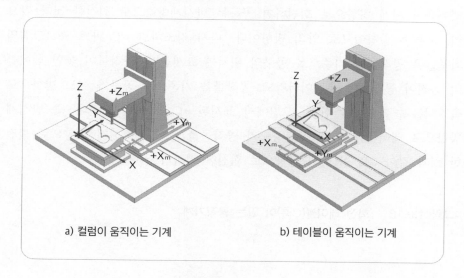

a) 컬럼이 움직이는 기계　　　　　　　b) 테이블이 움직이는 기계

특정 축을 중심으로 회전하는 회전축의 방향은 오른손 법칙을 따라 정해진다. 엄지가 회전축과 평행한 축의 양(+)을 가리키도록 오른손으로 회전 중심축을 감아질 때, 축을 감아진 손가락이 가리키는 방향이 회전축 양의 방향이다. 즉 엄지가 X축 양의 방향으로 가도록 오른손으로 X축을 감아질 때, 다른 네 손가락의 방향이 A축 양(+)의 방향이다. 당연히 +B축은 Y축을 감아지는 방향이고, +C축은 Z축을 감아지는 방향이다. 회전축은 각도로 그 값이 표시되는데, 0도에서 360도로 증가하는 방향이 양의 방향이다. 시계(Clock-Wise, CW) 방향, 반시계(Counter-Clock-Wise, CCW) 방향이란 용어를 쓰기도 하는데, 오른손 엄지가 눈을 향할 때 다른 손가락의 방향은 반시계 방향이고, 그 방향이 회전축 양의 방향이다.

5축 혹은 다축 공작기계에서 회전축은 테이블 회전으로 흔히 구현되는데, 많은 작업자가 회전축의 부호를 헷갈린다. 〈그림 13-18〉은 Z축을 중심으로 회전하는 테이블이 있는 공작기계이며, 회전축이 C축이다. 기계의 C축 값을 증가(+)시키려면, 〈그림 13-18〉에서 $+C_m$이라고 표시된 방향, 즉 주축에서 내려 볼 때 시계 방향으로 테이블을 회전해야 한다. 왜 양(+)의 방향이 시계 방향 회전일까? 공구와 공작물의 상대 위치를 생각해 보자. 공작물이 놓인 테이블이 시계 방향으로 회전하면 공구는 반시계방향으로 회전한 것과 같으며, 오른손 방향이므로 양의 방향이다. 다시 강조하면 NC 파트 프로그램의 좌푯값은 공작물을 기준으로 공구의 위치를 표시한다. 공작물이 놓인 테이블이 움직여 공작물이 움직이더라도, 공작물을 기준으로 공구가 어느 방향으로 움직이는지 확인해야 한다. 그림에서 표시된 $+C_m$과 방향과 반대, 즉 반시계 방향으로 테이블을 회전하면, 공구가 공작물을 중심으로 시계 방향으로 회전한 것과 같아 C축 음(−)의 방향으로 회전한 결과가 된다.

그림 13-18 회전 테이블(C축)이 있는 공작기계

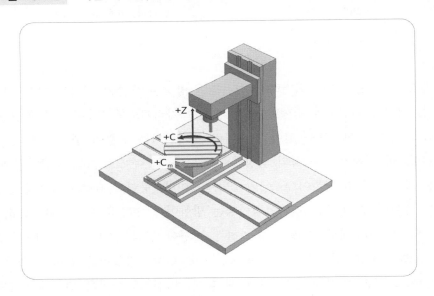

일반적인 CNC 공작기계[39]는 모두 앞에서 설명한 좌표계를 기준으로 작동한다. 파트 프로그램에서 별도의 공작물 좌표계를 설정하더라도 그 좌푯값은 공작물을 기준으로 공구의 위치를 표시한다. 기계를 수동으로 직접 작동하거

---

39) 윤곽을 주로 절삭하는 조각기와 주문 제작되는 위치 제어 스테이지(stage) 등은 좌표계 기준을 따르지 않는 경우가 많다.

나, 파트 프로그램의 각 명령 블록을 실행하면서 확인할 때는 좌표계의 방향과 기계 요소가 움직이는 방향의 차이를 특히 주의해야 한다.

6. 연습 문제

1) 넓은 의미의 CAM과 좁은 의미의 CAM을 비교 설명하시오.

2) 제조 과정에서 공정계획의 어려움을 설명하시오.

3) 수동 기계와 NC 기계, CNC 기계의 차이를 비교 설명하시오.

4) CNC 공작기계의 구성 요소를 설명하시오.

5) CNC 공작기계의 수치제어 순서를 앞에서 설명한 구성 요소에 맞추어 설명하시오.

6) CNC 공작기계와 머시닝센터, 복합가공기의 차이를 설명하시오.

7) NC 블록 "G90 G17 G02 X100. Y100. R-50. F1000"의 의미를 설명하시오.

8) 다음 NC 프로그램의 공구 경로를 그리고, 가공 시간을 계산하시오.

```
%
O0005
G21 G00 G17 G40 G49 G80 G90
G92 X100. Y0. Z100.
F100 S1000 M03
G01 Y100.
G02 Y200. R50.
G03 X200. Y100. I100.
G02 X250. Y150. J50.
X100. Y0. I-150.
M00
%
```

7. 실습 과제

1) 아래 그림처럼 절삭 공구를 움직여 부품을 제작하고자 한다. NC 파트 프로그램을 작성하시오. 공구의 Z축 위치는 무시하고, 공구 이송 속도는 200mm/min, 주축은 시계 방향으로 분당 100번 회전하시오.

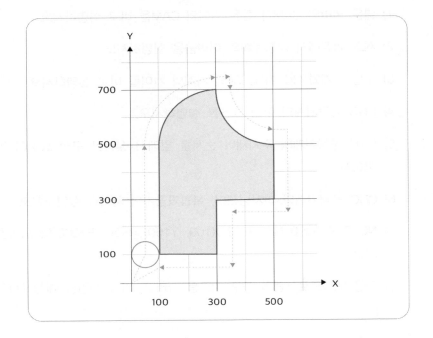

2) 다음과 같은 도형의 부품을 CNC 밀링에서 절삭가공으로 제작하는 NC 파트 프로그램을 작성하시오. 주어진 소재는 200×150×5의 판재이고, 공구 지름은 10mm이다. 공구 반지름 보정 기능은 사용하지 않는다. 절삭 조건은 임의로 설정하시오.

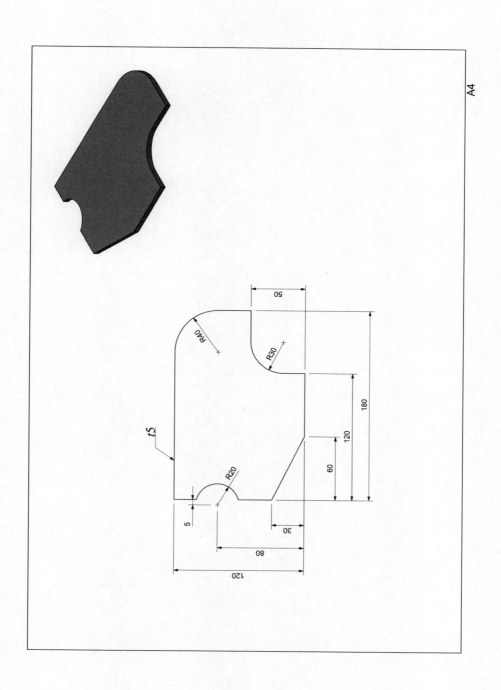

CHAPTER 14 컴퓨터응용제조 (2)

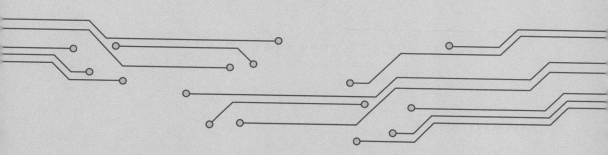

1. 부품 제작 절차

1.1. 형상 모델 확인 및 수정

CNC 공작기계를 이용해 부품을 제작해 보자. 제작할 부품의 설계 정보는 CAD 데이터로 제공된다. CAD 데이터를 받으면 가장 먼저 해당 형상이 CNC 절삭가공으로 제작 가능한지 확인한다. 언더컷 형상[1]의 여부, 벽면의 구배 각도, 최소 오목 라운드의 크기 등의 분석이 기본이다. 형상에 따라 절삭가공이 아니라 3D 프린팅과 조립 등의 부가 가공이 적합할 수 있다. 절삭 공구를 넣기에 너무 깊거나 좁은 형상은 물론이고, 너무 얇거나 고정구로 공작물을 고정하기 어려운 형상도 제작이 쉽지 않다.

제작 가능성 분석이 끝나면, CAD 데이터가 제작에 필요한 정보를 충분히 담고 있어서 CAM 시스템에서 사용하기 적합한지 확인한다. 설계 공정의 CAD 모델은 시각적 평가 위주로 형상을 표현하므로 CAM 시스템에서 공구 경로를 계산하기 어려운 때가 있다. 예를 들어, 인접한 두 곡면이 미세하게 떨어져 틈새(gap)가 있거나, 작은 단차(step)가 시각적으로는 큰 문제가 없지만, CAM 시스템에서 공구 경로를 생성할 때는 공구가 틈새에 빠지거나, 단차로 인해 더 많은 절삭 공정이 요구될 수 있다. 두 개 이상의 곡면이 겹치

---

[1] 언더컷(under cut) 형상은 공구 축 방향에서 보이지 않는 형상이다.

는 경우도 공구 경로를 잘못 계산할 수 있다. 최근의 CAM 시스템은 CAD 모델의 간단한 오류를 확인하고 수정할 수 있는 기능이 있다.

1.2. 공정계획

CAD 모델의 확인이 끝나면 전체적인 제작 공정계획과 절삭 공정계획을 거쳐 최종적으로 공구 경로계획이 이루어진다. 제작 공정계획은 부품 제작에 필요한 소재를 결정하고, 소재와 부품의 형상을 고려해 제작 방법을 결정한다. 제작 방법이 정해지면 소재의 제조성과 크기 등을 고려해서 공작기계를 선정한다. 선반 가공으로 제작할 수 있는 부품이라면 CNC 선반기를 사용하지만, 선반과 밀링 작업이 모두 필요하다면 두 종류의 기계에 공작물을 옮기면서 작업할 수도 있고, 선반과 밀링을 모두 지원하는 복합가공기를 사용할 수도 있다. 선반과 3축 밀링기, 5축 밀링기, 복합가공기 등의 기계 특성은 물론이고 작업 시간과 비용 등도 고려해야 하므로 상당한 경험이 있어야 올바른 가공 방법과 기계를 선정할 수 있다. 가공 방법과 공작기계가 선정되면 공작물 준비(setup) 방법도 결정할 수 있다. 공작물 준비는 공작기계 작업대 어느 위치에 어떤 자세로 공작물을 놓고, 어떻게 고정(clamping)할지 결정하며, 공작물 좌표계를 설정하는 방법도 결정한다.

그림 14-1 CNC 공작기계를 이용한 부품 제작 과정

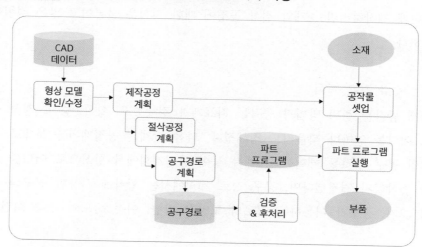

전체적인 제작 공정계획을 토대로 절삭 공정을 계획한다. 절삭 공정계획은 공작물의 어느 부위(위치)를 얼마나(절삭량), 어떻게(경로 패턴), 어떤 순서로 절삭 가공할지 결정한다. 황삭, 중삭, 정삭, 잔삭 등으로 절삭 공정을 나누어 계획하는데, 황삭(roughing)은 빠른 시간에 소재를 많이 제거하는 것이 목적이다. 중삭(semi-finishing or pre-finishing)은 일정한 살 두께를 확보해서 정삭을 잘할 수 있도록 준비하는 공정이고, 정삭(finishing)은 치수 정밀도 만족이 목적이다. 잔삭은 남아있는 소재를 추가로 제거하는 공정인데, 치수 정밀도 달성을 위한 정삭은 물론이고 황삭과 중삭에도 잔삭을 적용할 수 있다.

조각칼로 나무를 깎아 인물상을 만드는 작업을 생각해 보자. 조각칼이 잘 들어도 단번에 최종 형상을 만들 수는 없다. 아마 큰 부위(황삭)를 대강 먼저 잘라내고, 다음으로 대강의 모양(중삭)을 만든 후, 최종적으로 미세하고 정교하게 다듬어(정삭) 형상을 완성할 것이다.. 공구로 금속 소재를 깎는 작업은 조각칼로 나무를 조각하기보다 훨씬 어려운 공정이다. 나무로 인물상을 조각할 때 잘못하면 인물상의 손가락이나 팔이 부러지는 것과 같이, 한 번에 너무 많이 절삭하면 공구가 부러지거나 공작물이 파손될 수도 있다. 공구가 휘거나 공작물이 휘어도 정확한 형상을 얻을 수 없다. 그래서 황삭, 중삭, 정삭 등의 단계별 공정이 매우 중요하다. 그런데 제작하는 부품의 모양과 크기는 물론이고, 소재의 종류와 사용하는 공작기계의 종류 등에 따라 절삭 공정은 매우 다르며, 황삭, 중삭, 정삭 등의 개념도 다르다. 그래서 형상을 정확하고 정밀하게 제작하려면 소재와 절삭 공정에 대한 지식은 물론이고 많은 경험이 필요하다.

1.3. 공구 경로 계획

이제 공작물 준비 방법과 공작물 좌표계가 정해졌고, 황삭, 중삭, 정삭 등으로 어디를 얼마나 깎을지도 정해졌다. 다음 단계는 공정계획을 토대로 구체적인 공구 경로를 계획한다. 예를 들어 공정계획에서 황삭으로 어디를 얼마나 절삭할지 결정했다면, 공구 경로 계획에서는 황삭에 사용할 공구의 종류와 크기, 공구가 이동하는 경로의 모양과 방향, 이송 속도와 주축 회전수 등을 결정한다. 과거에는 이러한 것 대부분을 절삭 공정계획에서 정했는데, 최근에는 CAM 시스템의 성능이 좋아져 절삭 공정계획 단계에서 대략적 계획을 세우고, 공구 경로를 계획할 때 구체적인 결정을 하는 경우가 많다. CAM 시스템의 시뮬레이션 기능을 사용하면 어디가 얼마나 절삭되고, 추가적인 절삭이 필요한 부위가 어딘지 쉽게 찾을 수 있기 때문이다. 최근에는 절삭 부하를 고려해서 절삭 가공조건을 설정할 수도 있다.

공구 경로를 계획할 때는 절삭 공구의 모양과 크기에 따라 생성 가능한 형상에 제약이 있음을 주의해야 한다. 공구가 크면 작은 오목 형상을 제작하기 어렵고, 작으면 소재 제거에 시간이 오래 걸린다. 평엔드밀은 공구 바닥 중심에 날이 없어 공구 축 방향으로 내려가는 가공이 곤란하고, 볼엔드밀은 평면을 절삭하더라도 공구가 한번 지나간 절삭면과 절삭면 사이에 뾰족한 커습(cusp)이 남는다. 그리고 짧은 공구는 깊은 형상을 절삭하기 어렵고, 긴 공구는 휨량이 많아 정밀한 형상 제작이 어렵다.

생활용품을 찍어내는 플라스틱 사출 금형의 절삭 공정을 예로 황삭, 중삭, 정삭의 경로 계획을 살펴보자. 사출 금형의 황삭은 주로 평엔드밀을 사용해 층별로 절삭한다. 황삭을 마치면 마치 다랑이 논처럼 층 혹은 계단이 생기는데, 계단의 높이(절삭 깊이)가 황삭 계획의 주요 변수이다. 중삭은 황삭으로 생긴 계단을 없애 원하는 곡면과 비슷하게 만든다. 금형의 중삭은 일반적으로 볼엔드밀을 사용하며, 정삭을 위해 가공여유를 대략 0.5mm 정도 남긴다. 정삭도 주로 볼엔드밀을 사용하는데, 정삭은 수치적인 정확도와 정밀도만이 아니라 시각적인 품질도 따지므로 최종 절삭면에 비정상적인 공구 자국이 없어야 한다. 규칙적이고 가지런한 형태의 커습이 생기도록 흔히 라스터 경로(raster path)[2]라고 하는 나란한 공구 경로를 정삭에 주로 사용한다. 비정상적인 공구 자국은 절삭 부하 혹은 절삭 방향이 급격히 바뀔 때 생기는데, 공구가 절삭면에 진입, 퇴각하는 방법과 이송 속도 등을 고려해야 공구 자국을 최소화할 수 있다.

---

2) 3.1. '공구 경로의 종류'에서 설명하도록 한다.

그림 14-2 황삭, 중삭, 정삭

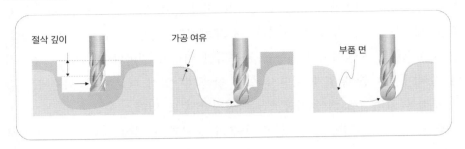

절삭 깊이

가공 여유

부품 면

1.4. 검증 및 후처리

과거에는 계획된 공구 경로를 계산하는 데 오래 걸렸지만, 컴퓨터 성능 향상으로 최근에는 공구 경로 계획이 끝남과 동시에 공구 경로가 얻어진다. 공구 경로가 얻어지면 CAM 시스템의 시뮬레이션 기능으로 과삭(과절삭, 더 깎음, overcut) 혹은 미삭(미절삭, 덜 깎음, undercut)과 충돌, 절삭 부하(cutting force) 등을 확인한다. 충돌은 공구 경로를 계산할 때 공구의 길이와 홀더의 크기 등을 제대로 고려하지 않았거나, 공구 경로를 연결할 때 급속 이송 높이가 적절하지 않았을 때 발생한다. 미삭은 형상에 비해 큰 공구를 사용했을 때 주로 발생하며, 미삭 부위를 고려해서 추가적인 절삭 공정을 추가해야 한다.

CAM 시스템의 성능이 좋아져 과삭은 잘 발생하지 않는데, 작은 볼록 형상 혹은 날카로운 볼록 모서리 등을 주의 깊게 살펴야 한다. CAM 시스템이 공구 경로를 계산할 때 공구 중심 궤적의 공차만 고려하고 형상 특징을 고려하지 않아 날카로운 모서리와 작고 볼록한 형상을 제대로 살리지 못한다. 볼록 형상에서 흔히 발생하는 과삭을 공구의 '볼록 간섭(convex interference)'이라고 부르는데, 공구 경로가 이상적인 경로[3]가 아니라 공차를 고려해 여러 개의 선분으로 나뉘면서 날카로운 모서리 혹은 작은 형상을 살리지 못한다. 날카로운 모서리를 살리려면 〈그림 14-3〉에서 보듯이 공구가 모서리를 지나치도

---

3) 기하학적인 이상 경로이다. 공구 휨 등의 역학을 고려하면 이상적인 경로가 아니다.

록 공구 경로를 계획해야 한다. 실제 절삭에서 공구 휨 등이 발생하면 과삭 혹은 미삭이 더 커질 수도 있으므로, 공구 부하를 일정하고 적절하게 관리하는 것도 필요하다. 볼록 간섭과 반대로 오목한 형상에서 발생하는 공구 간섭을 '오목 간섭(concave interference)'이라 부르는데, 공구가 들어가기 부족한 좁은 공간 혹은 공구보다 곡률이 큰 형상에서 발생할 수 있다.

그림 14-3 볼록 간섭과 회피 방법

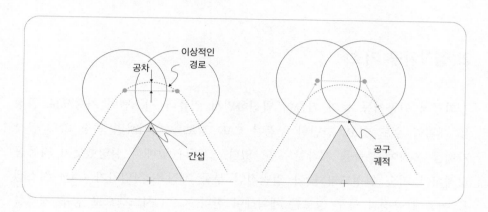

공구 경로 검증이 완료되면, 생성된 공구 경로를 NC 파트 프로그램으로 변환한다. 공구 경로를 NC 파트 프로그램으로 변환하는 작업을 후처리 (Post-Processing, PP)[4]라 부른다. CNC 공작기계에 따라 지원하는 NC 코드가 일부 다를 수도 있고, 공구 매거진의 공구 번호 등이 다르므로 작업할 기계가 정해진 후, 그에 맞도록 후처리를 진행하는 것이 일반적이다.

1.5. 기계 작업

파트 프로그램과 함께 작업지시서가 CNC 공작기계 작업자에게 전달되는데, 작업지시서에는 공작물 좌표계와 사용하는 공구의 종류, 공구 시작점 등

---

4) 다양한 영역에서 후처리(post-processing)라는 용어가 사용됨에 주의하자. FEM 해석과 이미지 편집에서도 쓰이는 용어이다.

이 표기되어 있다. 작업자는 작업지시서를 토대로 공작물을 고정하고, 좌표계를 설정한다. 파트 프로그램을 실행할 때는 앞쪽 일부분을 한 블록씩 실행하면서 시작점 등이 작업지시서와 같은지 확인하고, 절삭을 시작하면 절삭조건 등이 적절한지 확인한다. 문제가 없다면 작업이 끝날 때까지 CNC 공작기계는 무인으로 운영될 수 있다. 최근에 고도로 자동화된 작업장에서는 로봇이 공작물 셋업과 CNC 기계의 작동 개시 등을 수행하고, 작업자는 원격에서 작업을 모니터링하기도 한다.

2. 절삭가공 기초

최근에 인공지능 등의 기술이 발전하면서 컴퓨터 시스템이 자동으로 공정을 계획할 수도 있고, 간단한 부품은 CAD 정보를 입력하면 곧장 CNC 공작기계를 움직여 부품을 제작할 수도 있다. 그러나 앞에서 설명했듯이 자동공정계획의 기술 완성도가 낮아 일반적인 부품 제작은 작업자가 CAM 시스템을 이용해 공정과 공구 경로를 계획해야 한다. CAM 시스템으로 공구 경로를 계획하려면 절삭가공의 용어와 개념을 알아야 한다. 본책은 가장 일반적인 절삭 작업인 3축 CNC 밀링 작업을 중심으로 절삭가공의 기초적인 개념과 용어를 설명한다. 그리고 많은 CAM 시스템이 영어 용어를 사용하고, 한글화된 용어도 영어를 발음대로 표기한 경우가 많으므로 한글 용어와 함께 영어 용어를 많이 소개했다.

2.1. 절삭가공의 종류
나무를 조각칼로 깎아 조각품을 만들 듯이 절삭가공은 소재를 공구로 깎아 원하는 형상을 얻는 과정이며, 3D 프린팅과 같은 부가 제조(Additive Manufacturing, AM)와 달리 제거 제조(Subtractive Manufacturing, SM) 공정이다. 절삭가공은 주로 공작기계(machine tool)에서 금속 소재를 깎아내어 제거하는데, 나무, 플라스틱, 복합소재 등의 제거에도 사용된다. 대표적인 세 가지 절삭가공은 구멍을 뚫는 드릴링(drilling)과 원통 형상을 만드는 선삭(turning), 평면 혹은 곡면을 만드는 밀링(milling)이다.

그림 14-4 제조법의 분류

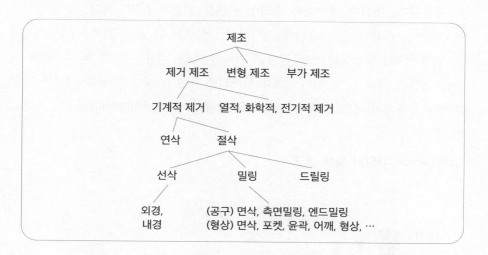

절삭가공은 기본적으로 절삭공구와 공작물의 상대 운동으로 소재를 깎아 제거하는데, 선삭과 밀링은 절삭공구와 공작물의 운동을 기준으로 나뉜다. 선삭은 공작물이 회전하고, 밀링은 공구가 회전한다. 선삭을 수행하는 기계가 선반(lathe)이고, 밀링을 수행하는 기계가 밀링기계(mill)이다. 드릴링은 단면이 원형인 구멍을 만드는 가공이며, 원형 이외의 구멍은 만들 수 없다. 일반적으로 드릴(drill press)을 사용해 회전하는 공구를 위쪽에서 소재 안쪽으로 밀어 넣어 구멍을 만들지만, 밀링기계 혹은 선반에서도 드릴링 작업이 가능하며 핸드 드릴은 간단한 수작업에 널리 쓰인다.

선삭은 공작물이 회전하면서 절삭가공이 일어나므로 회전 형상의 부품 제작에 적합하다. 즉, 회전 형상이 아니면 절삭 중에 공작물을 안정적으로 회전하기 어렵고, 공구가 공작물 회전보다 더 재빠르게 움직여야 한다. 그리고 공구가 공작물 회전축의 수직 방향으로 움직이므로 회전축 수직 방향으로 가려진 형상은 제작하기 어렵다. 가장 대표적인 선삭 가공은 외경[5] 가공과 내경[6] 가공인데, 공작물의 바깥 절삭을 외경 절삭이라 하고, 내부를 파내는 절삭을 내경 절삭이라 한다.

밀링은 크게 면삭(face milling), 측면 밀링(side milling), 엔드밀링(end milling)으로 구분된다. 면삭은 공구축과 수직인 평면을 만들기에 적합하고, 측면 밀링은 공구축과 나란한 면을 만들기에 적합하다. 엔드밀(end mill) 절삭공구를 사용하는 밀링이 엔드밀링인데, 엔드밀링은 면삭과 측면 밀링을 모두 할 수 있어 복잡한 형상을 제작할 수 있다. CAM 시스템을 이용한 복잡한 형상 가공은 대부분 엔드밀링 작업이므로 본책에서는 엔드밀링을 위주로 설명한다.

그림 14-5 다양한 절삭 공구

---

5) 외경(外徑)은 바깥지름을 말한다.
6) 내경(內徑)은 안지름을 말한다.

그림 14-6 엔드밀의 절삭 날

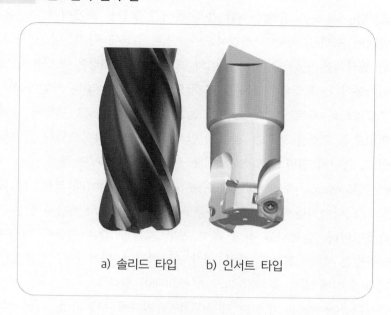

a) 솔리드 타입   b) 인서트 타입

　드릴링에 사용되는 드릴 공구(drill bit)는 축 방향 절삭만 가능하고, 측면 밀링에 사용되는 대부분의 밀링 공구(mill bit)는 반지름 방향 절삭만 가능하다. 엔드밀은 반지름 방향 절삭뿐만 아니라 축 방향 절삭이 가능하다. 엔드밀에는 원통형 공구의 바닥 혹은 옆면에 두 개 혹은 그 이상의 절삭날이 있다. 엔드밀 옆면의 절삭날로 소재를 깎는 것을 측면 밀링(side milling)이라 부른다. 측면 밀링은 아주 효율적인 엔드밀링 작업인데, 공구 축방향 절삭 깊이(step down, axial depth)와 반지름 방향 절삭 폭(step over, radial depth)이 중요한 절삭 조건이다. 반면에 공구를 공구 축방향으로 위에서 아래로 내리면 공구 바닥으로 소재를 절삭하게 되는데, 플런지(plunge) 절삭이라 부른다. 엔드밀 절삭가공을 가공 형상별로 구별하면 아래와 같다. 이들 절삭가공으로 생성되는 형상은 가공 특징형상(machining feature)으로 불리기도 하는데, 면, 포켓, 슬롯, 어깨, 자유곡면 등이다.

　1) 면삭(facing): 평면을 만드는 절삭가공이다. 일반적인 평엔드밀로도 면삭이 가능하지만, 넓은 평면을 가공할 때는 전용 공구(fly cutter, face mill)

가 더 효율적이다.

2) 포켓팅(pocketing): 구덩이처럼 움푹 들어간 형상을 포켓이라 부르는데, 일반적인 포켓은 바닥이 평편하고, 측면은 수직에 가까우며, 공구로 여러 번 절삭해야 만들 수 있는 깊이와 크기이다. 포켓팅은 포켓을 만드는 절삭가공이다. 포켓팅은 공구를 포켓 안쪽으로 처음 넣는 작업이 어려운데, 드릴링으로 포켓 안쪽에 구멍을 뚫은 후 엔드밀을 그 구멍에 넣어 측면 밀링으로 포켓을 만드는 것이 일반적이다. 최근에는 드릴링 작업을 하지 않고, 플런지 밀링으로 조심스럽게 절삭을 시작하기도 한다.

3) 슬롯팅(slotting): 좁고 긴 홈을 슬롯(slot or groove)이라 부르는데, 공구가 앞으로 나아가면서 절삭할 때 공구 앞부분이 모두 소재에 닿는 가공이 슬롯팅이다. 슬롯팅을 하면 폭이 공구 지름과 같은 슬롯이 만들어진다. 슬롯팅은 상향 절삭과 하향 절삭[7]이 번갈아 일어나고, 일반적인 측면 밀링에 비해 절삭 부하가 크므로 주의해야 한다.

4) 윤곽가공(profiling): 부품의 테두리(윤곽) 절삭에 사용되며, 측면 밀링으로 절삭한다. 윤곽가공한 부품의 테두리 면은 공구축 방향으로 직선이다. 위에서 내려다본 테두리 형상이 공구 반지름보다 더 오목하지 않으면 어떤 형상도 제작할 수 있다. 일반적인 윤곽가공은 가공할 테두리의 폭이 일정하고, 테두리가 일정한 높이의 수평면에 높이는 평면 곡선이다.

5) 어깨가공(shouldering): 측면 밀링으로 공작물의 모서리를 깎아 계단을 만드는 가공을 어깨가공(shouldering)이라 부른다. 어깨가공을 할 때는 절삭 공구가 공작물을 기계에 고정하는 바이스 혹은 클램프 등의 고정구와 간섭이 없는지 주의해야 한다.

6) 형상가공(surface milling): 일반적인 자유곡면을 절삭하는 가공을 의미한다. 형상가공의 정삭에는 주로 볼엔드밀 혹은 코너엔드밀이 쓰인다.

---

7) 상향 절삭(up milling)과 하향 절삭(down milling)은 2.3. '절삭 방향 – 상향 절삭, 하향 절삭'에서 자세히 설명한다.

그림 14-7   다양한 엔드밀 절삭가공

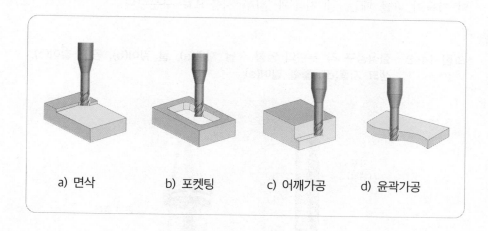

| a) 면삭 | b) 포켓팅 | c) 어깨가공 | d) 윤곽가공 |

2.2. 절삭공구

밀링 작업에 사용되는 엔드밀 절삭공구는 공작물(workpiece, stock)의 재질과
용도에 따라 다양하다. 절삭공구를 공작기계의 주축에 결합할 때는 공구 홀
더(tool holder)에 공구를 물린 후, 공구 홀더를 주축에 결합한다. 절삭공구의
지름이 다양하고, 공작기계에 따라 공구 체결 방식이 다르기 때문이다. 머시
닝센터의 공구 매거진에 공구를 보관할 때도 홀더에 공구를 결합한 채로 보
관한다.

엔드밀의 크기 사양을 표시할 때 흔히 사용하는 공구 각 부분의 명칭은
〈그림 14-8〉와 같다. 공구 전체 길이를 '공구 길이' 혹은 '전체 길이'라 부르
고, 절삭 날 부분의 길이를 '날 길이'[8] 혹은 '절삭 길이(cutting length)'라 부른
다. 절삭 날이 없는 부분은 공구의 '자루 혹은 생크(shank, shaft)'인데, 공구
길이에서 날 길이를 뺀 길이가 공구의 '자루 길이'이다. 공구를 홀더에 결합
하면 공구의 자루 일부가 홀더 안쪽으로 들어가는데, 홀더 바깥으로 돌출된

---

8) 날 길이(length of cut, flute length)는 정의에 따라 'length of cut'이 'flute length'보다
   조금 짧을 수 있다.

공구의 길이를 '돌출 길이(overhang)'라 부른다. 공구의 날 부분과 자루 부분의 지름이 다를 때는 '날 지름'과 '자루 지름'으로 구분한다.

그림 14-8 절삭공구 각 부분의 명칭 - 날 지름(a), 날 길이(b), 공구 길이(c), 생크 지름(d), 돌출 길이(e)

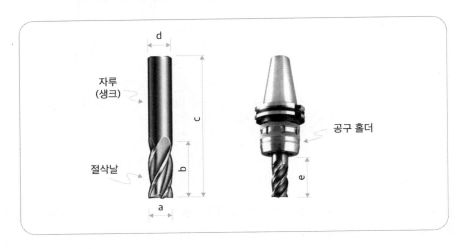

엔드밀을 절삭 날의 개수와 모양이 아니라 공구의 회전 형상을 기준으로 구분하면, 평엔드밀,[9] 볼엔드밀,[10] 코너엔드밀[11]로 나뉜다. 평엔드밀과 볼엔드밀은 코너엔드밀의 특수한 예인데, 공구 모서리의 라운드 반지름을 기준으로 나뉜다. 평엔드밀은 공구 모서리에 별도의 라운드가 없고, 볼엔드밀의 모서리 라운드 크기는 공구 반지름과 같다. 일반적으로 모서리 라운드의 크기가 0보다 크고, 공구 반지름보다 작을 때 코너엔드밀이라 부른다.

---

9) flat end mill, square end mill 등으로 부른다.
10) ball end mill, ball nose end mill 등으로 부른다.
11) corner end mill, corner radius end mill, radius end mill, bull nose end mill 등으로 부른다.

그림 14-9   회전 형상 기준 엔드밀 분류

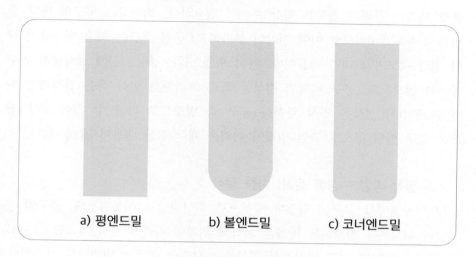

a) 평엔드밀   b) 볼엔드밀   c) 코너엔드밀

평엔드밀은 황삭과 평면 절삭에 흔히 쓰이며, 윤곽 혹은 포켓 등의 2.5차원 형상의 중삭과 정삭에도 사용된다. 원뿔, 원기둥, 구면 등과 같이 Z축 방향으로 깊이를 달리하면서 X, Y의 2개 축만 동시에 움직이는 2차원 절삭을 반복하면 제작할 수 있는 형상을 2.5차원 형상이라 부른다. 3차원 자유 곡면을 만드는 형상가공은 볼엔드밀을 주로 쓰는데, 반지름이 작은 필렛면과 넓은 곡면을 하나의 공구로 효율적으로 절삭할 수 있는 코너엔드밀도 많이 쓴다.

그림 14-10   2.5차원 형상의 절삭 가공

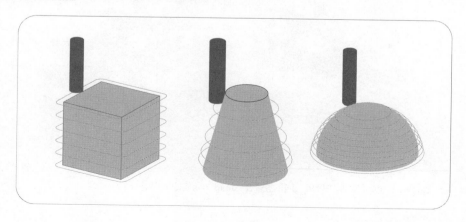

엔드밀은 측면 절삭과 바닥면 절삭이 모두 가능하지만, 공구를 축 방향으로 곧장 내리는 플런지 절삭은 항상 주의가 필요하다. 회전하는 공구의 바닥 중심은 선속도가 0이므로 아예 절삭이 불가하고, 중심 부근은 회전 반지름이 작아 절삭 속도가 느리기 때문이다. 특히 평엔드밀은 중심 부근에 절삭날이 없는 공구가 많으므로, 공구 바닥의 절삭날 폭을 고려해서 절삭 폭을 결정해야 한다.[12] 플런지 절삭은 절삭 부하를 공구 축 방향으로 바꿀 수 있어 공구 휨 혹은 공구 떨림 등으로 측면 밀링이 어려울 때 적절한 대안이 될 수 있다.

2.3. 절삭 방향 – 상향 절삭, 하향 절삭

밀링 공정에서 공구는 일정한 방향으로 회전하면서 이동하는데, 공구의 절삭날이 피삭재를 절삭하는 방향은 피삭재 위치에 따라 다르다. 〈그림 14-11〉은 평엔드밀의 옆 날로 피삭재를 절삭하는 모습을 위에서 내려다본 모습이다. 공구가 시계 방향으로 회전할 때, 상향 절삭은 공구 이송 방향 왼쪽에 피삭재를 두며, 하향 절삭은 공구 이송 방향 오른쪽에 피삭재를 둔다. 절삭 폭과 깊이가 같더라도 상향 절삭과 하향 절삭의 절삭력이 다르고, 절삭면의 표면 조도와 공구 수명도 다르므로 절삭 방향을 주의해서 정해야 한다.

그림 14-11 　상향 절삭과 하향 절삭

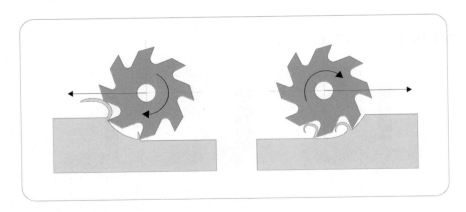

---

12) 절삭날이 없는 공구 바닥의 중심 영역을 'dead center'라 부른다.

상향 절삭(up milling)은 옛날에 많이 쓰던 방식으로 전통적인 방식의 밀링(conventional milling)이라고도 부른다. 절삭날 끝이 피삭재에 접하게 닿고, 점점 더 두껍게 소재를 자른다. 마지막에는 피삭재를 들어 올리듯이 절삭이 끝나기 때문에 상향(up) 절삭이라 부른다. 반면에 하향 절삭(down milling)은 처음 절삭날이 소재를 자른 후 점점 얇아져 마지막에 소재 표면과 접하면서 끝난다. 절삭날이 피삭재를 오르듯이 절삭을 시작하기 때문에 'climb milling'이라고도 부르고, 절삭날이 피삭재를 내려찍으며 절삭을 시작하기 때문에 하향(down) 절삭이라고도 부른다.

상향 절삭은 절삭된 소재 안쪽에 접하게 닿아 얇게 절단을 시작하므로 피삭재 표면을 문지르는 효과가 있다. 이 때문에 절삭면이 광택은 있지만, 절삭면이 고르지 못하고 마찰열로 공구 수명이 짧다. 그리고 절삭 칩이 절삭면에 떨어져 절삭날과 소재 사이에 끼면 절삭면이 손상되기도 한다. 절삭량이 많은 황삭은 절삭날이 소재 속으로 파고들어 과삭이 발생할 수 있고, 절삭량이 적은 정삭은 절삭날이 미끄러져 미삭이 발생할 수 있다. 공구의 이송과 절삭 방향이 같아서,[13] 절삭력과 공구를 이송하는 힘 방향이 서로 반대이므로 이송나사의 백래시(backlash)[14] 영향이 없다.

하향 절삭은 절삭날이 피삭재의 바깥쪽을 내려찍어서 자른 후 얇게 끝나므로 소재 절단 과정이 원활하다. 그 결과 공구 떨림이 적고 절삭면이 깨끗하지만, 절삭날이 소재 표면에 닿을 때 충격이 있어 날이 깨질 가능성이 크다. 공구의 이송과 절삭 방향이 반대이며, 절삭력과 공구를 이송하는 힘 방향이 같아서 이송나사의 백래시 영향을 받는다.

옛날에는 상향 절삭을 많이 사용했지만, 최근에는 하향 절삭이 널리 쓰인다. 최근의 기계는 백래시를 보상하거나 백래시를 제거하는 기능이 있어 하향 절삭을 하더라도 원하는 정밀도를 얻을 수 있다. 절삭공구도 좋아져 하향 절삭 충격에 날이 쉽게 깨지지 않는다. 그러나 열처리 등으로 표면이 경화되었

---

13) 공구와 피삭재의 운동은 상대적이므로 피삭재 이송과 절삭 방향은 반대이다.
14) 볼스크류의 볼트와 너트 사이의 작은 틈 때문에 앞뒤로 덜컥거리는 현상을 말한다.

을 때는 소재 안쪽부터 절단하는 상향 절삭이 더 적절할 수 있으며, 세라믹 등과 같이 잘 깨지는 재질의 공구를 사용할 때도 상향 절삭이 더 적절하다.

완전한 슬롯팅 혹은 절삭 폭이 공구 반지름보다 더 넓은 절삭은 상향 절삭으로 시작해서 하향 절삭으로 끝나는 절삭공정이 반복된다. 슬롯팅은 절삭 부하가 커서 공구 휨과 떨림이 많고, 칩 배출도 어려우므로 절삭 깊이를 일반적일 때의 70% 이하로 줄이는 것이 좋다.

그림 14-12   평엔드밀의 슬롯팅

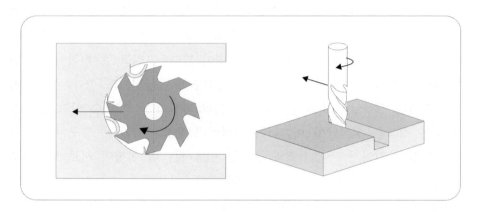

2.4. 이송 방향 - 상향 이송과 하향 이송 절삭[15)]

앞에서 설명한 상향 절삭, 하향 절삭은 절삭날의 절삭 방향이 중요했다. 절삭날이 아니라 공구의 움직임을 이송(feed)이라 하는데, 공구가 아래쪽에서 위쪽으로 상향 이송할 때와 위쪽에서 아래쪽으로 하향 이송할 때 절삭 특성이 달라 그 용도가 다르다.

절삭 면의 경사가 급하면 하향 이송이 적절하다. 〈그림 14-13〉의 왼쪽처럼 경사가 급한 곳을 상향 이송하면 미절삭 부위가 공구 자루에 닿아 충돌이

---

15) 상향/하향 이송 절삭을 "upward/downward milling"으로 설명하는 문헌이 있는데 "up/down milling"과 매우 헷갈리는 표현이다.

발생하므로 꼭 하향 이송을 해야 한다. 하향 이송할 때는 공구 바닥 날이 절삭하므로 절삭 효율이 높지 않지만, 경사가 급할수록 절삭력이 공구 축 방향으로 작용해 공구 휨이 적어 더 정밀한 절삭이 가능하다. 그런데 절삭 날이 없는 평엔드밀의 공구 바닥 중심이 절삭에 관여할 정도로 절삭할 소재의 양이 많다면 이 방법을 피해야 한다. 아니면 절삭 양을 조금씩 여러 번에 나누어 깎아 바닥 중심 절삭을 피해야 한다.

절삭 면이 비교적 완만하다면 상향 이송이 적절하다. 상향 이송은 공구의 옆 날로 절삭하므로 절삭 효율이 좋다. 그런데 절삭력이 공구의 반지름 방향으로 작용하므로 뒤쪽으로 공구 휨이 많이 발생해 미삭이 발생할 가능성이 크다. 하향 이송은 절삭 면이 완만할수록 공구 바닥 중심이 절삭에 관여할 가능성이 커져 사용하기 곤란하다.

그림 14-13 **공구의 하향 이송과 상향 이송 절삭**

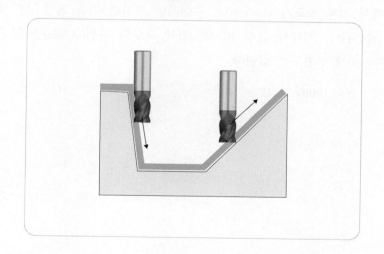

2.5. 절삭 조건 - 이송 속도, 주축 속도, 절삭 속도

절삭 공구가 공작물을 절삭하는 조건은 파트 프로그램에서 공구의 이송 속도(F 코드)와 주축의 속도(S 코드)로 제어한다. 이송 속도(feed rate)는 공작물을 기준으로 공구가 움직이는 상대 속도이다. 밀링 기계에서 이송 속도의 단위는 분당 이송 거리(mm/min)를 사용한다.[16] 그리고 밀링 기계의 주축 속도(spindle speed)는 주축의 분당 회전수(Revolution Per Min, RPM)로 표시되며, 흔히 주축 회전수라 부른다. 그런데 이송 속도와 주축 속도는 어떻게 결정할까?

　주축 회전수를 결정하기 위해서는 적절한 '절삭 속도'를 알아야 한다. 절삭 속도(cutting speed)는 공구의 절삭 날이 재료를 자르는 속도이며, 절삭 속도의 단위는 m/min을 주로 사용한다.[17] 절삭 속도는 피삭재의 재료와 절삭공구에 따라 다른데, 고속도강(HSS; high-speed steel) 공구를 사용할 때 대표적인 재료의 대략적인 절삭 속도는 [표 14-1]과 같다.[18] 공구를 제작 판매하는 업체에서 판매하는 공구의 추천 절삭 속도를 별도의 책 혹은 표로 제공하므로, 실습에 사용하는 공구와 재료를 고려해서 절삭 속도를 정하면 된다. 사용하는 절삭공구의 지름이 D(mm)이면, 공구가 1회전할 때 절삭 날이 πD만큼 움직이고, 주축 회전수가 S(/min)면 절삭 날은 1분 동안 SπD(mm/min)만큼 움직인다. 따라서 절삭 속도가 v(m/min)로 주어지면 적절한 주축 회전수는 식 (1)과 같이 계산된다. 식에서 상수 1000은 절삭 속도의 단위(m/min)를 공구 지름의 단위(mm)로 변환하는 값이다.

$$S = 1000\,v/\pi D \qquad\qquad\qquad (1)$$

---

16) 미국은 inch/min를 사용한다.
17) 미국은 feet/min을 사용한다.
18) 절삭 공구의 재질, 모양, 크기 등에 따라 다르므로 공구 업체의 추천 값을 사용하는 것이 바람직하다.

표 14-1 소재별 고속도강 공구의 추천 절삭 조건

Material	Speed(m/min)	Feed/Tooth(mm)
아세탈 등 수지	80	0.2~0.8
알루미늄 등의 비철 금속	30~80	0.1~0.3
주철, 연강	20~30	0.05~0.15
금형강, 합금강	10~20	0.04~0.1

사용할 공구의 절삭 날 개수와 날당 이송량을 알면 공구의 이송 속도를 계산할 수 있다. 날당 이송량은 공구가 회전하여 다음 절삭 날이 지금 절삭 날 위치에 오는 시간 동안 공구가 이송하는 거리이다. 공구의 절삭 날이 재료를 잘라낸 결과물이 칩(chip)인데, 날당 이송량(feed per tooth)이 크면 칩의 두께(chip thickness, load)가 두꺼워진다. 날당 이송량도 피삭재 재료와 절삭 공구에 따라 다른데, 공구 제작업체에서 추천 값을 별도로 제공한다. 일반적인 재료의 날당 이송량은 [표 14-1]과 같다. 절삭 날이 n개이면 공구가 한번 회전할 때 절삭이 n번 수행되고, 1분 동안 S번 회전하므로 1분에 nS번 절삭이 수행된다. 한 번 절삭할 때 적절한 날당 이송량이 f(mm/tooth)라면 1분 동안 공구의 적절한 이송 속도 F(mm/min)는 다음과 같다.

$$F = nfS \qquad (2)$$

계산된 이송 속도 혹은 주축 속도보다 느리다고 절삭이 더 잘 되는 것은 아니다. 이송 속도가 너무 느리면, 절삭 날과 비교해 칩이 얇아져 오히려 열이 발생하고 공구 수명이 단축된다. 반대로 이송 속도가 빠르면, 절삭 부하가 너무 크거나 칩 배출이 어려워 공구가 부러질 수 있다. 특히 절삭성이 좋은 목재 혹은 수지를 절삭할 때 이송 속도가 너무 빠르면 절삭 칩이 너무 두꺼워져 원활히 배출되지 못하고 공구가 부러질 수 있으므로 주의해야 한다.

볼엔드밀은 절삭날의 부위에 따라 절삭 속도가 다름에 유의해야 한다. 앞에서 설명했듯이 '절삭 속도'는 절삭날과 피삭재의 상대 속도인데, 공구가 일정한 각 속도로 회전할 때 절삭날의 위치에 따라 해당 절삭날의 선속도가 다르기 때문이다. 정삭은 중삭이 남긴 아주 작은 양을 절삭하는데, 넓고 부드러운 곡면에서는 거의 공구 바닥으로 절삭한다. 공구 바닥에 가까울수록 절삭날의 회전 반지름이 0에 가까워지므로 절삭 속도가 느려진다. 앞에서 설명한 방식으로 계산된 주축 속도와 이송 속도를 곡면 정삭에 그대로 적용하면 이송에 비해 절삭이 너무 느려 바닥 부분의 절삭날이 파손될 수 있다. 따라서 곡면 정삭은 일반적인 경우보다 주축 속도를 높이거나 이송 속도를 낮추는 것이 필요하다.

3. CAM 시스템 사용에 필요한 개념

3.1. 공구 경로의 종류

CAM 시스템의 공구 경로를 용도별로 분류하면 드릴링(drilling), 윤곽가공(profiling), 포켓팅(pocketing), 면삭(facing), 형상 가공(surfacing, copy milling) 등으로 나눌 수 있다. 그중에서 형상 가공을 위한 공구 경로를 형태로 분류하면 라스터(raster)[19] 경로와 등고선(contour) 경로가 대표적이다. 라스터 경로는 공구 축 방향에서 내려보면 공구 경로가 서로 평행한 평면에 놓이고, 등고선 경로는 공구 축과 수직인 방향에서 보면 공구 경로가 서로 평행한 평면에 놓인다. 등고선 경로에서 한 개의 등고선은 공구 축과 수직인 하나의 평면에 놓이며, 3축 가공일 때는 Z값이 일정하다. 등고선 경로가 놓이는 평면의 간격이 앞에서 설명한 축 방향 절삭 깊이이며, 평면 간격(plane interval, step down)이라고도 부른다.

라스터 경로는 경로와 평행하고 경사가 급한 벽면에 미삭이 많고, 등고선 경로는 공구와 수직인 평면에 경로가 생성되지 않는다. 따라서 라스터 경로는 평면 혹은 높이 차이가 크지 않은 형상에 주로 쓰이고, 등고선 경로는 높

---

19) 스캐닝(scanning) 혹은 카피(copy), 평행(parallel) 경로라고도 부른다. 카피라는 이름은 과거 목형 혹은 프로토타입을 복제(copy)하던 때의 용어이다.

은 형상이 있어 벽면 가공이 필요할 때 주로 사용한다. 형상이 복잡하면 두 방식의 경로가 모두 적합하지 않다. 최신의 CAM 시스템은 형상 부위에 따라 적합한 경로 모양을 자동으로 적용하기도 하며, 복잡한 3차원 곡면에 적합한 기능을 별도로 제공한다.[20]

그림 14-14 라스터 경로와 등고선 경로의 예

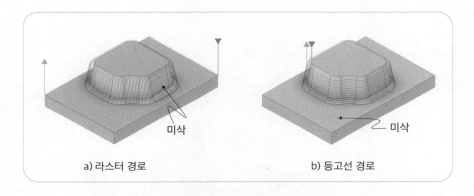

a) 라스터 경로   b) 등고선 경로

그림 14-15 경사면과 평면을 모두 절삭하는 경로

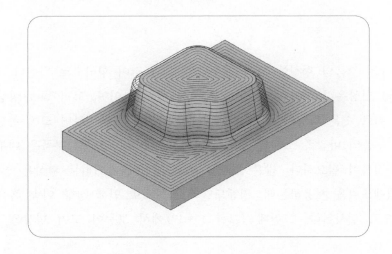

---

20) 3D offset, adaptive 등으로 부른다.

공구 경로를 절삭 공정의 단계로 구별하면 황삭 경로, 정삭 경로21)로 나누는데, 제거 부피가 커서 깊이 방향으로 여러 번 나누어 소재를 제거하는 경로를 황삭 경로라 한다. 반면에 정삭 경로는 절삭 할 곡면 위를 한 번만 지나간다. 중삭 공정은 정삭 경로를 사용한다. 앞에서 설명한 라스터 경로의 경우 황삭에 적용하면 깊이 방향으로 여러 단계의 라스터 경로가 생성되며, 등고선 경로를 황삭에 적용하면, 등고선 안쪽 혹은 바깥쪽에도 공구 경로가 생성된다.

그림 14-16 황삭 등고선 경로의 예

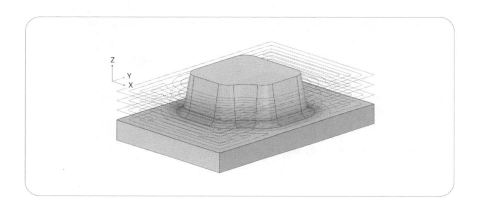

황삭은 부품의 형상에 따라 캐비티 황삭과 코어 황삭으로 나뉜다. 캐비티(cavity) 형상은 내부가 움푹 들어가 속이 빈 형상이며, 코어(core) 형상은 내부가 위로 솟은 형상이다. 초기 피삭재가 육면체 블록이라면 코어 형상의 부품은 부품의 바깥쪽 소재를 제거해야 하고, 캐비티 형상의 부품은 내부를 파내는 절삭이 필요하다. 많은 소재를 빠른 시간에 제거하는 황삭은 일반적으로 평엔드밀을 사용하는데, 평엔드밀의 특성으로 인해 상향 이송 혹은 수평 방향으로 절삭한다. 그런데 〈그림 14-17〉에서 보듯이 코어 형상은 공구를

---

21) 중삭은 정삭과 같은 종류의 공구 경로를 사용한다.

피삭재 바깥에서 진입할 수 있지만 캐비티 형상은 절삭 부위로 공구를 진입하기 어렵다. 황삭을 위해 드릴로 미리 구멍을 뚫는 공정을 추가하면, 그 구멍으로 공구를 진입하는 황삭 경로를 생성한다. 진입 구멍을 미리 뚫지 않는다면, 헬릭스 혹은 지그재그 램핑(ramping) 경로를 따라 진입하는 황삭 경로를 생성한다. 헬릭스 혹은 지그재그 램핑 경로는 평엔드밀의 공구 밑 날로 안전하게 절삭할 수 있도록 완만한 경사를 따라 내려가는 경로이다.

그림 14-17　형상에 따른 황삭 방법

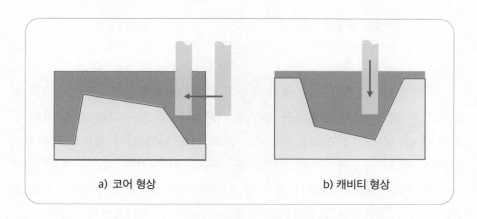

a) 코어 형상　　　　　　　　　b) 캐비티 형상

　인접한 두 경로를 연결(link)하는 방법에 따라 일방향(one-way, single)과 양방향(zig-zag) 경로로 나뉜다. 일방향과 달리 양방향은 매번 경로의 방향을 바꾼다. 라스터 경로를 일방향으로 이으면 하나의 경로가 끝난 후, 공구를 공작물에서 퇴각하고 급속 이송으로 다음 경로의 시작점으로 간다. 그러나 양방향은 다음 경로의 방향이 반대이므로 연결 거리가 가까워 절삭 이송으로 연결할 수도 있다. 일방향은 급속 이송으로 공구 이동 시간이 더 걸리지만, 절삭 방향이 일정해서 공구 휨 등이 균일하게 작용하고, 절삭 면의 커습 높이가 고르다. 양방향은 매번 상향 절삭과 하향 절삭으로 절삭 방향이 바뀌고, 공구 휨이 달라져 절삭 면의 커습 높이와 폭이 매번 달라진다. 절삭면의 품질이 요구되는 정삭은 일방향 경로를 주로 사용한다.

그림 14-18　경로 연결 방법

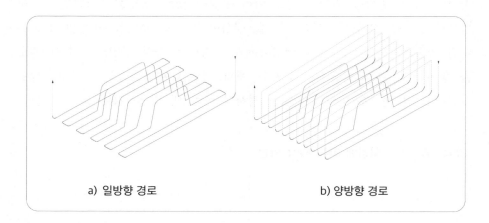

a) 일방향 경로　　　　　　　　　　　b) 양방향 경로

잔삭 경로는 〈그림 14-19〉에서 보듯이 큰 공구가 깎을 수 없는 부위를 작은 공구로 깎으며, 주로 오목한 부분에 적용한다. 작은 공구는 같은 경로 간격일 때 큰 공구보다 커스프가 더 높고, 공구 휨에 의한 절삭 정밀도도 나빠서 가능하다면 큰 공구가 좋다. 그런데 큰 공구는 작은 오목 형상에서 덜 깎고 남은 살(잔삭)이 많다. 그래서 큰 공구로 전체적인 형상을 가공하고, 작은 공구로 잔삭을 제거하면 효율적으로 부품을 제작할 수 있다. 잔삭 경로는 과도한 절삭 부하를 제거하는 목적으로도 사용하는데, 〈그림 14-20〉에서 보듯이 오목한 구간에서는 공구가 닿는 면이 갑자기 늘어 절삭 부하가 커진다. 이때 이송 속도를 줄이지 못하면 공구가 부러질 수 있다. 잔삭 경로로 미리 오목한 구간을 절삭해 두면 과도한 절삭 부하를 방지할 수 있다. 일반적인 잔삭은 큰 공구로 절삭하고 남은 부분을 작은 공구로 절삭하지만, 절삭 과부하 방지를 위해서는 오목 부위를 잔삭 경로로 미리 절삭한다.

그림 14-19   잔삭 가공의 필요성

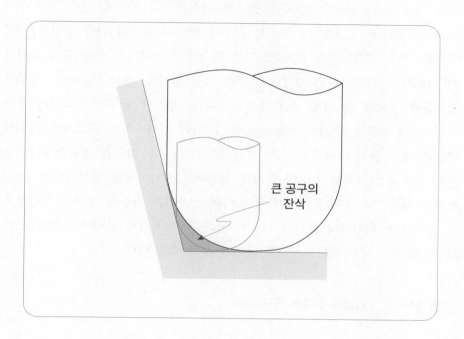

큰 공구의
잔삭

그림 14-20   직선 부위와 오목 부위의 절삭량 차이

3.2. 공구 경로, 공구 위치, 공구 접촉점

공구 경로(tool path)는 연속된 공구의 위치를 표시하는데, 흔히 공구 위치 (Cutter Location, CL)점이라 부르는 공구의 위치는 공구의 바닥 중심점을 기준으로 한다. 평엔드밀과 코너엔드밀은 바닥면이 원이므로 바닥 원의 중심점이 기준이고, 볼엔드밀은 수평면과 닿는 가장 아래쪽 점이 기준이다. 공구로 공작물을 절삭할 때 실제 절삭 부위는 제작할 형상에 공구가 접촉하는 부위이며, 흔히 공구 접촉(Cutter Contact, CC)점이라 한다. 파트 프로그램의 위치 명령은 접촉 점이 아니라 공구의 위치 점이므로 공구 경로를 계획할 때는 공구의 접촉을 고려해서 공구의 위치를 결정해야 한다. 예를 들어 〈그림 14-21〉에서 볼엔드밀 공구가 A 위치에 놓이면 접촉점은 형상의 경계에 도달하므로 공구를 B 위치까지 움직일 필요가 없다. B 위치까지 움직이면 절삭 시간도 더 걸리고, 날카로운 모서리를 살리지 못할 수도 있다.

그림 14-21   형상의 경계와 공구 위치

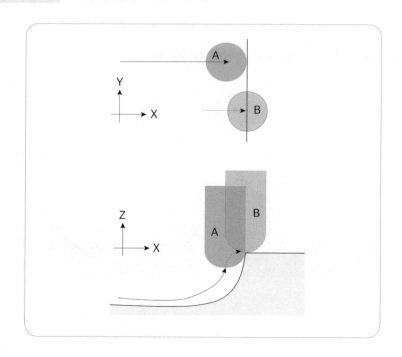

제작할 곡면의 한 점에 닿은 공구의 위치 CL은 식 (3)처럼 계산한다. 식에서 CC는 곡면과 공구가 닿는 접촉 점이고, N은 접촉 점에서 곡면의 단위 법선벡터이다. A는 공구 축과 평행한 단위 벡터이며, R은 공구의 반지름, r은 공구의 코너 반지름이다. 볼엔드밀은 코너 반지름 r값이 공구 반지름 R과 같고, 평엔드밀은 코너 반지름 r값이 0이다. 〈그림 14-22〉에서 각 공구의 접촉 점과 위치 점의 관계를 알 수 있다. 식에서 M은 A와 수직이고 접촉 점에서 공구 중심축을 향하는 벡터인데, 그림에서 수평에 해당하는 벡터이다. 공구가 곡면에 닿는 공구의 위치를 순차적으로 계산하면 공구 경로를 계산할 수 있다.

$$CL = CC + rN + (R-r)M - rA \tag{3}$$
$$where \ M = (N-kA)/|(N-kA)|$$
$$k = N \cdot A$$

그림 14-22 　공구 접촉점과 공구 위치의 관계

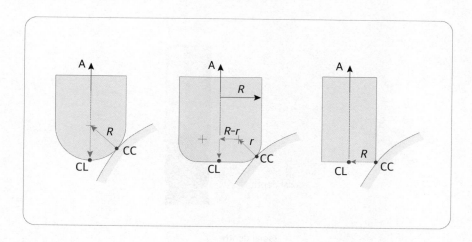

3.3. 절삭 깊이

여러 줄의 공구 경로로 절삭하면 평면 혹은 곡면을 얻을 수 있는데, 공구 축 방향[22] 혹은 곡면의 법선 방향으로 깊이를 조절하면 한 번에 깎이는 양 혹은 최종 형상면과 절삭면의 차이를 조절할 수 있다. 깊은 형상은 여러 차례 나누어 조금씩 깎아야 하는데, 한 번에 깎는 깊이를 '절삭 깊이(depth of cut)' 라 부른다. 절삭 깊이는 절삭 부하, 절삭 품질, 절삭 시간 등에 영향을 미치므로 주의 깊게 설정해야 하며, 3차원 곡면 가공은 절삭 깊이의 방향이 형상에 따라 변하므로 인접한 경로의 간격과 가공 여유 등으로 절삭 깊이를 조절한다. 절삭 깊이의 방향을 구분할 때는 '축 방향 절삭 깊이(axial depth of cut)'와 '반지름 방향 절삭 깊이(radial depth of cut)'라는 용어를 사용한다. 축 방향 절삭 깊이는 황삭, 중삭 등의 절삭 계획에서 평면 간격으로 조절하고, 반지름 방향 절삭 깊이는 주로 경로 간격으로 조절된다.

그림 14-23   **절삭 깊이**

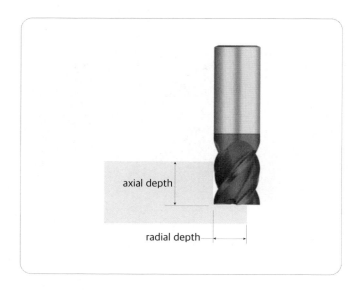

---

22) 3축 밀링에서는 Z 방향이다.

3.4. 경로 간격과 커습

나란한 두 줄의 공구 경로가 지나간 자국 사이에 남은 살이 커습(cusp)[23] 인데, 커습의 높이는 공구의 종류와 크기, 공구 경로의 간격, 절삭면의 기울기 등이 결정한다. 나란한 두 줄의 공구 경로가 있을 때, 두 경로의 간격을 '경로 간격'이라 부르며, 영어로는 step over, path interval, pick feed 등의 용어를 사용한다. 공구 축과 수직인 평면[24]을 가공할 때 평엔드밀은 경로 간격이 지름보다 작으면 커습이 남지 않지만, 볼엔드밀은 경로 간격에 따라 커습의 높이가 달라진다. 공구 축과 수직한 평면을 볼엔드밀로 절삭할 때 공구 경로 간격과 커습의 높이의 관계식은 〈그림 14-24〉에서 보듯이 피타고라스 정리를 이용하면 쉽게 얻을 수 있고, 식 (4)와 같다. 커습 높이가 주어지면, 경로 간격을 계산할 수도 있는데 식 (5)와 같다. 식에서 R은 볼엔드밀 공구의 반지름이며, p는 경로 간격, h는 커습의 높이이다. 〈그림 14-24〉에서 공구의 이송은 책 밖에서 안으로 뚫고 들어가는 방향이다.

$$h = R - \sqrt{R^2 - (p/2)^2} \qquad (4)$$

$$p = 2\sqrt{2Rh - h^2} \qquad (5)$$

---

23) 절삭하고 남은 무늬가 조개껍데기 같아서 scallop이라고도 한다.
24) 3축 밀링에서는 XY 평면, 즉 수평면이다.

그림 14-24   수평면을 볼엔드밀로 절삭할 때 커습의 높이

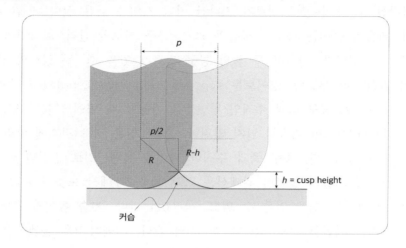

절삭면이 기울어져 있으면 같은 경로 간격이라도 수평면에 비해 커습 높이
가 더 커진다. 〈그림 14-25〉에서 보듯이 경사면을 따라 수평으로 공구를 이
송할 때 커습이 가장 높은데, 평엔드밀은 계단 모양의 커습이 생긴다. 따라
서 절삭할 면의 기울어진 방향과 커습의 모양을 고려해 공구의 주 이송 방향
을 결정해야 한다. 일반적으로 경사를 따라 상향 이송하면 축 방향 절삭 깊
이로 인한 커습 효과가 없어져 커습이 낮아지고, 절삭성도 좋다.

그림 14-25   경사면의 커습

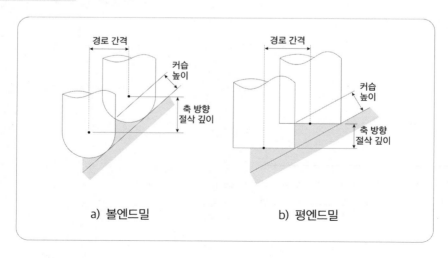

a) 볼엔드밀   b) 평엔드밀

3.5. 진입, 퇴각, 안전 높이

공구가 처음 공작물에 '진입(approach, lead in, ramp in)'하면서 절삭을 시작할 때와 절삭을 종료하고 공작물에서 '퇴각(retract, lead out, ramp out)'할 때 별도로 경로를 제어할 필요가 있다. 진입 혹은 퇴각할 때는 중간 경로와 달리 절삭 조건이 급격히 변화하므로 절삭 흔적이 커질 수도 있고, 과도한 공구 휨으로 과삭(많이 깎음) 혹은 미삭(덜 깎음)이 발생할 수 있다. 그래서 특별한 경우가 아니면 급속 이송으로 진입하거나 퇴각하지 않고, 별도의 진입 경로와 퇴각 경로를 추가한다. 진입과 퇴각하는 동안에 절삭 이송 속도를 더 낮추거나, 진입과 퇴각의 경로를 곡면과 접하는 평면에 놓이게 계획할 수도 있다. 그리고 진입 높이 혹은 퇴각 높이를 지정하면, 그 높이보다 높은 곳에서는 급속으로 이송하고, 그 높이 아래는 절삭 이송으로 공구를 이동할 수 있다. 일반적으로 피삭재보다 높은 곳에서 피삭재에 수직으로 진입하거나, 높은 곳으로 수직하게 퇴각하지만, 정삭처럼 절삭 면의 품질이 중요한 경우에는 절삭 면과 접하는 방향으로 진입, 퇴각하는 것이 바람직하다. 절삭 면과 접하는 방향으로 진입(혹은 퇴각)하면 공구가 피삭재에 닿을 때 발생하는 공구 흔적[25]을 최소화할 수 있다. 절삭 면과 접하는 방향으로 진입, 퇴각하려면 절삭 면이 그 방향으로 열려 있고, 공작물을 고정하는 클램프 등의 간섭물이 없어야 한다.

---

25) 절삭 부하가 갑자기 변화면서 공구의 휨이 달라져 공구 자국이 생긴다.

그림 14-26   진입과 퇴각 경로의 예

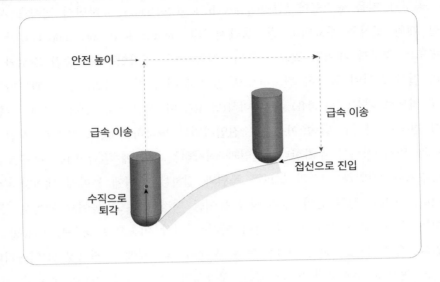

'안전 높이(safety height)'는 공작물과 충돌 염려 없이 안전하게 급속 이송할 수 있는 높이며, '급속 이송 높이'라고도 부른다. 급속 이송이 필요할 때 공구가 안전 높이까지 상승한 후 안전 높이 평면에서 움직인다.

진입과 퇴각 경로는 절대 높이가 아니라 일정한 길이로 지정할 수 있고, 안전 높이도 상댓값으로 지정할 수 있다. 길이 혹은 상댓값을 지정하면 형상에 따라 높이가 달라지므로 불필요한 이송을 줄일 수 있다. 그러나 급속으로 이송하다가 공구가 공작물과 충돌하면 매우 위험하므로 초기 공작물의 높이와 공작물 좌표계 등을 고려해서 충분히 안전한 높이를 설정해야 한다.

3.6. 가공 여유와 계산 공차

가공 여유(machining allowance)[26]는 절삭 후에 의도적으로 남길 소재의 양이며, 계산된 공구 경로로 이상적인 절삭을 실행한 후 얻을 수 있는 형상과 계산에 사용한 형상 모델의 차이이다. 가공 여유를 음수로 지정하면 주어진

---

26) 남길 살 두께(thickness, stock to leave)라고도 부른다.

형상을 일정한 두께로 과절삭한 형상을 얻을 수 있다. 기계 작업장에서는 황삭 혹은 중삭 공정에서 '정삭을 위해 남겨두는 양'이란 뜻으로 '정삭 여유(finishing allowance)'라는 용어를 쓰기도 하는데, 정삭을 하고 남은 양과 혼돈의 여지가 있어 CAM 시스템에서는 잘 쓰지 않는다.

특별한 이유가 없다면 정삭의 가공 여유는 0으로 지정한다. 정밀하고 표면 조도가 좋은 가공면을 얻으려면 정삭으로 제거할 소재의 두께가 작고 일정해야 하므로 중삭의 가공 여유도 크지 않다.[27] 금형 등의 부품은 중삭 이후에 소재를 열처리한 후 정삭으로 최종 형상을 제작한다. 열처리를 황삭 혹은 중삭 이전에 하면 절삭이 매우 어렵기 때문이다. 중삭 후 열처리하는 경우는 열 변형량을 고려해서 중삭의 가공 여유를 지정한다.

어떤 CAM 시스템과 CNC 공작기계를 사용해도 주어진 CAD의 곡면과 완벽하게 일치하는 부품을 제작할 수 없다. CAM 시스템은 계산에 사용되는 곡면을 근사(approximation)해서 사용하고, 계산된 공구 경로도 다시 근사한다. 매개변수식으로 표현된 곡면을 그대로 사용해서 공구 경로를 계산하기 어려워 많은 CAM 시스템은 곡면을 작은 삼각형의 다면체로 근사한다. 그리고 CNC 공작기계의 기본적인 동작은 직선 보간과 원호 보간이므로 계산된 공구 경로를 작은 선분과 원호로 근사한다. CAM 시스템은 이러한 근사를 위해 공차(tolerance)를 사용하는데, 계산 공차 혹은 가공 공차(machining tolerance), 윤곽 공차(contour tolerance), 가공 정밀도 등으로 부른다.

---

27) 소재와 공구에 따라 다르지만 일반적인 사출 금형의 중삭 가공 여유는 0.5mm보다 작다.

그림 14-27   가공 여유와 허용 공차

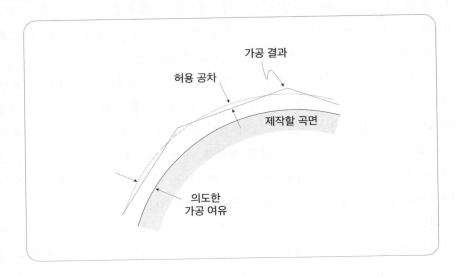

공차를 너무 크게 설정하면 원하는 제작 정밀도를 얻지 못할 수도 있고, 예상하지 못한 절삭 오류가 발생할 수 있다. 그러나 공차를 너무 작게 설정하면 계산이 오래 걸리고, 짧은 구간이 많아져 파트 프로그램의 용량이 커진다. 높은 이송 속도에서 짧은 구간을 이동하는 명령 블록이 너무 많으면 NC 장치에서 데이터 부족(data starving) 현상이 발생할 수 있다. NC 장치의 데이터 부족은 NC 컨트롤러의 명령 블록 처리 속도가 기계의 이송 속도를 따라갈 수 없을 때 발생한다. 이송 속도는 단위 시간에 움직이는 거리이므로 이송 속도가 같고, 명령 블록의 이동 구간이 짧으면 NC 컨트롤러는 같은 시간에 더 많은 블록을 처리해야 한다. 구형 NC 컨트롤러는 초당 40블록, 최신 컨트롤러는 초당 1,000블록 이상을 처리한다. 초당 1,000블록을 처리하는 NC 컨트롤러를 예로 설명해 보자. 한 블록이 0.01mm를 움직이는 명령이 1,000개면 1초에 10mm를 움직이고, 1분에 60,000개의 블록을 처리해서 600mm를 움직일 수 있다. 결과적으로 초당 1,000블록을 처리하는 NC 컨트롤러도 0.01mm를 움직이는 블록이 반복되면 이송 속도를 아무리 높게 설정하더라도 실제 이송 속도는 600mm/min을 넘기기 어렵다. 데이터 부족 현상이 발생한

다면, 공구 경로를 계산할 때 사용한 공차가 너무 작거나 NC 컨트롤러의 계산 성능이 부족이 그 원인이다.

일반적으로 많이 사용하는 황삭, 중삭, 정삭의 계산 공차는 0.1, 0.05, 0.01mm이다. 볼엔드밀을 사용할 때 정삭을 위한 일반적 가공 여유는 0.5mm이다. 황삭이나 중삭에서 가공 여유가 0보다 크다면, 가공 여유의 1/10 정도가 대략 계산 공차로 적절하다. 그리고 일반적인 CNC 밀링기는 대부분 기본 길이 단위(BLU)가 0.001mm인데, BLU보다 훨씬 작은 계산 공차는 의미가 없다. 형상이 크고 곡률이 작을 때 절삭 표면이 거북 등의 무늬처럼 각지게 표시되는 때가 있다. 주어진 계산 공차와 형상 정밀도를 수치로는 만족하겠지만, 시각적인 거부감이 있다. 공구 경로 계산에 사용된 다면체 혹은 선분이 길어서 그 꺾임이 절삭 후에도 시각적으로 인지되는 문제이다. 공차를 그대로 두고 시각적인 문제를 해결하려면 직선 공구 경로의 최대 길이[28]를 제한한다.

3.7. 공구 경로 검증

CAM 시스템은 공구 경로를 컴퓨터에서 미리 검증할 수 있는 다양한 시뮬레이션 기능을 제공한다. 단순히 경로를 그려보고, 그 경로를 따라 공구를 움직여 보는 기능을 공구 경로 시뮬레이션(tool path simulation) 혹은 공구 애니메이션(tool animation)이라 부른다. 공구가 공작물을 깎아서 제거한 형상을 보여주는 절삭 시뮬레이션(cutting simulation), 공구가 공작물을 깎을 때 공구의 휨 등을 보여주는 절삭력 시뮬레이션(cutting force simulation), 공구만이 아니라 기계의 동작을 보여주는 기계 시뮬레이션(machine simulation) 등이 있다.

---

28) 경로 길이(step length)라고도 한다.

그림 14-28　절삭 시뮬레이션

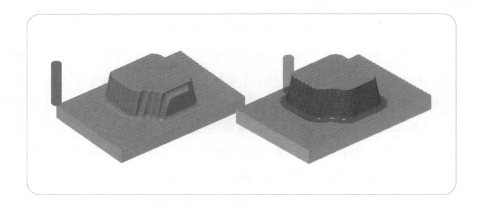

공구 경로가 생성되면 작업자는 가장 먼저 공작물 혹은 기계 구조물과 충돌이 없는지, 의도하지 않은 과삭과 미삭이 없는지 확인한다. 간단한 충돌은 공구 경로 시뮬레이션에서 공구 경로를 그려보고, 살펴보면 발견할 수 있지만, 미세한 충돌과 과삭, 미삭 등은 가상의 공작물을 가상으로 절삭하는 절삭 시뮬레이션을 수행해야 알 수 있다. 절삭 시뮬레이션은 충돌과 과삭, 미삭 등을 색깔로 표시하고, 그 양을 측정할 수 있어서 편리하게 공구 경로를 평가할 수 있다. 실제 작업에서 발생할 수 있는 오류를 제대로 확인하려면, 공구와 공구 홀더의 형상은 물론이고 초기 공작물과 고정구 등의 형상도 정확하게 입력해야 한다. 첫 공정에서 시뮬레이션으로 생성된 공작물 형상을 다음 공정에서 깎을 소재 형상으로 사용할 수도 있다.

일반적인 절삭 시뮬레이션은 절삭 부하를 고려하지 않아 공구 휨으로 인한 과절삭과 미절삭을 확인할 수 없으며, 이송 속도(feed rate)의 적합성도 알 수 없다. 과거에는 경험을 바탕으로 하나의 절삭 공정에 하나의 이송 속도를 사용했는데, 해당 공정의 모든 경로를 안전하게 절삭 할 수 있도록 낮은 이송 속도를 지정했다. 절삭력 시뮬레이션을 사용하면 공구의 부하를 예측할 수 있어서 부하에 따라 이송 속도를 부여할 수 있다. 즉 절삭 부하가 크면 이송 속도를 느리게 하고, 절삭 부하가 작으면 이송 속도를 빠르게 한다. 이러한 이송 속도 최적화는 각각의 이송 명령[29]에 최적의 이송 속도를 부여함은 물론이고, 긴 이송 명령 하나를 여러 개로 잘라서 각각 다른 이송 속도를 부여하기도 한다. G 코드는 이송 명령 하나를 수행하는 중에 이송 속도를 바꿀 수 없기 때문이다. 이송 속도를 최적화하면 계속 같은 안전 속도로 절삭하는 것보다 훨씬 빠르게 공정을 마칠 수 있고, 기계의 가공 시간을 더 정확하게 예측할 수 있어 작업 계획과 관리가 쉬워진다. 또, 절삭 부하가 일정하면, 절삭 부위별로 차이 없는 균일한 품질의 절삭면을 얻을 수 있으며, 공구의 파손을 방지하고 수명을 연장할 수 있다. 절삭력 시뮬레이션으로 좋은 결과를 얻으려면 정확한 공구 사양과 공작물 재질 등의 입력이 필요하며, 결과를 피드백해서 작업장에 맞도록 CAM 시스템의 기능을 보정해야 한다.

기계 시뮬레이션을 사용하면 사용할 공작기계의 동작을 미리 확인할 수 있다. 기계의 각 구성 요소와 공작물, 고정구 등의 모델을 제대로 작성하면 실제 기계 작업 중에 발생할 수 있는 충돌 등을 미리 발견할 수 있으며, 기계 작업이 서툰 초보자는 기계 작업을 컴퓨터에서 훈련할 수도 있다. 3축 기계보다 동작을 쉽게 예측할 수 없는 5축 이상의 기계는 기계 시뮬레이션이 더욱 유용하다.

4. 절삭가공을 고려한 설계

CNC 공작기계로 부품을 제작할 때 여러 가지 어려움이 있다. 부품을 설계할 때 미리 절삭가공의 어려움을 고려한다면, 더 빠르고 저렴하게 부품을 제작할 수 있다. 제조를 고려한 설계를 흔히 '제조 고려 설계(Design For Manufacturing, DFM)'라 부르는데, 다양한 제조 방법 중에 절삭가공, 특히 3축 밀링 공정을 고려한 설계 지침을 알아보자. 절삭으로 금형을 제작하고, 그 금형으로 성형하는 제품은 오목과 볼록 형상의 설계 지침을 반대로 적용하면 된다. 여기서 제시된 값은 대략적인 지침이며 절대적인 값은 아니다.

---

29) G1, G2, G3 등의 명령을 말한다.

절삭가공은 매우 다양한 형상의 부품을 제작할 수 있지만, 기본적으로 "공구로 소재를 깎는 물리적 공정"이며, 공구의 크기와 모양이 제작 형상으로 옮겨진다는 점이 설계의 큰 제약으로 작용한다. 따라서 절삭가공으로 제작할 부품의 형상을 설계할 때 크게 세 가지를 고려해야 있는데, 공구의 형상과 접근성, 그리고 작업성이다. 밀링 공정은 피삭재에서 회전하는 공구 형상을 연속적으로 빼서 최종 공작물의 형상을 얻으므로, 오목한 모서리의 반지름은 밀링 공구(엔드밀, 드릴 등)의 반지름보다 작을 수 없다. 또, 공구가 접근할 수 있어야 그 부위의 소재를 제거할 수 있는데, 형상이 너무 깊거나 아예 접근할 수 없는 형상은 밀링으로 제작이 어렵다. 그리고 설령 쉽게 접근할 수 있는 부위일지라도 형상에 따라 작업성 차이가 크다. 달리 설명하면 오목한 모서리의 반지름이 크고, 공구가 쉽게 접근할 수 있으며, 작업성이 좋은 형상으로 설계하면 부품 제작에 필요한 시간과 비용이 낮아진다.

긴 공구를 사용하면 공구 접근성이 좋아지지만, 공구가 휘어서 정확하게 절삭할 수 없다. 공구의 휨을 예측하는 계산식은 식 (6)과 같은데, 식에서 보듯이 공구 휨은 길이의 세제곱에 비례하고, 지름의 네제곱에 반비례한다. 따라서 가능한 한 짧고 지름이 큰 공구로 절삭하면, 공구 휨이 적어 정확한 절삭 면을 얻을 수 있다. 그러나 공구가 짧으면 깊은 형상을 절삭할 수 없고, 공구 지름이 크면 작은 오목 형상을 절삭할 수 없다.

$$(tool\ deflection) = \frac{Force \times Length^{\,3}}{3(Young's\ Modulus) \times \dfrac{\pi \times Diameter^4}{64}} \tag{6}$$

공구 축 방향에서 일부분이 보이지 않는 형상을 흔히 언더컷(under cut) 형상이라고 부르는데, 공구 축 방향으로 다른 부위와 간섭없이 해당 형상에 접근할 수 없다. 공작물을 고정하는 방향을 변경하면 공구 축 방향이 달라져 언더컷 형상이 절삭 가능한 형상으로 바뀔 수도 있지만, 공작물 고정 방향을 변경하는 작업은 꽤 많은 공수[30]가 필요하다. 그리고 경사면에 구멍 뚫기,

---

30) man-hour 혹은 person-hour라 하며, 평균 작업자 한 명이 한 시간 동안 처리하는 작업의 양을 말한다.

경사진 모서리의 라운드(round) 혹은 모따기(chamfer), 얇은 벽 만들기, 고정하기 힘든 공작물, 절삭 칩 배출이 어려운 형상 등은 작업성이 나빠 사람 혹은 기계의 작업 공수가 더 필요하거나 아예 제작이 불가한 예도 있다.

그림 14-29　3축 절삭 가공의 형상 분류

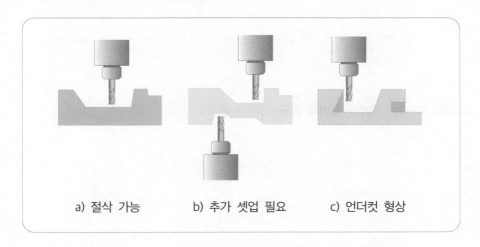

a) 절삭 가능　　　　b) 추가 셋업 필요　　　　c) 언더컷 형상

4.1. 포켓 형상과 수직 벽

캐비티(cavity) 혹은 포켓(pocket) 형상[31]의 입구가 좁고 깊이가 깊으면, 공구 접근성이 나쁘고 절삭 칩 제거도 어렵다. 일반적으로 공구로 절삭 할 수 있는 수직 벽면의 높이는 공구 지름의 3~4배이며, 공구가 길수록 휨과 떨림으로 절삭 품질이 나빠진다. 따라서 포켓의 깊이는 입구 너비의 3~4배를 넘지 않는 것이 좋다. 깊은 포켓 혹은 높은 벽면이 필요하다면, 〈그림 14-30〉처럼 여러 단(step)으로 설계하거나 벽면의 경사를 완만하게 설계하는 것이 좋다. 단의 높이가 낮거나 벽면의 구배 각도[32]가 크면 공구가 짧아도 공구 홀더 혹은 스핀들이 공작물에 닿지 않아 가공이 쉬워진다.

---

31) 속이 빈(cavity) 형상 혹은 뭔가를 담을 수 있는 주머니(pocket) 형상을 말한다.
32) 구배 각도는 흔히 'draft angle'이라 부르는데, 수직면이 0도임을 말한다.

그림 14-30 　다양한 포켓

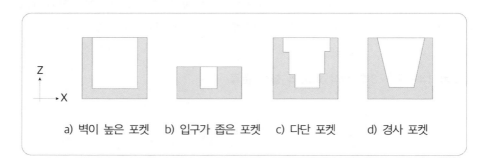

a) 벽이 높은 포켓　　b) 입구가 좁은 포켓　　c) 다단 포켓　　　d) 경사 포켓

그림 14-31 　벽의 높이와 공구 지름의 관계

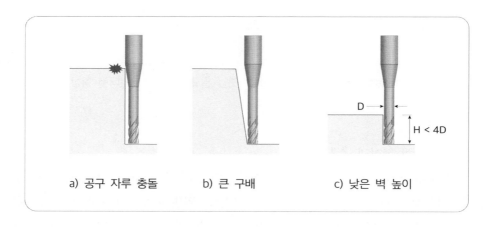

a) 공구 자루 충돌　　　b) 큰 구배　　　　c) 낮은 벽 높이

4.2. 모서리(필렛, 모깎기, 모따기)

공구로 소재를 제거하는 절삭가공은 공구의 크기와 모양이 제작하는 형상의 오목한 부위에 반영되므로 오목 모서리를 설계할 때 주의가 필요하다. 수평면에 놓인 각진 오목 모서리는 평엔드밀로 제작할 수 있지만, 그 외 다른 곳의 각진 오목 모서리는 일반적인 밀링 절삭으로 불가능하다. 수직 오목 모서리는 필렛(오목 라운드)이 있더라도 절삭이 어려운데, 일반적으로 벽 높이의

1/3보다 필렛 반지름이 크면 좋다. 일반적인 필렛면은 볼엔드밀 혹은 코너엔드밀로 절삭하는데 필렛면 바로 옆에 높은 벽이 있으면 공구 혹은 홀더 간섭으로 절삭이 어렵다. 수평 바닥면에 놓인 필렛면은 코너엔드밀로 절삭할 수 있어서 비교적 제작이 쉽지만, 수평이 아닌 곡면 바닥의 필렛 모서리는 정밀한 절삭이 쉽지 않다. 바닥면 모서리의 필렛 반지름은 주변 벽 높이의 1/4보다 큰 값이 좋다.

그림 14-32　오목 모서리 라운드 면의 반지름

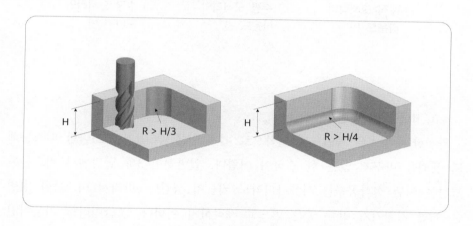

일반적인 모깎기(rounding) 혹은 모따기(chamfering)는 부품 모서리의 날카로움을 제거하려는 목적으로 사용하고, 절삭 정밀도가 중요하지 않다. 모깎기와 모따기는 특별하게 제작된 절삭 공구를 사용하고, 모서리와 직각인 평면에 공구 축을 두고 절삭한다. 그러나 일반적인 엔드밀을 사용하는 3축 CNC 밀링에서 매끈한 라운드 면과 모따기 면을 생성하려면 많은 공구 경로가 필요하고, 절삭 시간이 오래 걸린다. 예외적으로 수직 모서리의 라운드와 모따기 면은 공구 측면 절삭으로 가능하다. 따라서 수직이 아닌 모서리에 불필요한 라운드 면과 모따기 면을 설계하지 않는 것이 좋다.

그림 14-33   라운드 면과 모따기 면

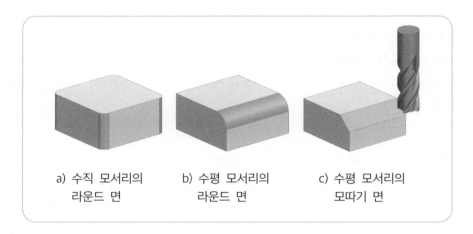

a) 수직 모서리의   b) 수평 모서리의   c) 수평 모서리의
    라운드 면   라운드 면   모따기 면

4.3. 비스듬한 평면

완전한 수평면은 평엔드밀 면삭으로 쉽게 얻을 수 있지만 조금만 비스듬해도 셋업을 바꾸지 않는 한 절삭이 어렵다. 일반적인 3축 밀링에서 비스듬한 평면은 어떤 절삭공구를 사용하더라도 커습이 생긴다. 따라서 비스듬한 평면을 표면 거칠기가 아주 좋은 면으로 제작하기 어렵다. 조금이라도 기울어진 면이라면 일반적인 자유 곡면과 같은 표면 거칠기를 고려하는 것이 좋다. 높은 수준의 표면 거칠기 혹은 평면도가 요구되는 기능적인 면은 가능한 수평면으로 설계하거나, 수평면이 되도록 공작물의 셋업을 바꿀 수 있어야 한다.

4.4. 얇은 벽

얇은 벽은 앞에서 언급한 여러 조건을 만족하더라도 절삭 작업이 어렵다. 절삭은 공구가 물리력으로 소재를 깎는 공정이므로 절삭력에 의해 얇은 벽이 파손되거나 휠 수 있기 때문이다. 소재에 따라 다르지만, 일반적으로 벽의 두께는 벽 높이의 1/4보다 커야 절삭하기 좋다.

그림 14-34   벽의 높이와 두께를 고려한 설계

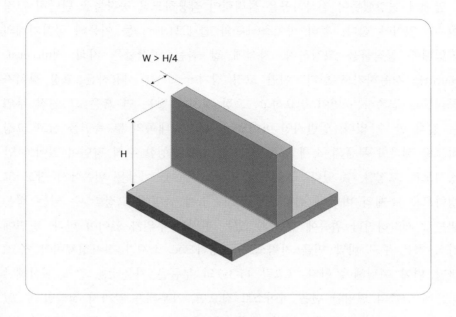

4.5. 드릴링이 어려운 구멍

드릴링은 가장 효율적인 구멍 뚫기 방법인데, 경사면 혹은 모서리 근처 구멍은 드릴 작업이 어렵다. 일반적으로 수평면에서 10도 이상 기울어진 경사면은 드릴이 미끄러지므로, 드릴의 중심을 미리 절삭(center drilling)[33]하거나 드릴링 이외의 다른 방법으로 절삭해야 한다. 모서리 근처에서는 벽면이 파손되거나 절삭력이 불균일해서 드릴이 곧게 구멍을 뚫을 수 없다. 구멍 깊이의 1/4보다 크게 모서리와 여유를 두는 것이 좋다.

---

33) 경사가 급하면 center drilling이 불가능할 수도 있다.

4.6. 고정이 어려운 형상

앞에서 설명했듯이 절삭가공은 물리력이 작용하므로 공작물을 단단히 고정할 수 있어야 한다. 흔히 바이스(vise)와 클램프(clamp)를 이용해 공작기계의 작업대에 공작물을 고정하며, 자석에 잘 붙는 공작물은 자석 척(magnetic chuck)을 사용하기도 한다. 어떤 고정 장치(fixture)를 사용하든 고정 장치가 공작물과 접촉하는 면이 필요하고, 고정 장치와 닿는 면 혹은 그 인접 부위는 절삭 할 수 없다. 일반적인 바이스는 서로 반대쪽의 두 측면을 잡고 고정하므로 제작할 부품의 소재 양쪽 측면에 서로 평행한 수직 평면이 있어야 안정적으로 고정할 수 있다. 클램프는 적어도 두 곳 이상을 위쪽에서 잡고 고정하므로 소재의 바닥이 편평해야 하고, 소재 측면에 고정할 수 있는 턱을 별도로 제작하거나 위쪽에 잡을 수 있는 편평한 부위가 있어야 한다. 반면에 자석 척은 주로 바닥 면을 자력으로 고정하므로 소재가 강자성체여야 하고, 바닥 면이 편평해야 한다. 〈그림 14-35〉의 부품은 가운데를 길게 절삭해야 하는데 양쪽의 편평한 면을 바이스로 잡으면, 가운데를 끝까지 절삭할 수 없다. 또 바닥면이 편평하지 않아 클램프를 사용하거나 자석 척을 사용하기도 쉽지 않다.

그림 14-35 고정이 어려운 부품

5. 연습 문제

1) 절삭 공정을 3단계로 나누고 그 각각의 공정을 설명하시오.

2) 대표적인 세 가지 절삭가공 공정을 나열하고, 각 공정을 비교 설명하시오.

3) 플런지 절삭이 무엇인지 설명하고, 특징과 주의할 점을 기술하시오.

4) 밀링에서 상향 절삭과 하향 절삭의 특성을 비교 설명하시오.

5) 엔드밀링에서 상향 이송과 하향 이송의 절삭 특성을 비교 설명하시오.

6) 지름이 10mm인 엔드밀의 추천 절삭속도가 100m/min일 때 적절한 주축 회전수를 계산하시오.

7) 추천 날당 이송량이 0.1mm이고, 절삭 날이 3개인 엔드밀로 주축을 3,000rpm 으로 회전하려 한다. 적절한 이송량을 계산하시오.

8) 엔드밀 가공에서 라스터 경로와 등고선 경로의 용도를 비교 설명하시오.

9) 반지름이 5mm의 볼엔드밀을 사용해 라스터 경로로 수평면을 절삭 가공한 다. 경로 간격이 8mm인 경우 커습의 최대 높이는 얼마인가?

10) CNC 장치의 데이터 부족 현상이 무엇인지 설명하시오.

6. 실습

1) 아래 도면의 표시하는 형상의 CAD 모델을 생성하시오.

2) 해당 부품을 밀링 절삭으로 제작한다고 가정하고, 공정계획을 수립하시오.

3) 공구 경로를 계획하고, CAM 시스템에서 공구 경로를 생성하시오.

4) 사용할 CNC 밀링 기계에 적합하도록 NC 프로그램을 생성하시오.

5) CNC 밀링 기계에 공구와 공작물을 셋업하시오.[34]

6) CNC 밀링 기계에서 준비한 NC 프로그램으로 절삭 가공하시오.

7) 제작한 부품을 측정하고, 검사하시오.

---

34) 제시된 부품의 두께로 부품의 바깥쪽 윤곽까지 밀링으로 가공하려면 여러 번의 셋업이 필요한 매우 도전적인 과제이다. 밀링 작업이 익숙하지 않다면 곡면과 포켓만 가공하거나, 오른쪽 면삭과 윤곽 가공으로 마무리하는 것이 적당하다.

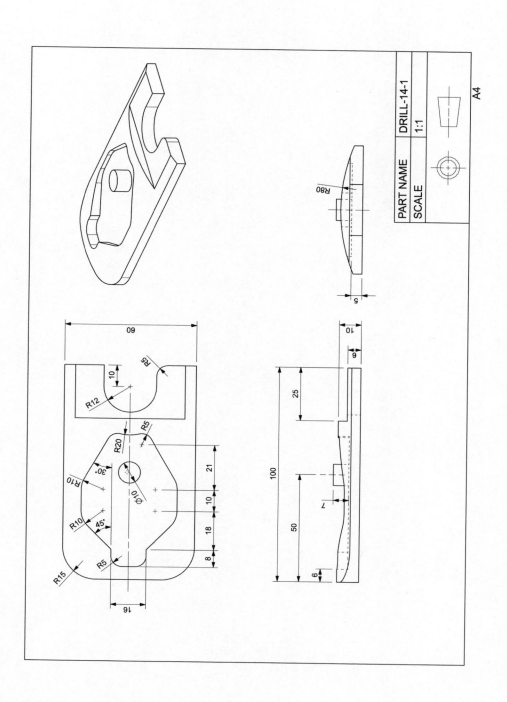

CHAPTER 15

예제

1. 스탬핑 제품

다음은 철판을 프레스로 성형한 제품이다. 실제 제품은 두께가 일정하지 않지만, 흔히 일정한 두께를 가정한다. 돌출과 라운딩으로 아래 형상 모델을 생성해 보자.

1.1. 몸통 - 평면 형상

1) XY-평면에 스케치

2) Z-방향으로 돌출(100)

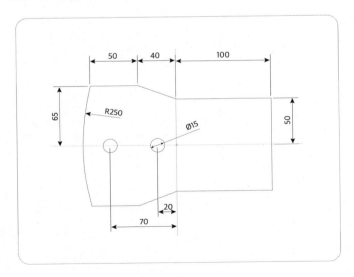

1.2. 절단면 - 정면 형상

1) XZ-평면에 스케치

2) Y-방향으로 돌출(-100, 100)

3) 절단 곡면으로 몸통을 잘라내기

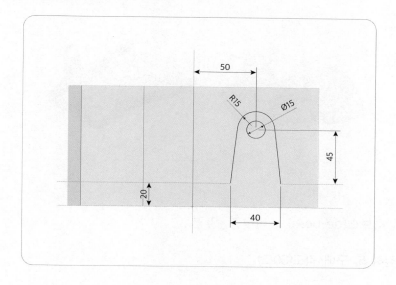

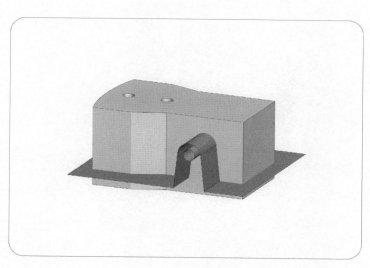

1.3. 면체(sheet body) 생성

1) 라운딩(R25, R10)

2) 면체 추출: 면(face)을 추출한 후 꿰매기(sew)

3) 옆면 구배(5도): 바닥면 기준, 위로 벌어지게

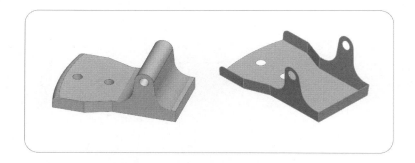

1.4. 디보스(de-boss) - 바닥면, 옆면

1) 깊이 5, 구배 각도(30도)

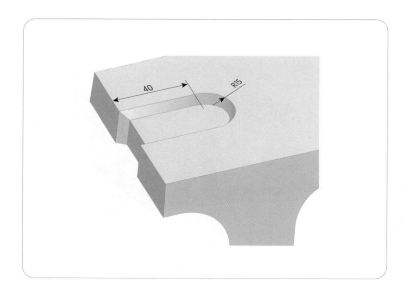

1.5. 라운딩

1) 디보스 모서리: 바닥 R3, 윗면 R8

2) 바닥면 모서리: R8

3) 측면 모서리: R20

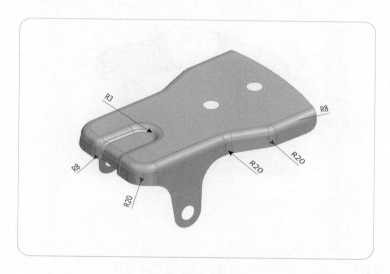

1.6. 마무리

1) 두께 주기(5T)

2) 검사: 부피(157,065mm^3)

3) 렌더링: 명암, 그림자, 반사, 재질(ABS/high gloss blue) 등 고려

2. 전동 드릴

아래 제품은 전동 드릴의 바깥 덮개이다. 설계자의 자세로 형상 모델을 생성해 보자.

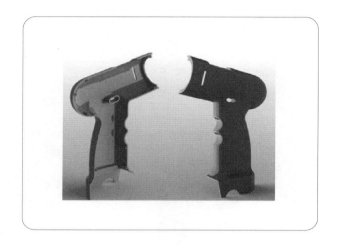

2.1. 몸통

원통과 구면으로 아래와 같이 몸통을 생성한다. 입체로 생성한 후 나중에 필요할 때 면체로 변경할 수도 있다. 원기둥 부분의 길이는 115, 원기둥의 반지름은 30이다.

2.2. 손잡이

1) 손잡이 단면과 손잡이 중심선은 그림과 같다. 중심선 끝에 중심선과 수직인 스케치 평면을 정의하고 그림과 같은 단면을 생성. 돌출로 손잡이를 생성할 때 몸통과 충분히 겹치도록 한다.

2) 앞쪽 모서리 라운드(R15)

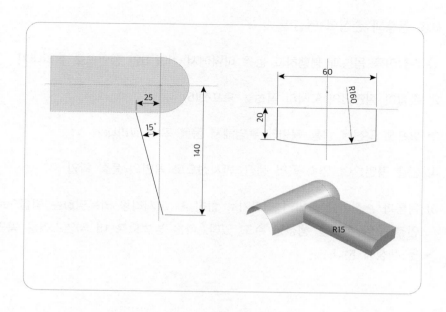

3) 불리언 빼기로 손잡이 요철 생성

4) 뒤쪽 모서리 라운드(R10), 앞쪽 요철 라운드(R5)

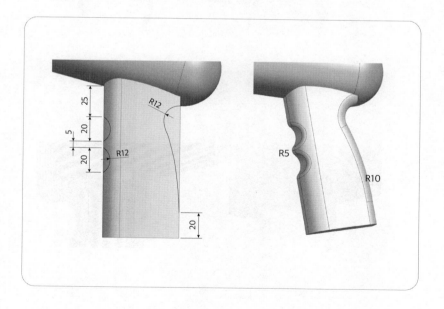

2.3. 몸통과 손잡이 연결면

1) 손잡이를 몸통과 평행하고 몸통 바닥에서 거리 5인 평면으로 잘라내기

2) 손잡이 절단면의 모서리 곡선을 오프셋(5)

3) 오프셋 곡선을 몸통 곡면에 투영해서 몸통 곡면 잘라내기

4) 연결 곡면: G^2 연속 곡면 생성, 반사선으로 곡면의 품질 확인

5) 몸통과 손잡이를 불리언 더하기로 합친 후 모서리를 라운딩하는 방법으로 연결 부위 형상을 생성할 수도 있다. 다른 방법으로 더 자연스러운 곡면을 생성해 본다.

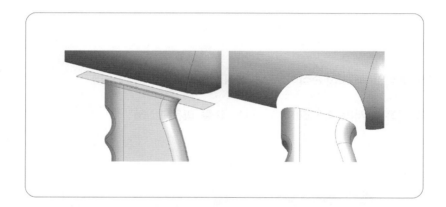

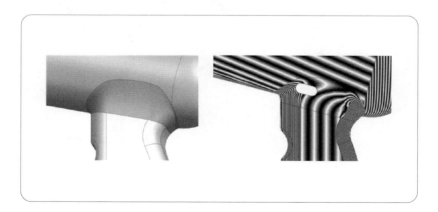

2.4. 배터리 공간

1) 손잡이 바닥면에 스케치, 돌출 길이 28, 모서리 라운드 R2, R20

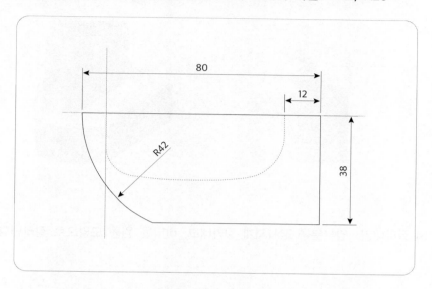

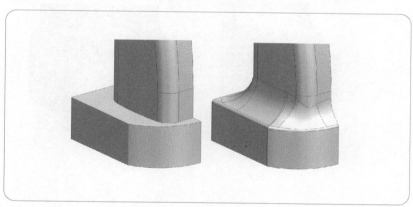

2) 옆 부분 홈: 라운드 면과 접하게. 앞쪽에서 20부터, 안쪽 모서리 R3

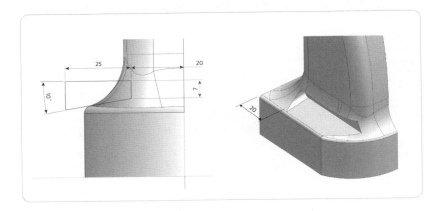

3) 잘라내기: 앞부분을 경사지게 잘라내고, 바닥을 원통 모양으로 잘라낸다.

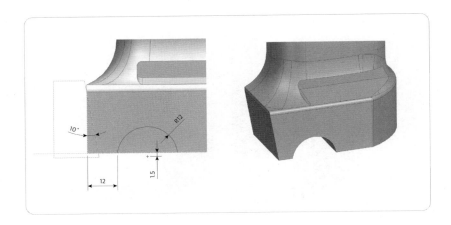

2.5. 입체 생성

1) 얇은 입체: 불필요한 면 제거, 꿰매기, 두께 주기(T2)

2) 구멍 내기

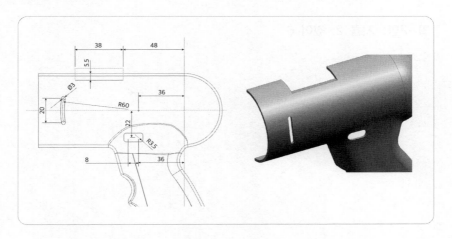

3) 리브 생성: 몸통의 입구에서 안쪽으로 2, 높이 5, 두께 2

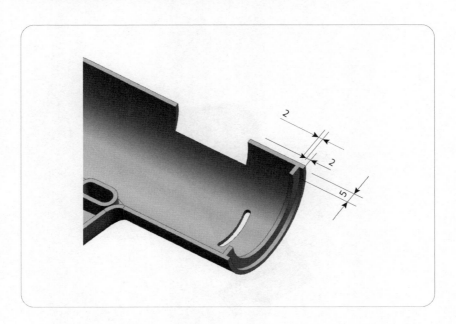

2.6. 나사 구멍

1) 위치: 구멍 중심에서 조립면 안쪽 경계까지 거리 1.5

2) 보스: 지름 4, 조립면 위로 돌출 높이 1

3) 구멍: 지름 2, 깊이 6

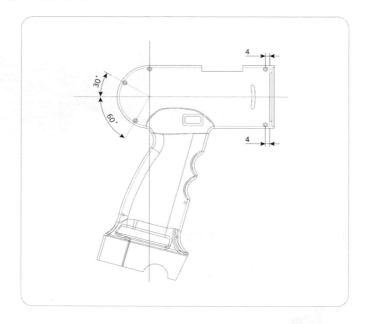

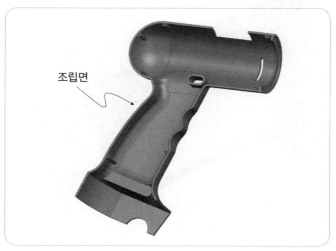

조립면

2.7. 렌더링

1) 재질, 조명, 등을 고려해 실물 같은 이미지 생성

3. 세제 용기

아래 그림은 세제를 넣는 플라스틱 통이다. 곡면 모델링 기능을 이용해 형상 모델을 생성해 보자.

3.1. 왼쪽 곡면 - 손잡이 없는 쪽

1) 경로 곡선: XZ-평면에 제어점(control point) 6개로 3차 자유곡선 생성

No	1	2	3	4	5	6
X	−75	−50	−110	−30	60	80
Z	−20	20	105	220	195	160

2) 단면 곡선

① 경로 곡선 시작점에 경로 곡선과 수직인 스케치 평면 생성

② 중심이 XZ-평면에 있고, 경로 곡선 시작점을 지나는 원호 생성

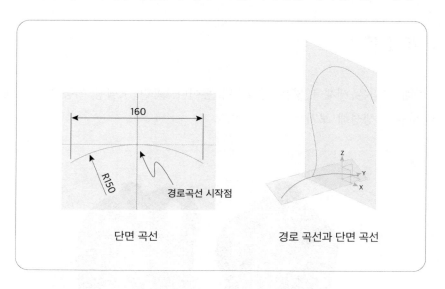

단면 곡선   경로 곡선과 단면 곡선

3) 곡면: 경로 곡선을 따라 단면 곡선을 경로와 수직으로 스위핑

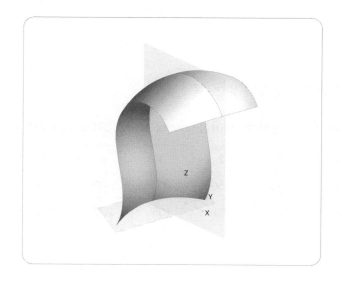

3.2. 오른쪽 곡면 – 손잡이 아래

1) 경로 곡선: XZ–평면에 점 6개를 지나는 자유곡선 생성

No	1	2	3	4	5	6
X	110	113	110	86	60	55
Z	−5	20	45	90	155	210

2) 단면 곡선

① 경로 곡선 시작점에 XY–평면과 평행인 스케치 평면 생성
② 중심이 XZ–평면에 있고, 경로 곡선 시작점을 지나는 원호 생성[1]

3) 곡면: 경로 곡선을 따라 단면 곡선을 XY – 평면과 평행하게 스위핑

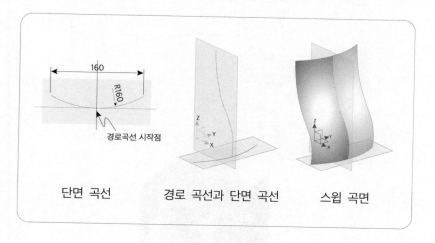

단면 곡선　　　　경로 곡선과 단면 곡선　　　　스윕 곡면

---

1) 자유곡선의 차수를 조절해 형상을 조절할 수 있다.

3.3. 옆쪽 곡면

1) 단면: XY-평면에 중심이 YZ - 평면에 있는 원호 생성

2) 돌출: 길이(100)

3) 미러 복제: XZ-평면 기준

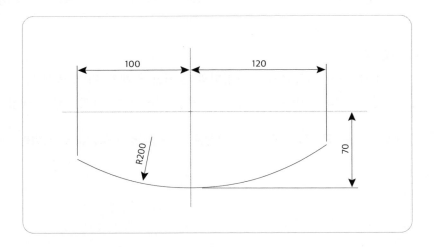

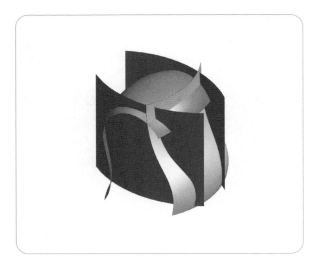

3.4. 몸통

1) 4개의 곡면을 서로 자르고, XY–평면으로 아래쪽을 잘라서 버림[2]

2) 4개의 곡면을 서로 꿰매기

3) 모서리 라운딩(R30)

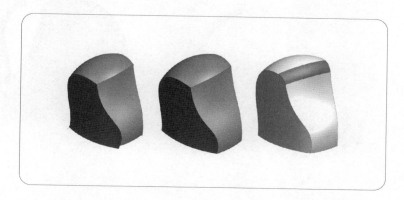

3.5. 손잡이

1) 경로 곡선: XZ–평면에 6개의 점을 지나는 자유곡선 생성

No	1	2	3	4	5	6
X	110	110	112	120	95	75
Z	45	65	85	155	190	195

2) 단면 곡선
   ① 경로 곡선 시작점에 경로 곡선과 수직인 스케치 평면 생성
   ② 중심이 경로 곡선 시작점과 같은 타원 생성, 반지름(18, 12)

---

[2] 자르는 곡면(칼, 경계)이 잘릴 곡면을 완전히 가로지르지 않아 자를 수 없을 때는 자르는 곡면을 연장하거나 연장하는 옵션을 선택한다.

3) 곡면

    ① 경로와 수직으로 단면 스위핑

    ② 입체(solid body)가 아닌 면체(sheeet body) 생성

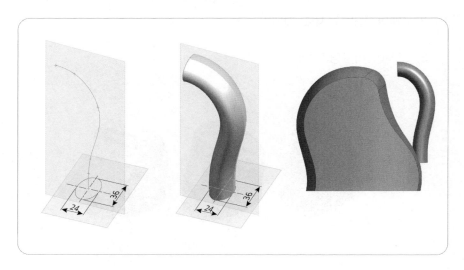

3.6. 손잡이 – 위쪽

1) 타원

    ① 손잡이 곡선 끝에 YZ-평면을 Y축 중심으로 -45도 회전한 평면과 평행한 스케치 평면 생성[3]

    ② 중심은 손잡이 곡선 끝점과 같은 타원 생성, 반지름(50, 38)

2) 몸통 자르기

    ① 타원을 데이텀 평면의 법선 방향으로 투영해서 몸통을 자름[4]

    ② 자를 때 잘라서 버릴 곳과 남길 곳을 지정해야 함

---

3) 한 번에 정의하기 어려우면, YZ-평면을 회전한 평면을 먼저 정의하고, 그 평면과 평행하고 곡선 끝점을 지나는 평면을 정의한다.
4) 반대쪽도 뚫릴 수 있는데, 이때는 남길 영역(region)으로 지정한다.

3) 손잡이와 몸통을 곡면으로 연결

   연결되는 곡면을 고려해 부드럽고 자연스럽게[5]

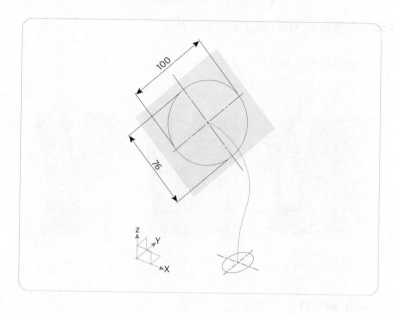

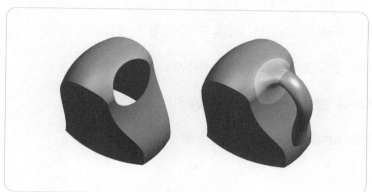

---

5) 연속성(G^1 혹은 접선 연속) 지정이 필요하다. 곡면이 부드럽지 않으면 두께 주기 등의 작업
   이 어려울 수 있다.

3.7. 손잡이 - 아래쪽

1) 손잡이 아래쪽을 평면 곡면(planar surface)으로 막기

2) 손잡이와 몸통을 서로 트림하고 꿰매기

3) 모서리 라운딩(R5, R20)

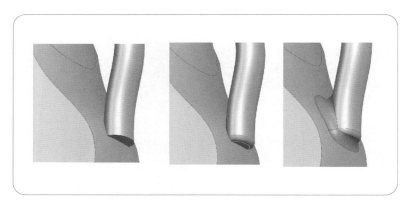

3.8. 입구와 바닥면

1) Z축을 중심으로 회전한 곡면으로 입구 형상 생성

2) 몸통과 입구를 서로 트림하고 꿰매기

3) 바닥면을 평면 곡면으로 막고 꿰매기

4) 옆면과 바닥면 모서리를 라운딩(R6)

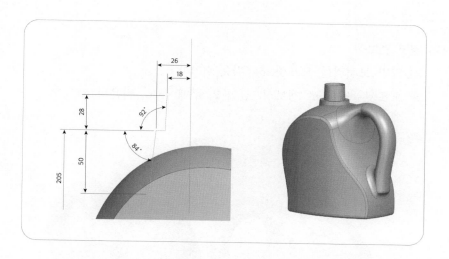

3.9. 엠보싱[6]

1) 바닥면 엠보싱

① 바닥면 모서리를 오프셋(10), 라운딩(R10)

② 오프셋 곡선으로 엠보싱: 깊이 3, 구배 45도, 라운딩 R2

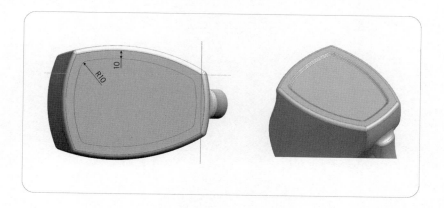

---

6) 엠보싱이 쉽지 않은 일부 CAD 시스템은 생략한다.

2) 옆면 엠보싱

① 옆면 모서리를 오프셋(15), 라운딩(R10)[7]

② 오프셋 곡선으로 엠보싱: 깊이 2, 구배 45도, 라운딩 R1

---

7) 옆면 모서리 곡선을 XZ-평면에 투영하면 작업이 쉽다.

3.10. 입체 만들기

1) 안쪽으로 두께 주기(T1.5)[8]

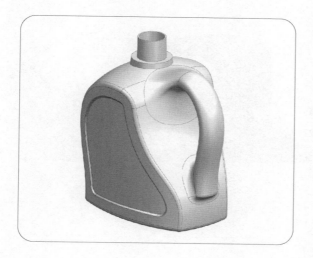

3.11. 입구 나사

1) 헬리컬 곡선

　입구 턱에서 높이 10부터 20까지 입구 곡면을 따라 2바퀴[9]

2) 단면 곡선

　헬리컬 곡선 시작점을 기준으로 몸통에 살짝 묻히게

---

8) 실패하면 곡면별로 두께 주기를 시도해서 실패의 원인 곡면을 찾아야 한다.
9) 헬리컬 곡선의 반지름은 단면을 잘라 측정한다. 경사면을 따라 반지름이 줄어든다.

3) 단면 곡선을 헬리컬 곡선을 따라 스윕하고, 몸통과 결합

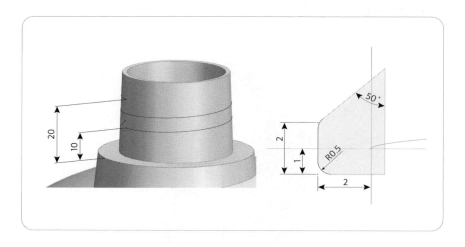

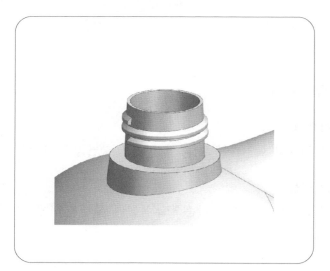

3.12. 렌더링

1) 재질, 조명, 데칼 등을 고려해 실물 같은 이미지 생성

4. 연습 문제

4.1. 커넥팅 로드

1) 다음 도면이 표현하는 부품과 조립체의 3차원 모델을 생성하시오.

2) 조립도와 각 부품의 2차원 도면을 제시된 도면처럼 생성하시오.

3) 사실적인 렌더링 이미지를 생성하시오.

PC NO	PART NAME	QTY
2	CAP	1
1	CONNECTING ROD	1

TITLE	CONNECTING ROD ASSEMBLY
SHEET NO	1
MATERIAL	FORGED STEEL

A4

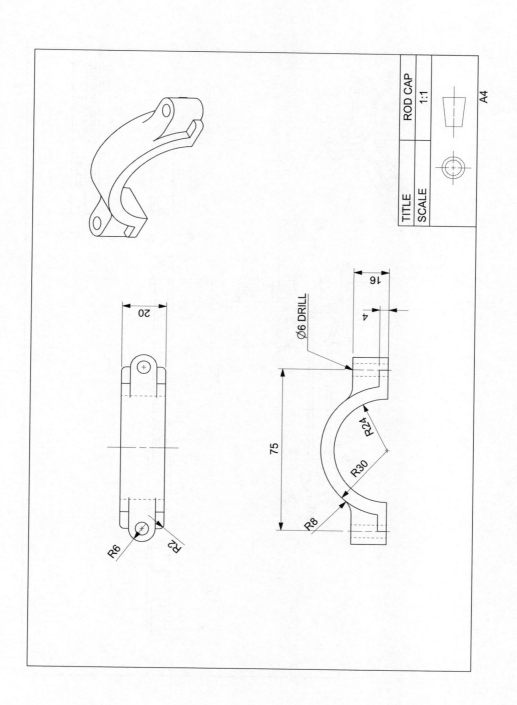

TITLE ROD CAP
SCALE 1:1

A4

Ø6 DRILL

16

4

75

R24

R30

R8

20

R6

R2

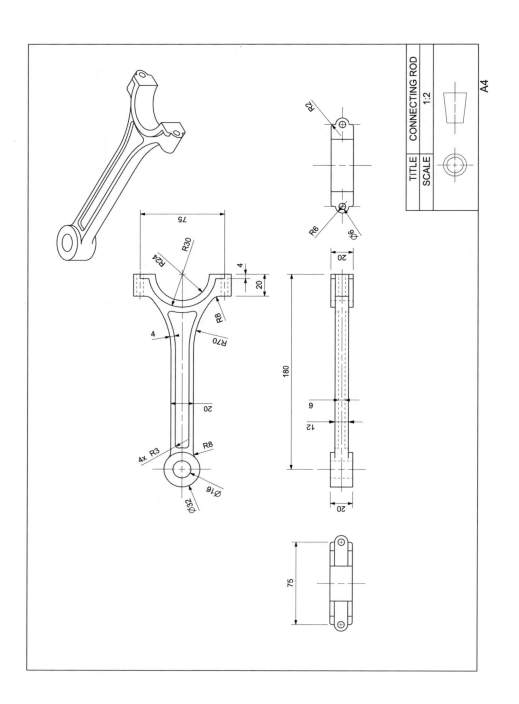

TITLE	CONNECTING ROD
SCALE	1:2

A4

4.2. 기계절삭 제품

1) 다음 도면이 표현하는 부품의 형상 모델을 생성하시오.

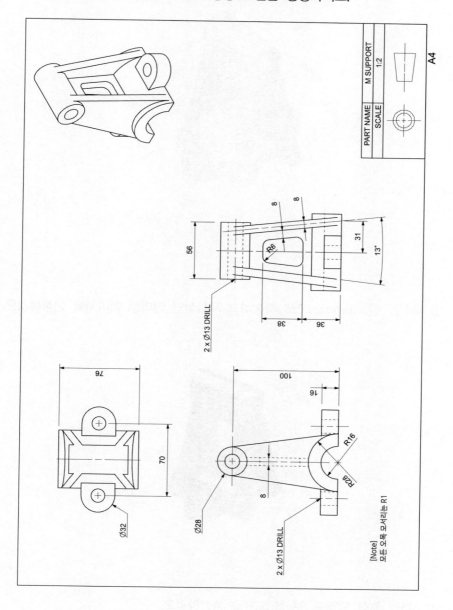

2) 아래와 같이 3차원 주석을 형상 모델에 기입하시오.

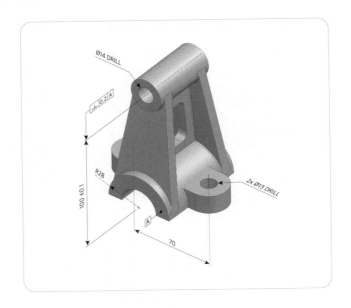

3) 재질을 청동(bronze)으로 지정하고 사실적인 렌더링 이미지를 생성하시오.

4) 3차원 형상 모델로 2차원 도면을 생성하시오.

색인

CAD/CAM 개론: 개념부터 실습까지

초판발행   2024년 7월 30일

지은이   정연찬
펴낸이   안종만·안상준

편 집   이혜미
기획/마케팅   박부하
표지디자인   BEN STORY
제 작   고철민·김원표

펴낸곳   (주)**박영사**
                서울특별시 금천구 가산디지털2로 53, 210호(가산동, 한라시그마밸리)
                등록 1959. 3. 11. 제300-1959-1호(倫)

전 화   02)733-6771
f a x   02)736-4818
e-mail   pys@pybook.co.kr
homepage   www.pybook.co.kr
ISBN   979-11-303-2002-1   93530

정 가   32,000원